Excel

建模活用範例集

經營管理 與 財務分析

推薦序一

《經營管理與財務分析－Excel 建模活用範例集》這套書寫得真好。從字裡行間可以看出作者是用心在寫。相對抽象的財務決策模型，其應用場景以對話的方式來寫是比較新穎的。許多枯燥的財務管理理論被作者消化吸收、融匯貫通後，以一種全新方式呈現了出來，生動活潑，又沒有牽強附會之感。

本書 40 個用 Excel 試算表設計的財務和投資決策模型，每一個都很精緻。這些模型是整本書的精華，使得作者在寫作過程中，思維既能放得開，也能收得住；這些模型是整本書的主幹，作者用資訊化知識和範例充實了骨架，內容與結構渾然一體。

遠光軟體是一家知名上市公司，長期致力於財務及企業管理軟體的研發。三十年來，一直是先進思維的熱情傳播者，財務革新的積極推動者，先進技術的大力實踐者。透過自主研發的 ECP 平臺建立了功能強大的參考模型庫，提供了組織建模、流程建模、規則建模、行為建模、資料建模、訊息建模等一系列業務建模工具；同時提煉出成熟先進的解決方案，在集團帳務、集團報表、預算管理、資金管理、風險管理、稅務管理、產權管理等領域提供了一系列應用模型。本書展現了模型在其中財務、投資與經營管理決策領域的應用和客戶價值。

感謝作者犧牲個人時間，為大家做出的無私奉獻。也期待著作者新的著作，為大家帶來新的分享。

遠光軟體股份有限公司副總裁
李美平

推薦序二

程翔是我們優秀團隊的眾多專家之一，這本書記錄了他多年來在財務管理及分析領域累積的所思所得。書中的很多內容都在他的專業部落格上發表過，被眾多網友點「讚」，被很多網站轉載，也為其部落格帶來上百萬的點擊量。

這是一本實實在在的書。

書中的每個模型實例，作者都已在試算表中新建，並經過了反覆地檢查和驗證。這些模型的試算表，全部可由出版社的網站下載，有興趣的讀者可以一邊看書學習，一邊拿著這些實例在電腦上進行偵錯和驗證，何嘗不是一件樂事？對於在實際工作中需要用到這些模型的讀者，則更是方便，試算表中各種模型的表格、圖形、文字一應俱全，有極高的參考價值，有些甚至可以直接拿來套用。

這是一本誠懇的書。

本書並不是單純羅列難懂的公式和艱澀的理論，而是結合作者的實踐經驗，將這些模型置於實際應用環境中。書中的每個模型介紹，作者都用了生動活潑的 CEO 與 CFO 對話的形式，讓讀者更容易理解各種模型的應用場景。用直觀易懂的模型輸入、加工、輸出實例及圖表展示，使讀者能夠很快地掌握這些模型的精髓，同時對模型有一個直觀和立體的認識。

感謝程翔的用心總結和分享。本書對於那些正在學習和應用這些理論的人，有很強的參考和實用價值。

遠光軟體股份有限公司產品經理　資訊系統專案管理師

盧海強

前言

模型在各行各業有著廣泛應用。例如軍事部門進行軍事演習時的空襲作戰模型，電信部門推出流量套餐前的行銷預演模型。這些模型的應用，使戰爭尚未打響，勝負已判；方案尚未實施，得失已明。

在企業財務管理的實務中，讓財務人員深感困難的，一是財務建模，二是演算法實作。本書以 Excel 試算表為工具，提供了建模的一般方法，掃清了演算法的數學障礙，滿足了財務人員的管理需要。

模型的建立，是一個從具體到抽象的過程，是具體業務的抽象化。在實際場景中，影響決策的變數無比眾多，變數之間的關係極其複雜，不從具體的業務抽象出來，就不可能建立模型。即，沒有抽象就沒有模型，沒有模型就沒有決策。

模型的完善，是一個循序漸進的過程。模型展現的因果，只是變數窮舉、演算法有效條件下特殊的相關。今天的因果關係，隨著變數的新發現，演算法的新突破，明天可能只是相關關係。模型展現的完美，只是時間固化、空間局限條件下特殊的表現。今天的完美關係，隨著時間的推移，空間的拓展，明天將可能只是缺陷關係。模型的不完善，是不容回避的現實，儘管無可奈何；模型的完善，是我們不斷追求的目標，儘管道路艱辛，但應該理性而不是理想化對待模型。

模型的運用，是一個從抽象到具體的過程，是抽象模型的具體化。我們進行的業務實踐豐富多彩，所處的經營環境錯綜複雜。抽象化的模型，必須結合豐富多彩的業務實踐和錯綜複雜的經營環境，才能更好地運用，否則，就是閉門造車，就是紙上談兵。而且，透過 Excel 試算表建立的模型，解決了財務管理的演算法實作問題，對使用者的數學要求降低了，反過來，對使用者的業務要求就更突出了。

本書提供的財務、投資和經營決策模型，初看精彩紛呈，再看眼花繚亂，而在具體應用時，幾乎都需要變通。例如信用期決策模型，假定了信用期與銷量的相關關係並擬合出了迴歸方程式。而在實際業務中，這種迴歸方程式可能因銷量的區間不同而不同。再如應收策略模型，我們假定了收帳策略與信用策略、折扣策略是彼此獨立的，而在實際業務中，這些策略可能相互影響。

結合具體場景，改造、完善相對固化的模型，就必須掌握建立模型的基本工具。

本書提供的財務、投資和經營決策模型，應用的基本工具包括相關、平衡、敏感、模擬和規劃等 5 類。

相關：即萬物相關論，認為萬事萬物是有相互聯繫的，並在此基礎上應用迴歸分析這一計量經濟學最基本的分析方法。

在本書的財務決策模型中，可以看到大量的相關分析。例如折扣決策、證券組合決策、成本性態分析等。

在日常生活中，相關分析隨處可見。例如沃爾瑪發現啤酒與尿布相關，據此改進商品陳列以促進銷售；上班族發現天氣與交通擁塞相關，據此做為外出的決策；醫學發現人的情緒與生物鐘相關，據此提供作息時間建議。

平衡：即雙向平衡論，認為決策是雙向的，是一個問題的兩種思考方式，一件事情的兩個面向。

在本書的財務決策模型中，可以看到大量的平衡分析。例如投資盈虧平衡分析、成本數量盈虧平衡分析、槓桿平衡分析等。

在日常生活中，平衡分析隨處可見。例如為了實作加薪升職的目標，應該如何去努力；為了降低高血脂，應該如何注意飲食，鍛鍊身體；為了宏觀經濟健康發展，如何處理各部門、各地區、各環節、各要素的綜合平衡。

敏感：即因素敏感論，認為影響決策目標的多個因素，其敏感程度各不相同。

在本書的財務、投資和經營決策模型中，可以看到大量的敏感分析。例如投資敏感分析、成本數量敏感分析、期權價值敏感分析等。

在日常生活中，敏感分析隨處可見。例如醫學中的藥物敏感分析，痛感或快感的人體區域分佈分析，人際交往中的敏感行為分析。

模擬：即情景模擬論，認為在不確定條件下，透過「If-Then」機制，應用決策樹、聯合機率或蒙地卡羅模擬，決策目標是可以預測的，預測風險是可以度量的。

在本書的財務決策模型中，可以看到大量的模擬分析，例如存貨組合模擬、投資淨現值模擬、成本數量利潤模擬等。

在日常生活中，模擬分析隨處可見，例如升學考試前，各學校自行組織的模擬考試；在股指期貨正式推出前，交易所組織的模擬交易；在正式上線前，會計人員的模擬作帳等。

規劃：即最優規劃論，認為為了取得最大利益或最小風險，可求解變數的特定值或變數組合的特定比例。

在本書的財務、投資和經營決策模型中，可以看到大量的規劃分析，例如經濟訂貨量決策、安全儲備量決策、最佳資本結構決策等。

在日常生活中，規劃分析隨處可見，例如銷售管理，如何在交期限制條件下進行銷售排程；生產管理，如何在資源限制條件下進行生產排程；倉庫管理，如何在空間限制條件下進行商品排位；物流管理，如何在運能限制條件下進行運輸排程；人員管理，如何在工時限制條件下進行人員排班。

將相關、平衡、敏感、模擬和規劃等分析工具，綜合應用於財務決策模型的建立和完善，拔開層層迷霧，走出深深迷宮；讓我們的思維，插上騰飛的翅膀，在茫茫的資料海洋上自由飛翔；讓決策之花，盛情綻放。

本書的財務、投資和經營決策模型，可作為軟體或顧問公司資金管理整體解決方案的重要組成部分。不僅產品功能可達到全新應用高度，而且操作介面可帶來全新使用者體驗。透過圖、文、表三位一體，可將紙質模型發展為電子模型；並進一步透過視覺、聽覺、觸覺三位一體，將電子模型發展為實物模型，讓資金不再是一堆冰冷的數字，而是有血有肉、有聲有色的存在。軟硬結合的資金沙盤模型，將給使用者帶來強大的視覺衝擊力、聽覺感染力和心靈震撼力，從而加強決策號召力和業務執行力。

模型在企業實務中的應用，生動展現了業務執行與決策支援的互動；模型在企業資訊化中的應用，生動展現了 ERP 與 BI 的循環。

ERP 等業務處理系統，是「單據+流程」模式。單據是資訊載體，流程是傳遞管道，目標是資訊共用。

BI 等決策支援系統，是「模型+演算法」模式。模型是業務抽象，演算法是數學實作，目標是決策支援。

模型與流程的結合，描繪了新的應用場景：業務處理系統收集資訊，傳遞到決策支援系統；決策支援系統進行資料加工整理、分析回饋，控制和改進業務處理。循環往復，以至無窮。業務發展步步向前，決策模型步步完善。流程優化的征途永無止境，決策優化的腳步永不停息。這是企業實務中決策與執行互動的真實寫照，也是企業資訊化中 ERP 與 BI 閉環的宏偉藍圖。

本套書以 Excel 試算表為工具，提供了 88 個財務決策模型。與市面其他 Excel 試算表工具書相比，本書有以下特點：

1. 專注應用場景

以應用為目標，以軟體為工具，專注於應用場景而不是軟體功能。

Excel 試算表功能之強，已是登峰造極，介紹其功能的書籍也多如牛毛。然而，其功能再強，也只是工具，是拿來解決實際問題的。我們不是為學習功能而去學習功能，而是為解決應用場景中面臨的問題去學習功能。Excel 試算表之「矢」，只有找到應用場景之「的」，才能發揮作用。

2. 專注企業財務

Excel 試算表可應用於各行各業，包括行政單位、事業單位、企業和個人。在企業中，可應用於人事管理、行政管理、生產管理、計畫管理、銷售管理、財務管理等各方面，本書專注於企業財務。

3. 專注決策模型

Excel 試算表在企業財務工作中，可應用於會計核算、出納登記、比率計算、報表彙總、資料樞紐分析、排序篩選等各方面，本書專注於決策模型。

本書內容的顯著特點如下：

1. 內容有很強的系統性

使用財務人員最熟悉的結構、最常用的概念、最典型的思維，以最嚴密的邏輯建構最普遍的應用模型。

2. 模型有很強的擴展性

本書提供的決策模型，應用於企業財務管理領域。這些模型的擴展性很強，掌握了模型的建立方法，就可很方便地進行模型的變通、改造和完善，應用於其他特定場景或其他特定領域。

3. 範例有很強的實用性

這套書的 Excel 範例檔案可於線上下載，包含了書中介紹的所有模型的 Excel 實用檔案，是一個完整的模型庫和強大的工具集，讀者在實務工作中可直接使用。

4. 介面有很強的友好性

這套書中的 Excel 財務決策模型檔案，活頁簿之間沒有連結，工作表之間沒有引用，欄列沒有隱藏，儲存格沒有鎖定；相關內容盡量放在單個螢幕畫面，不換介面，方便讀者學習和使用。

5. 結構有很強的層次性

為方便讀者閱讀和使用，書中範例所講解的財務決策模型的編寫結構基本相同，包括以下各層次：

應用場景：介紹模型在什麼時候用到。

基本理論：介紹模型的決策目標及目標函數、決策變數及變數關係。

模型建立：介紹模型的建立過程，包括輸入、加工和輸出三部分。

表格製作：介紹表格的製作過程，包括輸入、加工和輸出三部分。

圖表生成：介紹圖形的生成過程。

操作說明：介紹模型的操作注意事項。

6. 編寫有很強的通用性

各模型的應用場景，全部以 CEO 與 CFO 的對話方式展開，避免枯燥乏味；各模型的基本理論，由於有對應的理論書籍進行專門介紹，本書力求簡潔；模型

建立、表格製作和圖表生成，全部以操作步驟的記錄方式展開，方便讀者理解，力求使專業書籍同樣能給人以良好的閱讀體驗。

7. 讀者有很強的針對性

本書也適用於會計資格相關考試人員。現在的資格或就職考試，題量越來越大，難度越來越高，要求考生要對模型能更加熟練地運用。而由於計算過程太長或太過複雜，財務管理的教科書，有些內容無法深入講解。本書對財務管理教科書涉及到的模型，提供了很詳實的說明，實作了由紙質模型導向電腦試算表模型的轉變，因而更加具體、生動、直觀，對考生無疑是有幫助的。

本書適用於企業財務管理人員，不要求財務管理人員對程式設計有任何瞭解，模型不涉及 VBA 和巨集；也不要求財務管理人員對數學、統計學、運籌學、計量經濟學有很深瞭解，模型內建了各類函數，讀者可以直接應用，或稍加變通後應用。

本書適用於企業資訊化從業人員，例如 ERP 顧問或實施專案，需要建立客戶、供應商、物料等基礎檔案，還需要設定信用期、折扣、經濟訂貨量、安全儲備量等基本屬性。利用本書提供的決策模型，即使沒有很強的財務專業背景，也能輕鬆完成；再如 BI 資料採擷項目，可以在本書提供的財務決策模型的基礎上進行改造，以建立符合客戶特定需求的業務模型。

另外，本書還適用於各教育訓練機構和顧問公司。

8. 作者有很強的開放性

本書作者提供了很好的分享，製作的財務決策模型，最早陸續發佈在部落格（http://blog.vsharing.com/chengxiang）上，有數十家網站轉載，合併點擊量達上百萬。關於財務決策模型的建立、完善和應用，讀者也可以透過線上通訊工具（QQ：2785358027）與作者交流。

在此，感謝模型製作過程中，廣州凱聯董事長吳正州先生和眾多網友的熱情幫助和鼓勵。也懇請讀者對本書的疏漏、錯誤之處進行指正。

編者

致謝

本書編排時使用到的插圖取用自 http://www.freepik.com。

Designed by Freepik.com

本書範例下載

本書所介紹的模型 Excel 範例檔，讀者可於下列網站下載：

Excel 範例檔：http://books.gotop.com.tw/download/ACI027500

目錄

第 1 章
資本結構模型

CEO：在討論公司資本結構時，我們是不是應該先討論資本市場？畢竟資本市場是資本結構理論誕生的溫床，成長的土壤。

CFO：是的。在資本市場的溫床上，不僅誕生了資本結構理論，還誕生了投資組合、資本資產定價模型、期權價值模型等理論。所有這些理論都有一個共同的前提，那就是資本市場是有效的。如果資本市場無效，一切財務管理理論都將失去基礎。

CEO：什麼是有效資本市場呢？

CFO：把肉扔到狼群中，狼群立刻東奔西突，大快朵頤後唯剩一堆骨頭；把米扔到雞群中，雞群立刻上串下跳，大快朵頤後唯剩一地雞毛。這說明狼群對肉反應敏感，雞群對米反應敏感。

與之類似，把新的資訊傳播到市場中，投資者對資訊立即作出反應，有如狼吞肉的迅捷，雞啄米的準確。買賣之間，價格震盪。一旦價格調整到位，所有殘留資訊不會有任何價值。這就說明，這是一個有效資本市場。

CEO：建立有效資本市場，需要什麼條件？市場有效的外部標誌是什麼？

CFO：市場有效的條件有三個：理性的投資人、獨立的理性偏差、套利。市場有效的外部標誌是：證券的有關資訊能夠充分地披露和均勻地分佈，每個投資者能夠在同一時間得到等質等量的資訊；價格能同步地反映全部的可用資訊。

CEO：市場的有效程度如何衡量？

CFO：如果一個市場的股價只反映歷史資訊，則屬弱式有效。此時，投資者不可能透過分析歷史資訊來獲取超額利潤；如果一個市場的股價不只反映歷史資訊，還能反映公開訊息，則屬半強式有效。此時，投資者不可能透過分析歷史資訊或公開訊息來獲取超額利潤；如果一個市場的股價不只反映歷史資訊和公開訊息，還能反映內部資訊，則屬強式有效。此時，投資者不可能透過分析歷史資訊、公開訊息或內部資訊來獲取超額利潤。即：在強式有效市場環境下，內幕消息無用。

1.1 槓桿分析模型

應用場景

CEO：槓桿，不就是在力的作用下可繞固定點轉動的一根硬棒嗎？

CFO：槓桿原本是物理學概念，後被財務學引用。在財務管理中，我們用槓桿效應來描述固定成本提高公司期望收益，同時也增加公司風險的現象。槓桿包括經營槓桿、財務槓桿和總槓桿。

CEO：經營槓桿和財務槓桿，都具有放大盈利波動性，從而影響公司風險和收益的作用嗎？

CFO：是的。先說經營槓桿，它是由與產品生產或提供勞務有關的固定性經營成本所建構。也就是說，固定性經營成本是引發經營槓桿效應的根源。

在一定範圍內，固定成本是不變的。隨著銷量的增加，單位銷量所負擔的固定成本就會降低，從而單位產品的利潤會相應提高，息稅前利潤的增長率將大於銷量的增長率。反之，隨著銷量的下降，單位銷量所負擔的固定成本就會提高，從而單位產品的利潤會相應減少，息稅前利潤的下降率將大於銷量的下降率。

當然，如果企業不存在固定成本，則息稅前利潤的變動率將等於銷量的變動率。這種在固定成本作用下，由於銷量的變動引起息稅前利潤產生更大變動的現象，就是經營槓桿效應。

經營槓桿有助於企業管理層在控制經營風險時，不是簡單考慮固定成本的絕對量，而是關注固定成本與盈利水準的相對關係。

CEO：你再談一談財務槓桿。

CFO：財務槓桿是由債務利息等固定性融資成本所引起的。也就是說，固定性融資成本是引發財務槓桿效應的根源。

在一定範圍內，債務融資利息是不變的。隨著息稅前利潤的增加，單位利潤所負擔的債務融資利息就會降低，從而單位利潤可供股東分配的部分會相對提高，普通股股東每股收益的增長率將大於息稅前利潤的增長率。反之，隨著息稅前利潤的下降，單位利潤所負擔的債務融資利息就會增加，從而單位利潤可供股東分配的部分會相應減少，普通股股東每股收益的下降率將大於息稅前利潤的下降率。

當然，如果企業不存在債務融資利息，則普通股股東每股收益的變動率將等於息稅前利潤的變動率。

這種在債務融資利息的作用下，由於息稅前利潤的變動引起每股收益產生更大變動的現象，就是財務槓桿效應。

財務槓桿有助於企業管理層在控制財務風險時，不是簡單考慮債務融資利息的絕對量，而是關注債務融資利息與盈利水準的相對關係。

CEO：總槓桿是什麼呢？是經營槓桿與財務槓桿兩者相加嗎？

CFO：經營槓桿考察營業收入變化對息前稅前利潤的影響程度，財務槓桿考察息前稅前利潤變化對每股收益的影響程度。如果直接考察營業收入變化對每股收益的影響程度，即是考察了兩種槓桿的共同作用。兩種槓桿的連鎖作用稱為總槓桿，它是經營槓桿與財務槓桿兩者相乘的結果。

基本理論

經營槓桿

經營槓桿（Operating Leverage）的大小一般用經營槓桿係數表示，是指息前稅前利潤的變動率與營業收入變動率之間的比率。

息前稅前利潤＝產品銷售數量×（單位銷售價格－單位變動成本）－固定成本總額

假定企業的成本－銷量－利潤保持線性關係，變動成本在營業收入中所占比例不變，固定成本也保持穩定。則：

經營槓桿係數＝息前稅前利潤的變動率÷營業收入變動率

　　　　　　＝〔（息前稅前利潤 2－息前稅前利潤 1）÷息前稅前利潤 1〕÷
　　　　　　　〔（營業收入 2－營業收入 1）÷營業收入 1〕

　　　　　　＝〔（營業收入 2（1－變動成本率）－固定成本 2－營業收入 1（1－
　　　　　　　變動成本率）＋固定成本）÷息前稅前利潤 1〕÷〔（營業收入 2－
　　　　　　　營業收入 1）÷營業收入 1〕

　　　　　　＝〔（營業收入 2－營業收入 1）（1－變動成本率）÷息前稅前利潤 1〕
　　　　　　　×營業收入 1÷（營業收入 2－營業收入 1）

　　　　　　＝營業收入 1（1－變動成本率）÷息前稅前利潤 1

　　　　　　＝銷量×（單價－單位變動成本）÷〔銷量×（單價－
　　　　　　　單位變動成本）－固定成本〕

財務槓桿

財務槓桿的大小一般用財務槓桿係數表示，是指每股收益的變動率與息前稅前利潤變動率之間的比率。

債務利息＝負債×負債利率

負債＝資本總額×資本負債率

財務槓桿係數＝每股收益的變動率÷息前稅前利潤變動率

　　　　　＝〔（每股收益 2－每股收益 1）÷每股收益 1〕÷〔（ 息前稅前利潤 2
　　　　　　 －息前稅前利潤 1）÷ 息前稅前利潤 1〕

　　　　　＝〔（息前稅前利潤 2－債務利息 2－息前稅前利潤 1＋債務利息 1）÷
　　　　　　（息前稅前利潤 1－債務利息 1）〕÷〔（ 息前稅前利潤 2－
　　　　　　 息前稅前利潤 1）÷ 息前稅前利潤 1〕

　　　　　＝〔（息前稅前利潤 2－息前稅前利潤 1）÷（息前稅前利潤 1－
　　　　　　 債務利息 1）〕÷〔（ 息前稅前利潤 2－息前稅前利潤 1）÷
　　　　　　 息前稅前利潤 1〕

　　　　　＝息前稅前利潤÷（息稅前利潤－債務利息）

　　　　　＝息前稅前利潤÷（息前稅前利潤－資本總額×資本負債率
　　　　　　×負債利率）

總槓桿

由於存在固定生產經營成本，會產生經營槓桿效應，即營業收入的變動會引起息前稅前利潤以更大的幅度變動。

由於存在固定財務成本（如債務利息和優先股股利），會產生財務槓桿效應，即息前稅前利潤的變動會引起普通股每股利潤以更大的幅度變動。

一個企業同時存在固定生產經營成本和固定財務成本，經營槓桿效應和財務槓桿效應共同發生，產生連鎖作用，營業收入的變動會引起普通股每股利潤以更大的幅度變動，這就是總槓桿效應。總槓桿效應是經營槓桿和財務槓桿的綜合效應。

總槓桿的大小一般用總槓桿係數表示，是指每股收益的變動率與營業收入變動率之間的比率。

總槓桿係數＝經營槓桿係數×財務槓桿係數

　　　　　＝〔息前稅前利潤的變動率÷營業收入變動率〕×〔每股收益的變動率
　　　　　　÷息前稅前利潤變動率〕

　　　　　＝每股收益的變動率÷營業收入變動率

模型建立

……\chapter01\01\槓桿分析模型.xlsx

輸入

1） 在工作表中輸入文字資料，並進行格式化。如合併儲存格、調整列高欄寬、套入框線、選取填滿色彩、設定字型大小等。

2） 在 D2~C5 和 J2~J5 新增捲軸。按一下「開發人員」標籤，選取「插入→表單控制項→捲軸」按鈕，在對應的儲存格拖曳拉出適當大小的橫式捲軸。接著對該捲軸按下滑鼠右鍵，選取「控制項格式」指令，對其屬性設定儲存格連結、目前值、最小值、最大值等。舉例來說，J3 的捲軸的控制項格式設定如圖 1-1 所示。其他的詳細設定值可參考下載的本節 Excel 範例檔。

圖 1-1　J3 的捲軸的控制項格式設定

3） 在工作表中的 I3：I4 區域輸入「=L3：L4/100」公式。作法是以滑鼠選取 I3：I4 區域，輸入公式後，按 Ctrl+Shift+Enter 複合鍵。初步完成的模型如圖 1-2 所示。

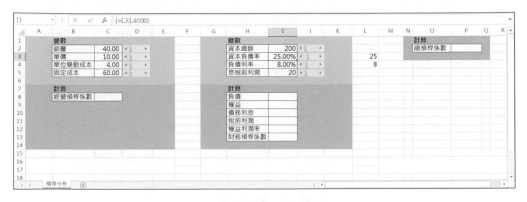

圖 1-2　初步完成的模型

加工

在工作表儲存格中輸入公式：

C8：=C2*(C3-C4)/(C2*(C3-C4)-C5)

A16：="銷售量增長（或減少）1 倍時，息稅前利潤增長（或減少）"&ROUND(C8,3)&"倍"

I8：=I2*I3

I9：=I2-I8

I10：=I8*I4

I11：=I5-I10

I12：=I11/I9

I13：=I5/(I5-I10)

G16：="息稅前利潤增長（或減少）1 倍時，每股收益增長（或減少）"&ROUND(I13,3)&"倍"

P2：=C8*I13

M16：="銷售量增長（或減少）1 倍時，每股收益增長（或減少）"&ROUND(P2,3)&"倍"

輸出

此時，工作表如圖 1-3 所示。

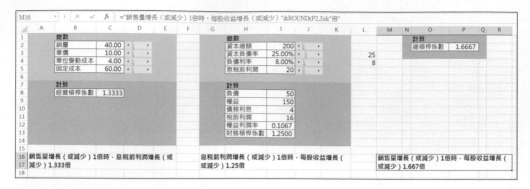

圖 1-3　槓桿分析

表格製作

輸入

在工作表下方輸入資料及套入框線，如圖 1-4 所示。

圖 1-4　在工作表中輸入資料及套入框線

加工

在工作表儲存格中輸入公式：

A20：=0.5*$C$2

A21：=0.6*$C$2

……

A29：=1.4*$C$2

A30：=1.5*$C$2

B20：=A20*($C$3-$C$4)/(A20*
($C$3-$C$4)-$C$5)

選取 B20 儲存格，按住右下角的控點向
下拖曳填滿至 B30 儲存格。

G20：=0.5*$I$3

G21：=0.6*$I$3

……

G29：=1.4*$I$3

G30：=1.5*$I$3

H20：=$I$5/($I$5-$I$2*$I$4*G20)

選取 H20 儲存格，按住右下角的控點向
下拖曳填滿至 H30 儲存格。

L10：=MIN(B20:B30)

L11：=MAX(B20:B30)

M10：=MIN(H20:H30)

M11：=MAX(H20:H30)

輸出

此時，工作表如圖 1-5 所示。

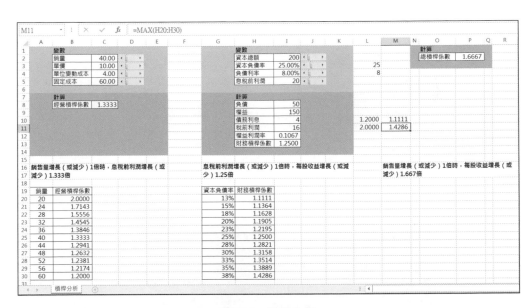

圖 1-5　槓桿分析

圖表生成

經營槓桿係數圖表

1) 本範例的工作表取名為「槓桿分析」。選取工作表中 A20：B30 區域，按一下「插入」標籤，選取「圖表→插入 XY 散佈圖或泡泡圖→帶有平滑線的 XY 散佈圖」按鈕項，即可插入一個標準的 XY 散佈圖，可先將預設的「圖表標題」刪掉。再拖曳調整大小及放置的位置。

2) 在圖表區按下滑鼠右鍵，在展開的功能表中選取「選取資料來源…」指令。此時已有數列 1。按下「新增」按鈕，新增如下數列 2 和數列 3，如圖 1-6a 所示：

數列 2：
X 值：=槓桿分析!$C$2
Y 值：=槓桿分析!$C$8

數列 3：
X 值：=(槓桿分析!$C$2,槓桿分析!$C$2)
Y 值：=(槓桿分析!$L$10,槓桿分析!$L$11)

圖 1-6a　新增二條數列

3）　對圖表中數列 2 的「點」按下滑鼠右鍵，選取「資料數列格式」指令，然後在「資料數列格式」面板中點按「標記」，並在「標記選項」中點選「內建」，有需要可在「類型」和「大小」下拉方塊中選擇想要的形式，如圖 1-6b 所示。

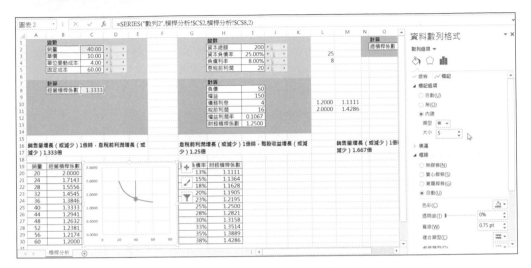

圖 1-6b　「資料數列格式」設定

4）　按下圖表右上方的「＋」圖示鈕，勾選「座標軸標題」。然後將水平 X 軸改成「銷量」；將垂直 Y 軸改成「經營槓桿係數」。使用者還可按自己的意願再修改美化圖表，例如連按二下剛才改的垂直軸標題，將其文字方向改成「垂直」。這樣就完成了經營槓桿係數圖表，如圖 1-7 所示。

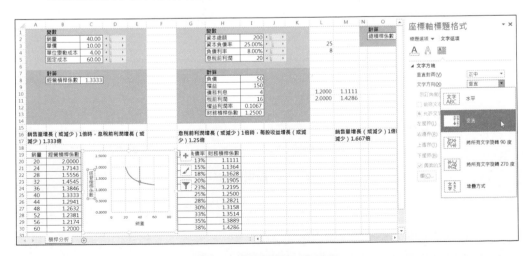

圖 1-7　經營槓桿係數圖表

財務槓桿係數圖表

1）　選取工作表中 G20：H30 區域，按一下「插入」標籤，選取「圖表→插入 XY 散佈圖或泡泡圖→帶有平滑線的 XY 散佈圖」按鈕項，即可插入一個標準的 XY 散佈圖，可先將預設的「圖表標題」刪掉。

2）　在圖表區按下滑鼠右鍵，在展開的功能表中選取「選取資料來源…」指令。此時已有數列 1。按下「新增」按鈕，新增如下數列 2 和數列 3，如圖 1-8 所示：

數列 2：

X 值：=槓桿分析!$I$3

Y 值：=槓桿分析!$I$13

數列 3：

X 值：=(槓桿分析!$I$3,槓桿分析!$I$3)

Y 值：=(槓桿分析!$M$10,槓桿分析!$M$11)

圖 1-8a　新增數列

3）　按下「圖表工具→格式」標籤展開工具列，再從「圖表項目」下拉方塊中選取「數列 2」項，如此即可選取數列 2 的「點」，再按下「格式化選取範圍」鈕，然後在展開的「資料數列格式」面板中點按「標記」，並在「標記選項」中點

選「內建」，有需要可在「類型」和「大小」下拉方塊中選擇想要的形式，如圖 1-8b 所示。

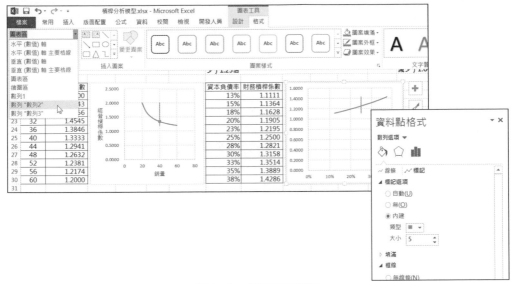

圖 1-8b　設定標記選項

4）　按下圖表右上方的「＋」圖示鈕，勾選「座標軸標題」。然後將水平 X 軸改成「資本負債率」；將垂直 Y 軸改成「財務槓桿係數」。使用者還可按自己的意願再修改美化圖表。這樣就完成了財務槓桿係數圖表，如圖 1-7 所示。

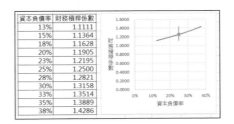

圖 1-9　財務槓桿係數圖表

總槓桿係數圖表

1）　選取工作表中 O2：P2 區域，按一下「插入」標籤，選取「圖表→直條圖→群組直條圖」按鈕項，即可插入一個標準的直條圖，可先將預設的「圖表標題」刪掉。

2） 按下圖表右上方的「＋」圖示鈕，勾選「資料標籤」。然後將主水平座標軸刪掉不顯示，再勾選「座標軸標題　主水平」項只顯示水平標題，並將其標題改為「總槓桿係數」，如圖 1-10a 所示。

圖 1-10a　總槓桿係數圖表

3） 最後槓桿分析模型的最終介面如圖 1-10b 所示。

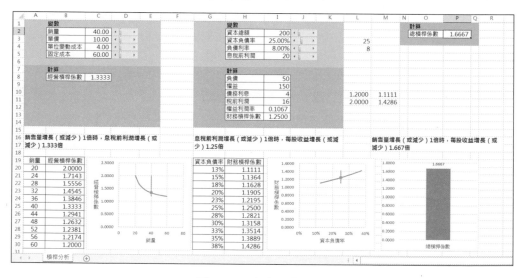

圖 1-10b　槓桿分析模型

操作說明

■ 拖動「銷量」、「單價」、「單位變動成本」、「固定成本」等變數的捲軸，經營槓桿係數的計算結果、表格、圖表及文字描述都將隨之變化。

■ 拖動「資本總額」、「資本負債率」、「負債利率」、「息稅前利潤」等變數的捲軸，財務槓桿係數的計算結果、表格、圖表及文字描述都將隨之變化。

■ 拖動各變數的捲軸，總槓桿係數的計算結果、圖表及文字描述都將隨之變化。

1.2　槓桿平衡模型

應用場景

CEO：我們在做槓桿分析時，一方面需要根據銷量、單價、單位變動成本、固定成本等變數計算出經營槓桿，根據息稅前利潤、資本總額、資本負債率、負債利率等變數計算出財務槓桿，再根據經營槓桿和財務槓桿計算出總槓桿；另一方面，我們也希望知道，為了達到既定的總槓桿目標，經營槓桿或財務槓桿應該達到或控制在什麼水準，銷量、單價、單位變動成本、固定成本等變數應該達到或控制在什麼水準，息稅前利潤、資本總額、資本負債率、負債利率等變數，應該達到或控制在什麼水準。

CFO：根據既定的總槓桿目標，反算銷量、單價、單位變動成本、固定成本、息稅前利潤、資本總額、資本負債率、負債利率等變數應該達到或控制在什麼水準，這就是槓桿平衡分析。

CEO：槓桿平衡要分兩步。首先，要做到經營槓桿與財務槓桿的平衡。即，為了達到預定的總槓桿係數，經營槓桿和財務槓桿應該如何組合。

然後，再根據確定的經營槓桿去計算銷量、單價、單位變動成本、固定成本等變數，或根據確定的財務槓桿去算息稅前利潤、資本總額、資本負債率、負債利率等變數。

CFO：是的。經營槓桿與財務槓桿有很多不同的組合方式。經營槓桿係數較高的公司可以在較低的程度上使用財務槓桿；經營槓桿係數較低的公司可以在較高的程度上使用財務槓桿。這有待公司在考慮了各有關的具體因素之後作出選擇。

基本理論

銷量平衡分析

其他計算因素已知時，對銷量應採取的措施，以取得目標總槓桿係數。

銷量＝經營槓桿係數×固定成本÷（經營槓桿係數−1）÷（單價−單位變動成本）

經營槓桿係數＝總槓桿係數÷財務槓桿係數

財務槓桿係數＝息稅前利潤÷（息稅前利潤－資本總額×資本負債率×負債利率）

單價平衡分析

其他計算因素已知時，對單價應採取的措施，以取得目標總槓桿係數。

單價＝固定成本÷（1－1÷經營槓桿係數）÷銷量+單位變動成本

經營槓桿係數＝總槓桿係數÷財務槓桿係數

財務槓桿係數＝息稅前利潤÷（息稅前利潤－資本總額×資本負債率×負債利率）

單位變動成本平衡分析

其他計算因素已知時，對單位變動成本應採取的措施，以取得目標總槓桿係數。

單位變動成本＝單價－固定成本÷（1－1÷經營槓桿係數）÷銷量

經營槓桿係數＝總槓桿係數÷財務槓桿係數

財務槓桿係數＝息稅前利潤÷（息稅前利潤－資本總額×資本負債率×負債利率）

固定成本平衡分析

其他計算因素已知時，對固定成本應採取的措施，以取得目標總槓桿係數。

固定成本＝銷量×（單價－單位變動成本）×（經營槓桿係數－1）÷經營槓桿係數

經營槓桿係數＝總槓桿係數÷財務槓桿係數

財務槓桿係數＝息稅前利潤÷（息稅前利潤－資本總額×資本負債率×負債利率）

資本總額平衡分析

其他計算因素已知時，對資本總額應採取的措施，以取得目標總槓桿係數。

資本總額＝（財務槓桿係數－1）×息稅前利潤÷（財務槓桿係數×
　　　　　資本負債率×負債利率）

財務槓桿係數＝總槓桿係數÷經營槓桿係數

經營槓桿係數＝銷量×（單價－單位變動成本）÷〔銷量×（單價－
　　　　　單位變動成本）－固定成本〕

資本負債率平衡分析

其他計算因素已知時，對資本負債率應採取的措施，以取得目標總槓桿係數。

資本負債率＝（財務槓桿係數－1）×息稅前利潤÷財務槓桿係數÷資本總額÷
　　　　　負債利率

財務槓桿係數＝總槓桿係數÷經營槓桿係數

經營槓桿係數＝銷量×（單價－單位變動成本）÷〔銷量×（單價－
　　　　　單位變動成本）－固定成本〕

負債利率平衡分析

其他計算因素已知時，對負債利率應採取的措施，以取得目標總槓桿係數。

負債利率＝（財務槓桿係數－1）×息稅前利潤÷財務槓桿係數÷資本總額÷
　　　　　資本負債率

財務槓桿係數＝總槓桿係數÷經營槓桿係數

經營槓桿係數＝銷量×（單價－單位變動成本）÷〔銷量×（單價－
　　　　　單位變動成本）－固定成本〕

息稅前利潤平衡分析

其他計算因素已知時，對息稅前利潤應採取的措施，以取得目標總槓桿係數。

息稅前利潤＝財務槓桿係數×資本總額×資本負債率×負債利率÷
　　　　　（財務槓桿係數－1）

財務槓桿係數＝總槓桿係數÷經營槓桿係數

經營槓桿係數＝銷量×（單價－單位變動成本）÷〔銷量×（單價－
　　　　　單位變動成本）－固定成本〕

模型建立

📁……\chapter01\02\槓桿平衡模型.xlsx

輸入

在 Excel 中新建一活頁簿，包括以下工作表：銷量平衡分析、單價平衡分析、變動成本平衡分析、固定成本平衡分析、資本總額平衡分析、資本負債率平衡分析、負債利率平衡分析、息稅前利潤平衡分析。

「銷量平衡分析」工作表

1）　在工作表中輸入文字資料，並進行格式化。如合併儲存格、調整列高欄寬、套
　　　入框線、設定字型大小等。框線的繪製可利用「常用」標籤下的「繪製外框
　　　線」鈕來選擇框線樣式大小和顏色等，然後再來拖曳繪製。如圖 1-11a 所示。

圖 1-11a　按下「繪製外框線」鈕來選擇框線樣式和顏色，然後拖曳繪製

2）　在 H1、C16、C19、C22 和 J13、J16、J19、J22 新增微調按鈕。按一下「開發
　　　人員」標籤，選取「插入→表單控制項→微調按鈕」按鈕，在對應的儲存格拖
　　　曳拉出適當大小的微調按鈕。接著對該捲軸按下滑鼠右鍵，選取「控制項格
　　　式」指令，對其屬性設定儲存格連結、目前值、最小值、最大值等。K16 和
　　　K19 儲存格是利用 O16 和 O19 除 100 的公式來取得百分比，其他相關詳細設定
　　　值可參考下載的本節 Excel 範例檔，完成的初步模型如圖 1-11b 所示。

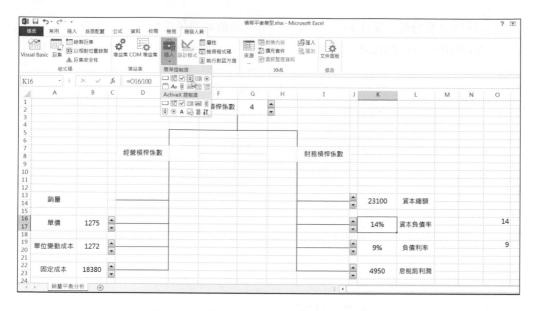

圖 1-11b　完成「銷量平衡分析」的初步模型

「單價平衡分析」、「變動成本平衡分析」、「固定成本平衡分析」、「資本總額平衡分析」、「資本負債率平衡分析」、「負債利率平衡分析」、「息稅前利潤平衡分析」工作表

可參照和複製「銷量平衡分析」工作表來修改，其詳細內容可參考下載的本節 Excel 範例檔。

加工
在工作表儲存格中輸入公式：

「銷量平衡分析」工作表
H7：=K22/(K22-K13*K16*K19)

E7：=G1/H7

B13：=E7*B22/(E7-1)/(B16-B19)

「單價平衡分析」工作表
H7：=K22/(K22-K13*K16*K19)

E7：=G1/H7

B16：=B22/(1-1/E7)/B13+B19

「變動成本平衡分析」工作表
H7：=K22/(K22-K13*K16*K19)

E7：=G1/H7

B19：=B16-B22/(1-1/E7)/B13

「固定成本平衡分析」工作表
H7：=K22/(K22-K13*K16*K19)

E7：=G1/H7

B22：=B13*(B16-B19)*(E7-1)/E7

「資本總額平衡分析」工作表

E7：=B13*(B16-B19)/(B13*(B16-B19)-B22)

H7：=G1/E7

K13：=(H7-1)*K22/(H7*K16*K19)

「資本負債率平衡分析」工作表

E7：=B13*(B16-B19)/(B13*(B16-B19)-B22)

H7：=G1/E7

K16：=(H7-1)*K22/H7/K13/K19

「負債利率平衡分析」工作表

E7：=B13*(B16-B19)/(B13*(B16-B19)-B22)

H7：=G1/E7

K19：=(H7-1)*K22/H7/K13/K16

「息稅前利潤平衡分析」工作表

E7：=B13*(B16-B19)/(B13*(B16-B19)-B22)

H7：=G1/E7

K22：=H7*K13*K16*K19/(H7-1)

輸出

「銷量平衡分析」工作表如圖 1-12 所示。

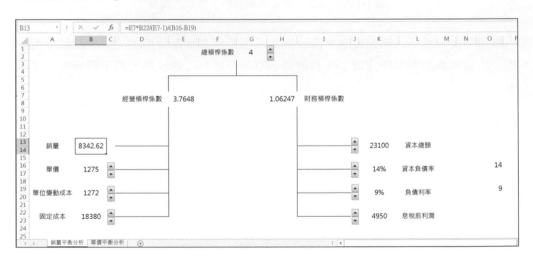

圖 1-12　銷量平衡分析

「單價平衡分析」工作表如圖 1-13 所示。

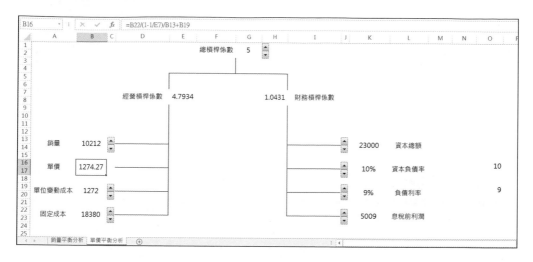

圖 1-13　單價平衡分析

「變動成本平衡分析」工作表如圖 1-14 所示。

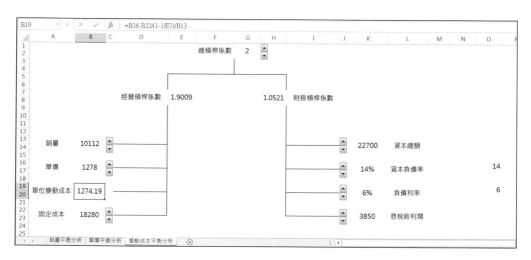

圖 1-14　變動成本平衡分析

「固定成本平衡分析」工作表如圖 1-15 所示。

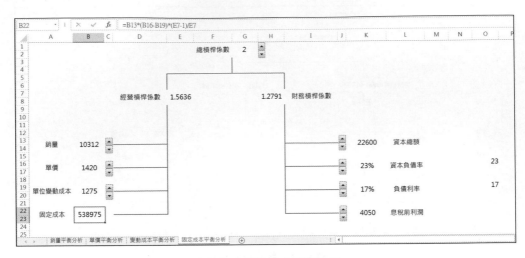

圖 1-15　固定成本平衡分析

「資本總額平衡分析」工作表如圖 1-16 所示。

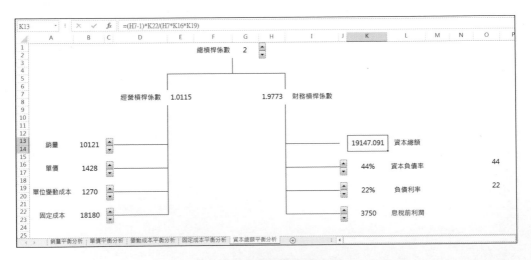

圖 1-16　資本總額平衡分析

「資本負債率平衡分析」工作表如圖 1-17 所示。

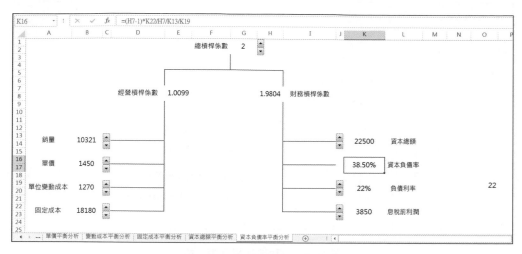

圖 1-17　資本負債率平衡分析

「負債利率平衡分析」工作表如圖 1-18 所示。

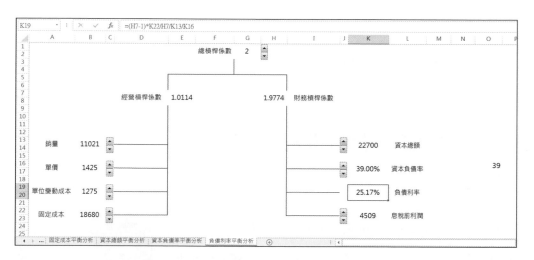

圖 1-18　負債利率平衡分析

「息稅前利潤平衡分析」工作表如圖 1-19 所示。

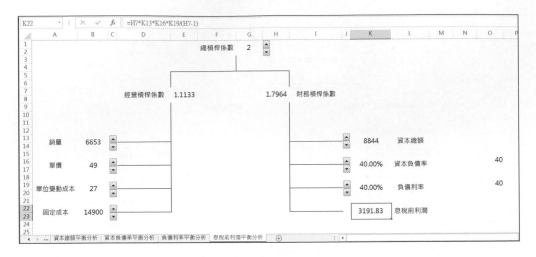

圖 1-19　息稅前利潤平衡分析

操作說明

- 在「銷量平衡分析」、「單價平衡分析」、「變動成本平衡分析」、「固定成本平衡分析」、「資本總額平衡分析」、「資本負債率平衡分析」、「負債利率平衡分析」、「息稅前利潤平衡分析」等工作表中，輸入或按下變數的微調按鈕時，模型的計算結果將隨之變化。

1.3　每股收益無差別點模型

應用場景

CEO：我們公司的資本結構是否合理，這個如何判斷？

CFO：我們公司的資本結構是合理的，判斷依據是債務比率。債務比率過低，會使資本成本較高；債務比率過高，會使財務風險較大。目前我們公司的債務比率是比較合適的。

CEO：對企業來說，什麼樣的資本結構，或者說多大的債務比率，是比較合適的？

CFO：這個沒有一定。例如，現金流量波動大的企業，因外部資金需求的確定比較難，要比現金流量穩定的類似企業的負債水準低；盈利能力強的企業，因內部融資滿足率較高，要比盈利能力弱的類似企業的負債水準低；成長性好的企業，因外部資金需求較大，要比成長性差的類似企業的負債水準高；通用資產比例高的企業，因債務抵押的可能性較大，要比特殊資產比例高的類似企業的負債水準高；財務靈活性大的企業，因把握新的好專案的能力較強，要比財務靈活性小的類似企業的負債水準高。

CEO：如果有多種籌資方案，每種方案有不同籌資來源，包括債務、權益等，這時，我們直接計算不同方案的加權平均資本成本，選擇加權平均資本成本最小的方案，不就是相對最優的資本結構了嗎？

CFO：這是資本成本比較法，過程簡單，使用便捷。但這種方法只是比較資本成本，沒有考慮財務風險差異。而且，不同籌資方式的資本成本在實務中有時難以確定。

CEO：有什麼更好的方法嗎？

CFO：有一種每股收益無差別點法，它可解決的問題是：在某一特定預期盈利水準下是否應該選擇債務融資方式。它的原理是：計算並比較不同融資方案的每股收益，選擇每股收益較大的融資方案。

基本理論

每股收益

每股收益＝（息稅前利潤－債務利息）×（1－所得稅稅率）÷普通股股數

＝（銷售額－變動成本－固定成本－債務利息）×（1－所得稅稅率）

÷普通股股數

每股收益無差別點對應的息稅前利潤

可透過以下等式計算：

（息稅前利潤 X－方案 A 債務利息）×（1－所得稅稅率）÷方案 A 普通股股數＝
（息稅前利潤 X－方案 B 債務利息）×（1－所得稅稅率）÷方案 B 普通股股數

每股收益無差別點對應的銷售額

可透過以下等式計算：

（銷售額 X－變動成本－固定成本－方案 A 債務利息）×（1－所得稅稅率）÷方案 A 普通股股數＝（銷售額 X－變動成本－固定成本－方案 B 債務利息）×（1－所得稅稅率）÷方案 B 普通股股數

模型建立

……\chapter01\03\每股收益無差別點模型.xlsx

輸入

1) 在工作表中輸入文字資料，並進行格式化。如合併儲存格、調整列高欄寬、套入框線、選取填滿色彩、設定字型大小等。

2) 在 E2~E9 新增捲軸。按一下「開發人員」標籤，選取「插入→表單控制項→捲軸」按鈕，在對應的儲存格拖曳拉出適當大小的橫式捲軸。接著對該捲軸按下滑鼠右鍵，選取「控制項格式」指令，對其屬性設定儲存格連結、目前值、最小值、最大值等。其他的詳細設定值可參考下載的本節 Excel 範例檔。

3) 在 D5：D7 區域輸入「=G5：G7/100」公式。作法是以滑鼠選取 D5：D7 區域，輸入公式後，按 Ctrl+Shift+Enter 複合鍵。初步的模型如圖 1-20 所示。

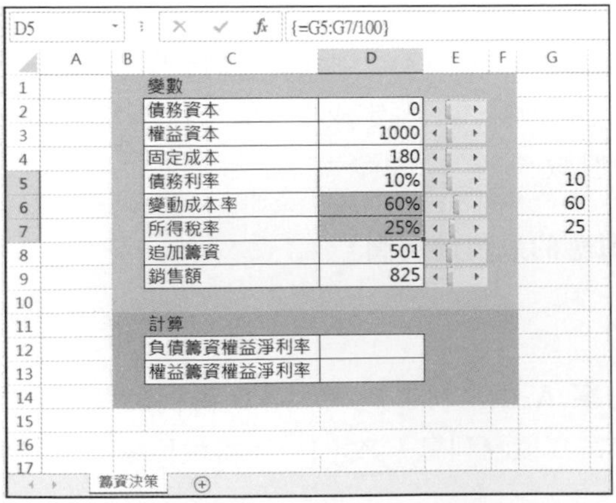

圖 1-20　在工作表完成初步的模型

加工

在工作表儲存格中輸入公式：

D12：=(D9-D9*$D$6-$D$4-($D$8+$D$2)*$D$5)*(1-$D$7)/$D$3

D13：=(D9-D9*$D$6-$D$4-$D$2*$D$5)*(1-$D$7)/($D$3+$D$8)

B16：=IF(D12>D13,"建議採用負債方式籌資","建議採用權益方式籌資")

輸出

此時，工作表如圖 1-21 所示。

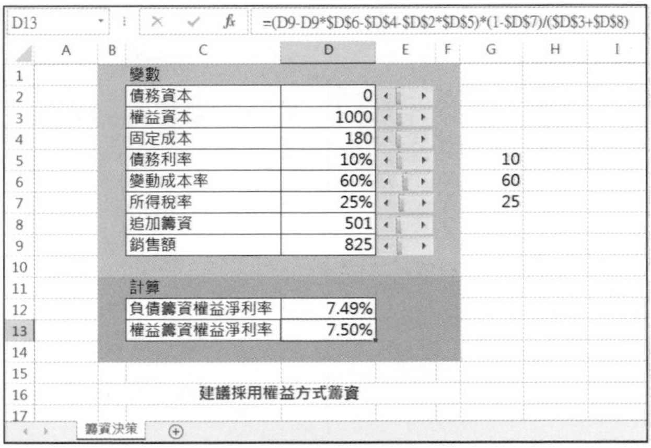

圖 1-21　權益淨利率的計算

表格製作

輸入

在工作表的 I1~K12 和 M2~N4 中輸入資料及套入框線，如圖 1-22 所示。

變數			
債務資本	0		
權益資本	1000		
固定成本	180		
債務利率	10%	10	
變動成本率	60%	60	
所得稅率	25%	25	
追加籌資	501		
銷售額	825		
計算			
負債籌資權益淨利率	7.49%		
權益籌資權益淨利率	7.50%		
建議採用權益方式籌資			

銷售額	負債籌資權益淨利率	權益籌資權益淨利率

最小值	
最大值	

圖 1-22　在工作表中輸入資料及套入框線

加工

在工作表儲存格中輸入公式：

I2：=0.5*$D$9

I3：=0.6*$D$9

……

I11：=1.4*$D$9

I12：=1.5*$D$9

J2　：　=(I2-I2*$D$6-$D$4-($D$8+$D$2)*$D$5)*(1-$D$7)/$D$3

選取 J2 儲存格，按住右下角的控點向下拖曳填滿至 J12 儲存格。

K2　：　=(I2-I2*$D$6-$D$4-$D$2*$D$5)*(1-$D$7)/($D$3+$D$8)

選取 K2 儲存格，按住右下角的控點向下拖曳填滿至 K12 儲存格。

N3：=MIN(J2:K12)

N4：=MAX(J2:K12)

輸出

此時，工作表如圖 1-23 所示。

N3　=MIN(J2:K12)

變數		
債務資本	0	
權益資本	1000	
固定成本	180	
債務利率	10%	10
變動成本率	60%	60
所得稅率	25%	25
追加籌資	501	
銷售額	825	
計算		
負債籌資權益淨利率	7.49%	
權益籌資權益淨利率	7.50%	
建議採用權益方式籌資		

銷售額	負債籌資權益淨利率	權益籌資權益淨利率
412.50	-4.88%	-0.75%
495.00	-2.41%	0.90%
577.50	0.07%	2.55%
660.00	2.54%	4.20%
742.50	5.02%	5.85%
825.00	7.49%	7.50%
907.50	9.97%	9.14%
990.00	12.44%	10.79%
1072.50	14.92%	12.44%
1155.00	17.39%	14.09%
1237.50	19.87%	15.74%

最小值	-4.88%
最大值	19.87%

圖 1-23　權益淨利率的計算

圖表生成

1）　選取工作表中 I2：K12 區域，按一下「插入」標籤，選取「圖表→插入 XY 散佈圖或泡泡圖→帶有平滑線的 XY 散佈圖」按鈕項，即可插入一個標準的 XY 散佈圖，可先將預設的「圖表標題」和「圖例」刪掉，再拖曳調整大小及放置的位置。

2）　在圖表區按下滑鼠右鍵，在展開的功能表中選取「選取資料來源…」指令。此時已有數列 1、數列 2。按一下「新增」按鈕，新增如下數列 3、數列 4、數列 5，如圖 1-24 所示：

數列 3：

X 值：=籌資決策!$D$9

Y 值：=籌資決策!$D$12

數列 4：

X 值：=籌資決策!$D$9

Y 值：=籌資決策!$D$13

數列 5：

X 值：=(籌資決策!$D$9,籌資決策!$D$9)

Y 值：=(籌資決策!$N$3,籌資決策!$N$4)

圖 1-24　選取資料來源中新增數列

3） 按下「圖表工具→格式」標籤展開工具列，再從「圖表項目」下拉方塊中選取「數列 3」項，如此即可選取數列 3 的「點」，再按下「格式化選取範圍」鈕，然後在展開的「資料數列格式」面板中點按「標記」，並在「標記選項」中點選「內建」，有需要可在「類型」和「大小」下拉方塊中選擇想要的形式，如圖 1-25 所示。

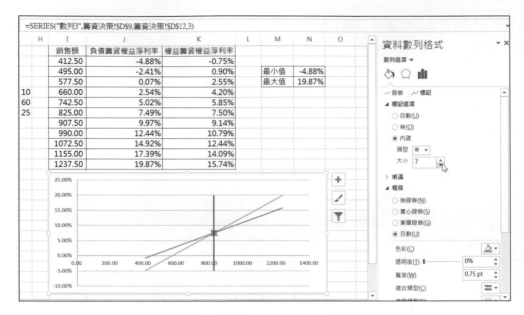

圖 1-25　圖表生成過程

4） 按下圖表右上方的「＋」圖示鈕，勾選「座標軸標題」。然後將水平 X 軸改成「銷售額」；將垂直 Y 軸改成「權益淨利率」。接著對垂直標題連按二下，打開座標軸標題格式面板，從「文字選項→文字方塊」中的「文字方向」下拉方塊內選取「垂直」。

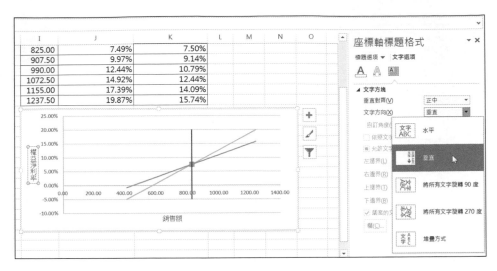

圖 1-26a 「文字方向」選「垂直」

5） 選取「圖表區」，再按下「插入→文字方塊→水平文字方塊」指令項，在圖表
區中對應的數列旁拖曳出文字方塊，並在其中輸入「負債籌資」，再以同樣方
法拖曳第二個文字方塊，輸入「權益籌資」。

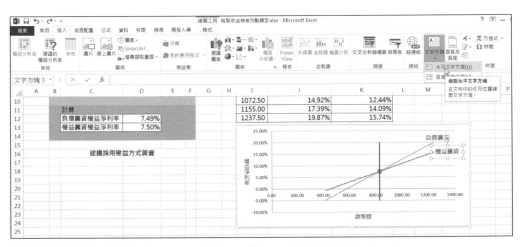

圖 1-26b 「插入→文字方塊→水平文字方塊」指令項

6） 使用者還可按自己的意願再修改美化圖表。這樣就完成了每股收益分析模型，
如圖 1-26c 所示。

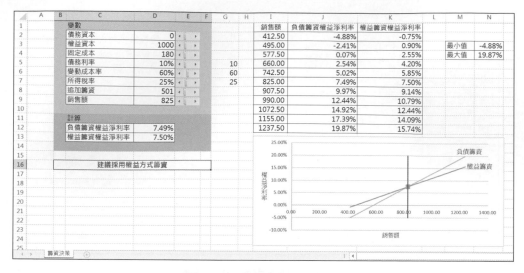

圖 1-26c　每股收益分析模型

操作說明

■ 拖動「債務資本」、「權益資本」、「固定成本」、「債務利率」、「變動成本率」、「所得稅率」、「追加籌資」、「銷售額」等變數的捲軸時，模型的計算結果、表格、圖表及文字描述都將隨之變化。

1.4　企業價值比較模型

應用場景

CEO：每股收益無差別點模型，是透過每股收益的比較來選擇籌資藍本；企業價值比較模型，顧名思義，是透過企業價值的比較來選擇籌資藍本。每股收益的比較，與企業價值的比較，難道會不一致嗎？每股收益較大的藍本，反而可能是企業價值較小的藍本的？如果兩者不一致，我們又該以什麼標準進行藍本取捨？

CFO：兩者可能不一致。只有在風險不變的情況下，每股收益的增長才會導致股價上升。但實際上，隨著每股收益的增長，風險也在加大。如果每股收益的增長不足以補償風險增加所需的報酬，儘管每股收益增加，股價仍然會下降。

財務管理的目標是企業價值最大化，或者說股價最大化。藍本取捨，應當是使企業價值最大，而不是每股收益最大的資本結構。當然，企業價值最大的資本結構，就是資本成本最低的資本結構。

CEO：也就是說，每股收益無差別點模型的缺陷，就在於沒有考慮風險因素。

例如，每股收益增長 3 倍，此時標準差，即風險也會增長 3 倍，貝塔係數也會增長 3 倍，必要報酬率也會增長將近 3 倍。必要報酬率增長將近 3 倍，其絕對值，可能比每股收益增長 3 倍還要大。類似美國增長 5%，比我們增長 7%，其增長絕對值還要大。

每股收益的增長比不上必要報酬率的增長，這時，股價就會下降，企業價值就會降低。

CFO：資料關係是這樣的。每股收益到標準差，再到貝塔係數，再到必要報酬率。

CEO：企業價值比較模型，聽上去，怎麼感覺和企業價值評估模型差不多呀？

CFO：企業價值評估模型，是用於投資分析、戰略分析及內部價值管理；企業價值比較模型，是用於籌資決策。企業價值比較模型中的企業價值等於股票的市場價值加上長期債務的市場價值。籌資決策，就是找出使企業價值最大的債務規模。

CEO：債務規模越大，債務的市場價值也就越大，這是一方面；另一方面，債務規模越大，債務資本成本也就越高，債務利息也就越高，未來現金流量也就越低；而貝塔係數越來越大，必要報酬率也就越來越大。兩點一結合，導致貼現值降低，股票的市場價值降低。

為了使企業價值最大，兩方面一結合，債務規模應該有個最優解。

CFO：是的。另外，債務規模越大，債務資本成本也就越大，股票必要報酬率也就越大，這是一方面；另一方面，債務規模越大，債務比重也就越大，股票比重也就越小。

為了使資本成本最低，兩方面一結合，債務規模應該有個最優解。

這個最優解，和使企業價值最大的最優解是一樣的。即：債務規模的最優解，使企業價值最大的同時，使資本成本最低。

基本理論

企業市場價值

企業市場價值＝股票市場價值＋債務市場價值

股票市場價值等於未來的淨收益按股東要求的報酬率貼現。假設公司的經營利潤可以永續，股東要求的回報率不變，則：

股票市場價值＝（息稅前利潤－年利息額）×（1－所得稅稅率）÷權益資本成本
年利息額＝債務市場價值×債務資本成本

資本成本

加權平均資本成本＝稅前債務資本成本×（1－所得稅稅率）×債務額占總資本的比重＋權益資本成本×股票額占總資本比重

權益資本成本＝無風險報酬率＋股票的貝塔係數×（平均風險股票必要報酬率－無風險報酬率）

β 係數

見前面「財務估價模型→資本資產定價模型→基本理論」的相關介紹。

模型建立

📁 ……\chapter01\04\企業價值比較模型.xlsx

輸入

1)　在工作表中輸入文字資料,並進行格式化。如合併儲存格、調整列高欄寬、套入框線、選取填滿色彩、設定字型大小等。

2)　在 D2~D5 新增捲軸。按一下「開發人員」標籤,選取「插入→表單控制項→捲軸」按鈕,在對應的儲存格拖曳拉出適當大小的橫式捲軸。接著對該捲軸按下滑鼠右鍵,選取「控制項格式」指令,對其屬性設定儲存格連結、目前值、最小值、最大值等。其他的詳細設定值可參考下載的本節 Excel 範例檔。

3)　在工作表中的 C3 輸入「=F3/100」公式、在 C4 輸入「=F4/100」公式、在 C5 輸入「=F5/100」公式。初步完成的模型如圖 1-20　所示。

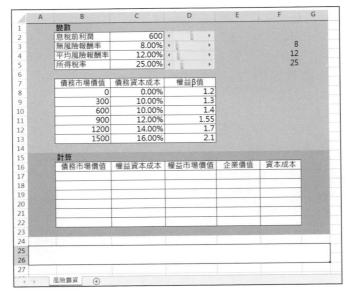

圖 1-27　在工作表中完成初步的模型

加工

在工作表儲存格中輸入公式:

B17:B22 區域:選取 B17:B22 區域,輸入「=B8:B13」公式後,按
Ctrl+Shift+Enter 複合鍵。
C17:C22 區域:選取 C17:C22 區域,輸入「=C3+D8:D13*(C4-C3)」公式後,按
Ctrl+Shift+Enter 複合鍵。

D17：D22 區域：選取 D17：D22 區域，輸入「=(C2-C8:C13*B8:B13)*(1-C5)/C17:C22」公式後，按 Ctrl+Shift+Enter 複合鍵。

E17：E22 區域：選取 E17：E22 區域，輸入「=D17:D22+B8:B13」公式後，按 Ctrl+Shift+Enter 複合鍵。

F17：F22 區域：選取 F17：F22 區域，輸入「=B8:B13/E17:E22*C8:C13*(1-C5)+D17:D22/ E17:E22*C17:C22」公式後，按 Ctrl+Shift+Enter 複合鍵。

A25：="債務規模為"&(INDEX(B8:B13，MATCH(MIN(F17:F22),F17:F22,0)))&"時的資本結構為公司最佳資本結構，取得最小資本成本"&(ROUND((MIN(F17:F22)*100),2)&"%，最大企業價值")&(ROUND((MAX(E17:E22)),2))

輸出

此時，工作表如圖 1-28 所示。

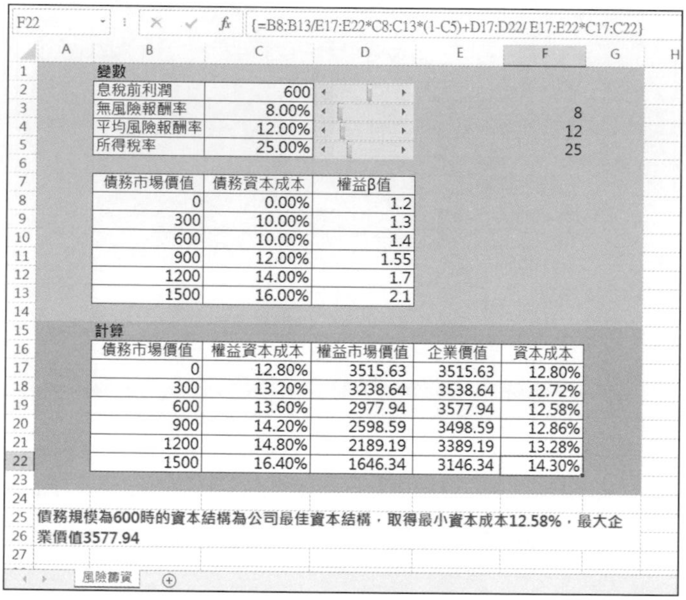
F22 {=B8:B13/E17:E22*C8:C13*(1-C5)+D17:D22/ E17:E22*C17:C22}

變數

息稅前利潤	600		
無風險報酬率	8.00%		8
平均風險報酬率	12.00%		12
所得稅率	25.00%		25

債務市場價值	債務資本成本	權益β值
0	0.00%	1.2
300	10.00%	1.3
600	10.00%	1.4
900	12.00%	1.55
1200	14.00%	1.7
1500	16.00%	2.1

計算

債務市場價值	權益資本成本	權益市場價值	企業價值	資本成本
0	12.80%	3515.63	3515.63	12.80%
300	13.20%	3238.64	3538.64	12.72%
600	13.60%	2977.94	3577.94	12.58%
900	14.20%	2598.59	3498.59	12.86%
1200	14.80%	2189.19	3389.19	13.28%
1500	16.40%	1646.34	3146.34	14.30%

債務規模為600時的資本結構為公司最佳資本結構，取得最小資本成本12.58%，最大企業價值3577.94

風險籌資

圖 1-28　企業價值計算

圖表生成

1）按住 Ctrl 鍵不放，選取工作表中 B17：B22 區域和 E17：F22 區域，按一下「插入」標籤，選取「圖表→插入 XY 散佈圖或泡泡圖→帶有平滑線的 XY 散佈圖」按鈕項，如圖 1-29 所示，即可插入一個標準的 XY 散佈圖。

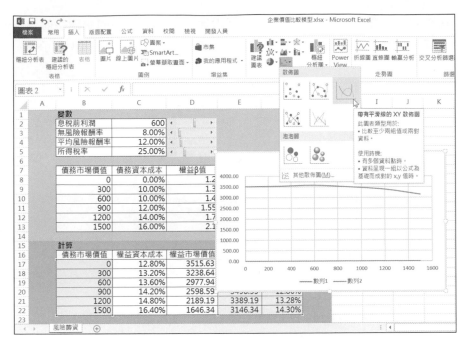

圖 1-29　插入「帶有平滑線的 XY 散佈圖」

2）　可先將圖表區中預設的「圖表標題」和「圖例」刪掉，再拖曳調整大小及放置的位置，如圖 1-30 所示。

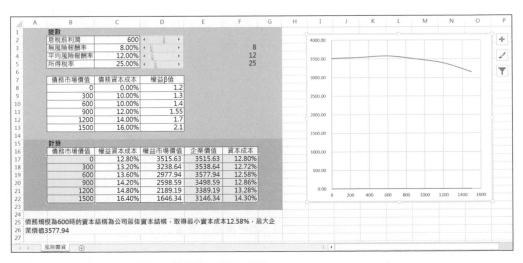

圖 1-30　刪掉「圖表標題」和「圖例」，拖曳調整大小及放置的位置

3) 在圖表區中點選數列 1，並對它按下滑鼠右鍵，在彈出的快顯功能表中選取「資料數列格式」指令，打開資料數列格式工作面板，如圖 1-31 所示。

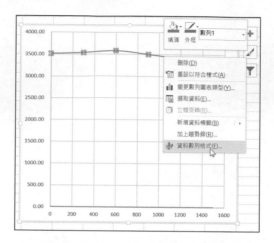

圖 1-31　對數列 1 按下滑鼠右鍵，選取「資料數列格式」指令

4) 在資料數列格式工作面板的「數列選項」中選取「數列資料繪製於→副座標軸」選項鈕，如圖 1-32 所示。

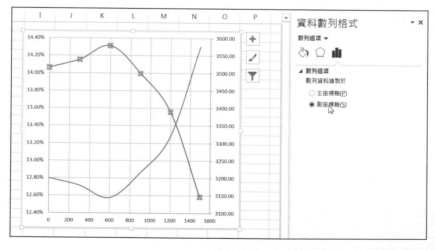

圖 1-32　選取「副座標軸」選項

5) 按下圖表右上方的「＋」圖示鈕，勾選「座標軸標題」。然後將主水平軸改成「債務規模」；將主垂直軸改成「資本成本」；再將副垂直軸改成「企業價

值」。接著對垂直標題連按二下，打開座標軸標題格式面板，從「文字選項→
文字方塊」中的「文字方向」下拉方塊內選取「垂直」。

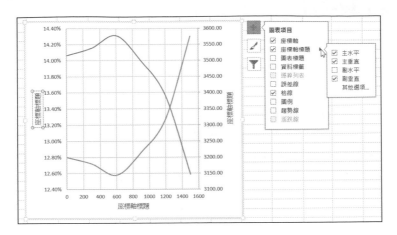

圖 1-33　勾選「座標軸標題」

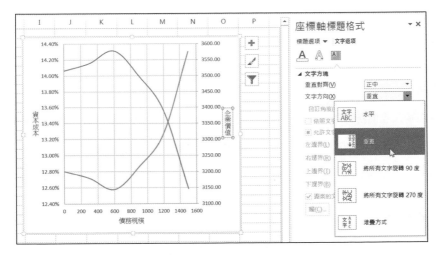

圖 1-34　「文字方向」下拉方塊內選取「垂直」

6）　使用者還可依照自己想法變更圖表的格式，最後資本結構的企業價值比較模型
　　　的介面如圖 1-35 所示。

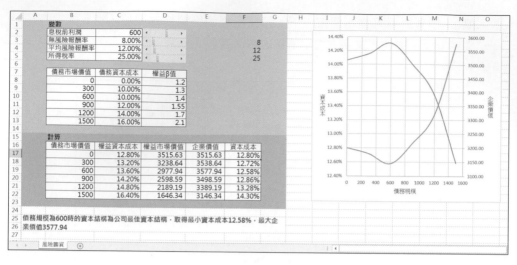

圖 1-35　企業價值比較模型

操作說明

■ 用戶在輸入「平均風險報酬率」和「無風險報酬率」時，應使平均風險報酬率大於無風險報酬率。

■ 用戶在輸入「債務市場價值」時，應按由小到大的順序輸入。模型支援輸入 6 種不同的債務市場價值。

■ 用戶在輸入「債務資本成本」時，應注意：債務市場價值越大，債務資本成本應越大。

■ 用戶在輸入「權益β值」時，應注意：債務市場價值越大，權益β值應越大。

■ 拖動「息稅前利潤」、「無風險報酬率」、「平均風險報酬率」、「所得稅率」等變數的捲軸，或輸入債務市場價值及其對應的債務資本成本、權益β值時，模型的計算結果、圖表及文字描述都將隨之變化。

第 2 章
股利分配模型

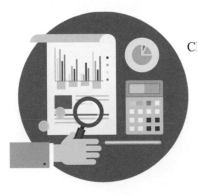

CEO：前些年遇到了金融危機，經營環境惡劣，公司的財
　　　務狀況比較緊張。但為了維護股東利益，我還是打
　　　算向股東分配股利，但稅務部門卻不允許。這是為
　　　什麼？

CFO：對公司制定股利分配政策，法律做了一些限制，
　　　主要是為了保護債權人，某種意義上也是保護股
　　　東利益的。限制的內容主要有以下 5 項。

資本保全的限制：即不可用股本或資本公積發放股利。

公司累積的限制：即提取法定公積金後的利潤淨額才可用於支付股利。

淨利潤的限制：即年度累計淨利潤必須為正數才可發放股利，以前年度虧損必
須足額彌補。

超額累積利潤的限制：許多國家規定公司不可超額累積利潤，因為股東接受股
利繳納的所得稅高於其進行股票交易的資本利得稅。

無力償付的限制：如果公司已經無力償付債務，或股利支付會導致公司失去償
債能力，則不可支付股利。

CEO：公司制定股利分配政策，如何結合自身情況？

CFO：主要有以下 6 項。

結合盈餘的穩定性：盈餘相對穩定的公司，具有較高的股利支付能力。

結合公司的流動性：較多的支付現金股利，會減少公司的現金持有量，使公司的流動性降低。

結合舉債能力：舉債能力越強，越可能採取高股利政策。

結合投資機會：有著良好投資機會的公司，需要有強大的資金支援，因而往往較少發放股利。

結合資本成本：與發行新股相比，保留盈餘不需花費籌資費用。從資本成本考慮，會採取低股利政策。

結合債務需要：如果公司有較高的債務需要償還，會減少股利支付。

CEO：公司制定股利分配政策，還需考慮哪些因素？

CFO：還需考慮股東因素。對有的股東來說，股利分配是他們穩定的收入來源，他們會要求發放股利；對有的股東來說，由於股利的所得稅高於股票交易的資本利得稅，出於避稅的考慮，他們會反對發放股利。

除了這些，還需要考慮債務合約的限制，通貨膨脹等因素。

CEO：公司的股利分配政策，經常採用的有哪些？

CFO：主要有以下幾點。剩餘股利政策：公司有良好投資機會時，根據一定的目標資本結構，測算出投資所需的權益資本，先從盈餘當中留用，然後將剩餘的盈餘作為股利分配。

固定股利政策：股利固定在某一相對穩定的水準，並在較長時期內不變。

固定股利支付率政策：股利支付率固定在某一相對穩定的水準，並在較長時期內不變。

低正常股利加額外股利政策：每年只支付固定的數額較低的股利，在盈餘多的年份，再根據實際情況發放額外股利。

CEO：這些股利分配政策，孰優孰劣呢？

CFO：這些股利分配政策各有所長。剩餘股利政策，可保持理想的資本結構，使加權資本成本最低。固定股利政策，可傳遞正常發展的資訊，樹立良好形象，增強投資信心，照顧股東心理，穩定股票價格，有利於投資者安排收支；缺點是股利分配與盈餘脫節，可能導致資金短缺，不能保持較低的資本成本。固定股利支付率政策，股利分配與盈餘結合，展現了多盈多分、少盈少分、無盈不分的原則；缺點是各年股利變動較大，給人不穩定的感覺。低正常股利加額外股利政策，具有較大的靈活性，可使那些依靠股利度日的股東，每年至少可以得到雖然較低但比較穩定的股利收入。

2.1　股票股利模型

應用場景

CEO：股票股利，就是發放股票作為股利的支付方式。純粹是資本遊戲，沒有任何實質性的經濟意義吧？

CFO：是的，沒有任何經濟意義。任何純遊戲，都不會有實質經濟意義，否則大家別做正事，都去玩遊戲算了。股票股利沒有改變股東財富，沒有改變公司價值，沒有改變財富分配，僅僅是增加了股份數量。

CEO：那為什麼很多公司熱衷於搞股票股利，動不動就是配股或轉增股呢？還很受市場歡迎。

CFO：股票股利沒有經濟意義，但有其他方面的意義。例如，可以較低成本向市場傳達利好信號；有利於保持公司的流動性；使股票的交易價格保持在合理範圍內，以吸引更多投資者。例如，有的公司，如 Google、Microsoft，如果不發放股票股利或進行股票分割，那股價已經幾千美元了，會大大超出正常的交易價格範圍。

CEO：每 1000 股配 300 股轉增 500 股，是什麼意思？

CFO：如果原股本數量是 60000 股，每 1000 股配 300 股，就是配 18000 股；轉增 500 股，就是增 30000 股。即一共增加股本數量 48000 股。

配股與轉增股不同。配股是從未分配利潤轉入股本；轉增股是從資本公積轉入股本。

基本理論

股票股利

股票股利分配後股本金額＝股票股利分配前股本金額（1＋每 1000 股配股數÷1000 ＋每 1000 股轉增股數÷1000）

股票股利分配後資本公積金額＝股票股利分配前資本公積金額（1－每 1000 股轉增股數÷1000）

股票股利分配後未分配利潤金額＝股票股利分配前未分配利潤金額－股票股利分配前股本金額×每 1000 股配息金額÷1－股票股利分配前股本金額×每 1000 股配股數÷1000

模型建立

🗁……\chapter02\01\股票股利模型.xlsx

輸入

1) 在工作表中輸入文字資料，並進行格式化。如合併儲存格、調整列高欄寬、套入框線、選取填滿色彩、設定字型大小等。

2) 在 D2 新增微調按鈕。按一下「開發人員」標籤，選取「插入→表單控制項→微調按鈕」按鈕，在對應的儲存格拖曳拉出適當大小的微調按鈕。接著對該捲軸按下滑鼠右鍵，選取「控制項格式」指令，對其屬性設定儲存格連結為 C2、目前值為 300、最小值為 0、最大值 1000 等。初步完成的模型如圖 2-1 所示。

圖 2-1　初步完成的模型

加工

在工作表儲存格中輸入公式：

G7：=C7+C7*C2/1000+C7*C4/1000

G8：=C8-C7*C4/1000

G9：=C9-C7*C3/1000-C7*C2/1000

輸出

此時，工作表如圖 2-2 所示。

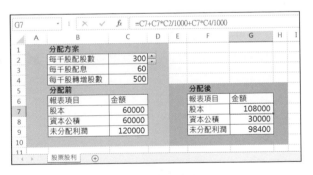

圖 2-2　股票股利模型

表格製作

輸入

在工作表中輸入資料及套入框線，如圖 2-3 所示。

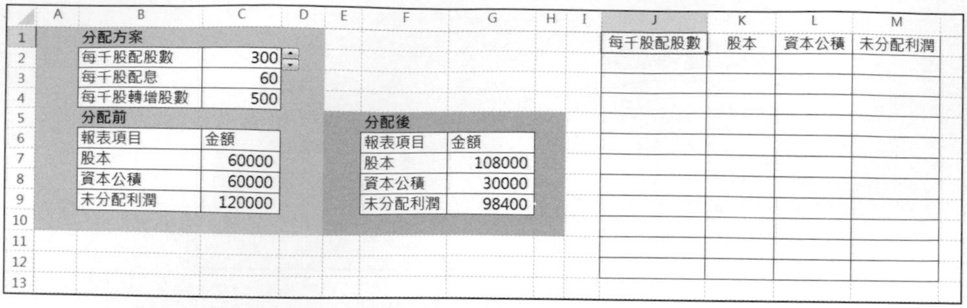

	A	B	C	D	E	F	G	H	I	J	K	L	M
1		分配方案								每千股配股數	股本	資本公積	未分配利潤
2		每千股配股數	300										
3		每千股配息	60										
4		每千股轉增股數	500										
5		分配前				分配後							
6		報表項目	金額			報表項目	金額						
7		股本	60000			股本	108000						
8		資本公積	60000			資本公積	30000						
9		未分配利潤	120000			未分配利潤	98400						
10													
11													
12													
13													

圖 2-3　在工作表中輸入資料及套入框線

加工

在工作表儲存格中輸入公式：

J2：=0.5*$C$2

J3：=0.6*$C$2

……

J11：=1.4*$C$2

J12：=1.5*$C$2

K2：=$C$7+$C$7*J2/1000+$C$7*$C$4/1000

L2：=$C$8-$C$8*$C$4/1000

M2：=$C$9-$C$7*$C$3/1000-$C$7*J2/1000

選取 K2：M2 區域，按住右下角的控點向下拖曳填滿至 K12：M12 區域。

輸出

此時，工作表如圖 2-4 所示。

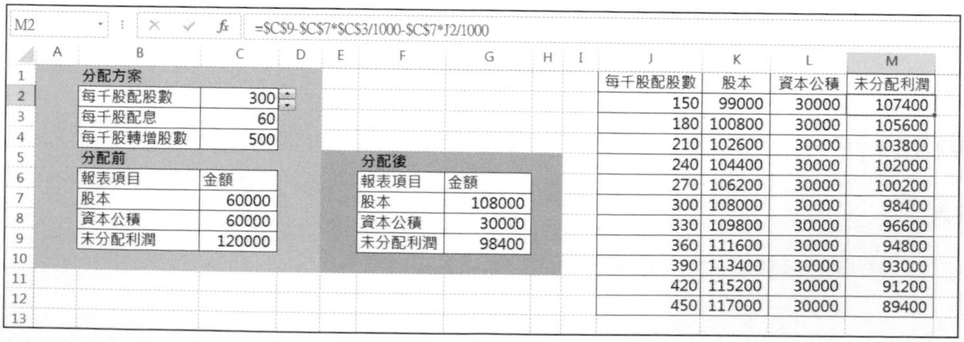

M2　=$C$9-$C$7*$C$3/1000-$C$7*J2/1000

	A	B	C	D	E	F	G	H	I	J	K	L	M
1		分配方案								每千股配股數	股本	資本公積	未分配利潤
2		每千股配股數	300							150	99000	30000	107400
3		每千股配息	60							180	100800	30000	105600
4		每千股轉增股數	500							210	102600	30000	103800
5		分配前				分配後				240	104400	30000	102000
6		報表項目	金額			報表項目	金額			270	106200	30000	100200
7		股本	60000			股本	108000			300	108000	30000	98400
8		資本公積	60000			資本公積	30000			330	109800	30000	96600
9		未分配利潤	120000			未分配利潤	98400			360	111600	30000	94800
10										390	113400	30000	93000
11										420	115200	30000	91200
12										450	117000	30000	89400
13													

圖 2-4　股票股利模型

圖表生成

1） 選取工作表中 J1：M12 區域，按一下「插入」標籤，選取「圖表→插入直條圖 →其他直條圖…」指令，打開插入圖表對話方塊，選取第一排右側的圖表，如 圖 2-5a 所示。

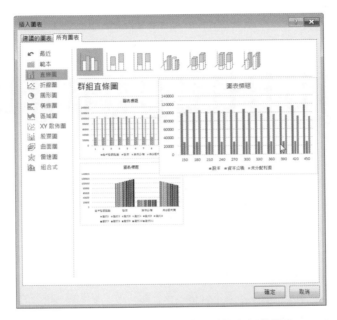

圖 2-5a　插入圖表對話方塊，選取右側的圖表

2） 按下「確定」鈕即可插入一個標準的直條圖，可先將預設的「圖表標題」刪 掉，再拖曳調整圖表大小及放置的位置。

3） 按下圖表右上方的「＋」圖示鈕，勾選「座標軸標題」，然後將水平標題改為 「每千股配股數」，將垂直標題改為「金額」，再將垂直標題的文字方向改為 「垂直」，如此即完成股票股利模型如圖 2-5b 所示。

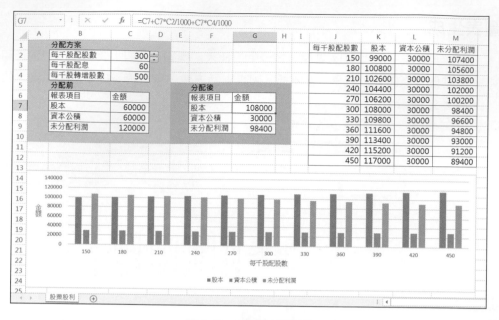

圖 2-5b　股票股利模型

操作說明

■　調節「每1000股配股數」變數的微調項，或輸入「每1000股配息」、「每1000股轉增股數」等變數，或修改分配前「股本、資本公積、未分配利潤」等專案，模型的計算結果、表格及圖表都將隨之變化。

2.2　股票分割模型

應用場景

CEO：將 1 股面額 2 元的股票，交換成 2 股面額 1 元的股票，就是股票分割？

CFO：是的。股票分割在台灣沒有，但在美國或其他國家的股市則很常見。

　　　股票分割不屬於股利分配政策，但效果與股票股利接近，即：沒有改變股東財富，沒有改變公司價值，沒有改變財富分配，僅僅是增加了股份數量。由於在實踐中效果非常接近，所以有的國家的證券交易機構作出規定對兩者加以區分，例如，規定發放 25%以上的股票股利即屬於股票分割。

CEO：進行股票分割，可以給人「公司正在發展之中」的印象，也算是一個利好消息。另外，分割也有其他意義。例如感冒了想要到藥局買成藥，但卻不想買一大盒太多顆的盒裝藥，有些藥局可只買 3 粒散裝藥，藥局把一盒藥拆成 10 粒賣，滿足了當時跟我情況相同的人的需求。

CFO：這個意義也不算經濟意義。30 元一盒，與 3 元一粒，其實都是一樣的。當然後者的流通性更強。股票分割與股票股利都能達到降低公司股價的目的，但一般來說，股票分割應用於公司股份暴漲且預期難以下降的時候；股票股利應用於公司股價上漲幅度不大的時候。另外，公司也可以進行反分割提高股價，例如，將 2 股面額 1 元的股票，交換成 1 股面額 2 元的股票。

基本理論

股票分割

分割後股票數量＝分割前股票數量×分割比例
分割後股票面額＝分割前股票面額÷分割比例

模型建立

📁……\chapter02\02\股票分割模型.xlsx

輸入

1）　在工作表中輸入文字資料，並進行格式化。如合併儲存格、調整列高欄寬、套入框線、選取填滿色彩、設定字型大小等。

2）　在 D2 新增微調按鈕。按一下「開發人員」標籤，選取「插入→表單控制項→微調按鈕」按鈕，在對應的儲存格拖曳拉出適當大小的微調按鈕。接著對該捲軸按下滑鼠右鍵，選取「控制項格式」指令，對其屬性設定儲存格連結為 C2、目前值為 2、最小值為 0、最大值 30000 等。初步完成的模型如圖 2-6 所示。

輸入

在工作表中輸入資料，如圖 2-6 所示。

圖 2-6　在工作表中輸入資料

加工

在工作表儲存格中輸入公式：

G5：=C5*C2　　　　　　G6：=C6/C2　　　　　　G7：=G5*G6

G8：=C8　　　　　　　G9：=C9

輸出

此時，工作表如圖 2-7 所示。

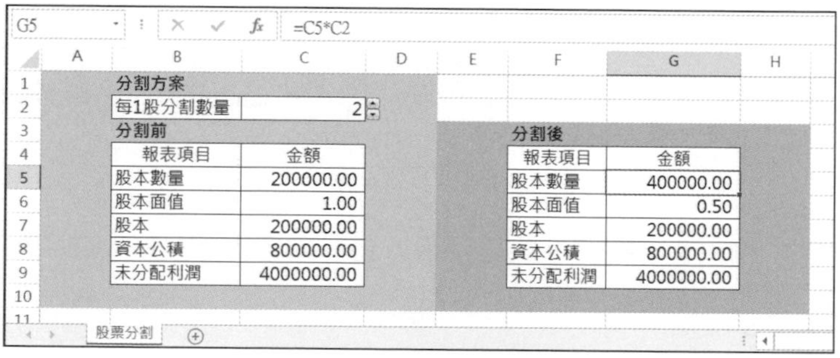

圖 2-7　股票分割模型

操作說明

■ 調節「每 1 股分割數量」變數的微調項，或修改分配前「股本數量」、「股本面值」、「資本公積」、「未分配利潤」等專案，模型的計算結果將隨之變化。

第 3 章
長期籌資模型

CEO：公司的基本活動可以分為投資活動、籌資活動和營
業活動三個方面；相應的，財務管理的內容也分為
投資管理、籌資管理和營業管理三個方面了？

CFO：不是，財務管理的內容，與公司的活動內容，
在分類口徑上並不一致。營業管理可以分為營
業資本投資和營業資本籌資，從而分別歸類為
投資管理和籌資管理。

也就是說，財務管理的內容，主要就是投資管理和籌資管理。投資可以分為長
期投資和短期投資，籌資可以分為長期籌資和短期籌資。這樣，財務管理的內
容可以分為 4 個部分：長期投資、長期籌資、短期投資、短期籌資。

CEO：也就是說，財務管理內容的分類隊形，從 1—3，變成了 1—2—4。與長期投資
相比，長期籌資有什麼特徵？

CFO：長期籌資的主體是公司，對象是長期資本，目的是滿足公司的長期資本需要；
長期投資的主體是公司，對象是經營性資產，目的是獲取經營活動所需的實物
資源。

3.1 融資租賃決策模型

應用場景

CEO：租賃市場產生和存在的主要原因有哪些？

CFO：包括以下三方面。

1）節稅。目前所得稅制度允許租賃費稅前扣除，如果承租方的有效稅率低於出租方，透過租賃可以節稅。

2）降低交易成本。透過批量購置某項資產，租賃公司價格更低，更有優惠；對於租賃資產的維修保養，租賃公司更有效率；對於舊資產的處置，租賃公司更有經驗。在中小企業融資成本較高，或者不能迅速借到款項時，會傾向於租賃融資。

3）減少不確定性。租賃的風險主要與租賃期滿時租賃資產的餘值有關。承租人不擁有租賃資產的所有權，不承擔與此有關的風險；而如果自行購置，就必須承擔該項風險。

CEO：經營租賃與融資租賃，有何區別呢？

CFO：經營租賃的目的是取得經營活動需要的短期使用的資產，最主要的外部特徵是租賃期短；融資租賃的目的是取得長期資產需要的資本，最主要的外部特徵是租賃期長。

CEO：租賃分析，是分析出租方，還是承租方？

CFO：財務管理主要研究承租方的決策分析。出租方的租賃分析，是投資學的研究內容。

CEO：租賃分析的主要程式是什麼？

CFO：首先分析是否應該取得一項資產；再分析公司是否有足夠的現金用於該項資產投資；接著分析可供選擇的籌資途徑；然後利用租賃分析模型計算租賃淨現值；最後，根據租賃淨現以及其他非計量因素，決策是否選擇租賃。

CEO：什麼叫租賃的淨現值？

CFO：就是融資租賃的現金流出現值，減借款購買的現金流出現值。如果大於零，則借款購買；如果小於零，則融資租賃。

CEO：融資租賃決策模型在使用時，如何預計現金流量，如何估計折現率呢？

CFO：預計現金流量和估計折現率，是應用融資租賃決策模型的主要問題。

預計現金流量包括：預計借款籌資購置資產的現金流；與可供選擇的出租人討論租賃藍本；判斷租賃的稅務性質；預計租賃藍本的現金流。

估計折現率，在實務中大多採用簡單的解決方法，即採用有擔保債券的稅後利率為折現率，它比無風險利率稍高。

基本理論

融資租賃決策，是將融資租賃現金流出現值與借款購買現金流出現值進行比較。

融資租賃現金流出現值

融資租賃現金流出現值，使用普通年金現值公式計算。

普通年金現值：為在每期期末取得相等金額的款項，現在需要投入的金額。

普通年金現值＝每年支付金額×〔1－（1＋利率）－期數〕÷利率

〔1－（1＋利率）－期數〕÷利率：普通年金的現值係數或 1 元年金的現值。

借款購買現金流出現值

借款購買現金流出現值，有兩種計算方式。

計算方式 1：

借款購買現金流出現值＝銀行借款－折舊抵稅現值

折舊抵稅現值，使用普通年金現值公式計算。

普通年金現值：為在每期期末取得相等金額的款項，現在需要投入的金額。

普通年金現值＝每年支付金額×〔1－（1＋利率）$^{-期數}$〕÷利率

〔1－（1＋利率）$^{-期數}$〕÷利率：普通年金的現值係數或 1 元年金的現值。

這種計算方式的好處是比較簡單；缺點是不能知道銀行借款每年的利息費用。

計算方式 2：

借款購買現金流出現值＝各年現金流出現值之和。

各年現金流出現值，是對各年稅後現金流量進行複利現值計算。

複利現值：指在將來某一特定時間取得或支出一定數額的資金，按複利折算到現在的價值。

複利現值＝複利終值÷（1＋利率）^{期數}

1÷（1＋利率）^{期數}是把終值折算為現值的係數，稱為複利現值係數。

稅後現金流量＝還款額－抵稅額

還款額，使用「償債基金」公式計算。

償債基金：為使年金終值達到既定金額，每年年末應支付的年金資料。

償債基金＝年金終值×利率÷〔（1＋利率）^{期數}－1〕

利率÷〔（1＋利率）^{期數}－1〕：普通年金的終值係數的倒數，又稱償債基金係數。

抵稅額＝（利息費用＋折舊額）×所得稅率

折舊額＝借款購買貸款總額÷使用壽命

利息費用：直接使用 Ipmt 函數。函數功能是基於固定利率及等額分期付款方式，返回給定期數內對投資的利息償還額。

這種計算方式的好處是能夠知道每年的還款額和利息費用；不利之處是計算比較複雜。

使用以上兩種方式計算出來的借款購買現金流出現值，結果是一致的。

模型建立

📁……\chapter03\01\融資租賃決策模型.xlsx

輸入

1）　在工作表中輸入文字資料，並進行格式化。如合併儲存格、調整列高欄寬、套入框線、選取填滿色彩、設定字型大小等。

2）　在 C2、C3、C7 和 F7、F8 新增微調按鈕。按一下「開發人員」標籤，選取「插入→表單控制項→微調按鈕」按鈕，在對應的儲存格拖曳拉出適當大小的微調按鈕。接著對該捲軸按下滑鼠右鍵，選取「控制項格式」指令，對其屬性設定儲存格連結、目前值、最小值、最大值等。例如，C2 儲存格的微調按鈕設定，如圖 3-1 所示。

圖 3-1　C2 儲存格的微調按鈕設定

3）　在以下儲存格輸入公式，初步完成的模型如圖 3-2 所示。

C2：=E2/100

C3：=E3/100

E8：=G8/100

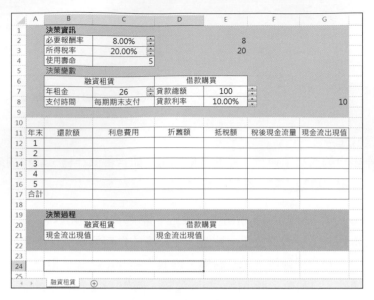

圖 3-2　初步完成的模型

加工

在工作表儲存格中輸入公式：

B12：B16 區域：選取 B12：B16 區域，輸入「= -PMT($E$8,$C$4,$E$7,0,0)」公式後，按 Ctrl+Shift+Enter 複合鍵。

C12：= -IPMT($E$8,A12,$C$4,$E$7,0)

選取 C12 儲存格，按住右下角的控點向下拖曳填滿至 C16 儲存格。

D12：D16 區域：選取 D12：D16 區域，輸入「=$E$7/$C$4」公式後，按 Ctrl+Shift+Enter 複合鍵。

E12：E16 區域：選取 E12：E16 區域，輸入「=(C12:C16+D12:D16)*$C$3」公式後，按 Ctrl+Shift+Enter 複合鍵。

F12：F16 區域：選取 F12：F16 區域，輸入「=B12:B16-E12:E16」公式後，按 Ctrl+Shift+Enter 複合鍵。

G12：G16 區域：選取 G12：G16 區域，輸入「=F12:F16/(1+$C$2)^A12:A16」公式後，按 Ctrl+Shift+Enter 複合鍵。

B17：=SUM(B12:B16)

選取 B17 儲存格，按住右下角的控點向右拖曳填滿至 G17 儲存格。

C21：= -PV(C2,C4,C7*(1-C3),0,0)

E21：=G17

B24：=IF(C21<E21,"建議採用融資租賃方式增添設備","建議採用借款方式增添設備")

輸出

此時，工作表如圖 3-3 所示。

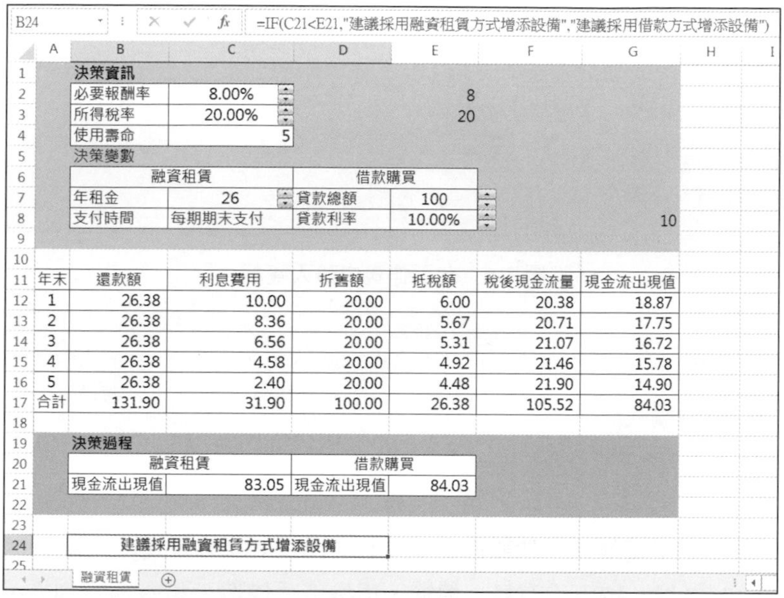

B24 =IF(C21<E21,"建議採用融資租賃方式增添設備","建議採用借款方式增添設備")

	A	B	C	D	E	F	G
1		決策資訊					
2		必要報酬率	8.00%		8		
3		所得稅率	20.00%		20		
4		使用壽命	5				
5		決策變數					
6		融資租賃		借款購買			
7		年租金	26	貸款總額	100		
8		支付時間	每期期末支付	貸款利率	10.00%		10
9							
10							
11	年末	還款額	利息費用	折舊額	抵稅額	稅後現金流量	現金流出現值
12	1	26.38	10.00	20.00	6.00	20.38	18.87
13	2	26.38	8.36	20.00	5.67	20.71	17.75
14	3	26.38	6.56	20.00	5.31	21.07	16.72
15	4	26.38	4.58	20.00	4.92	21.46	15.78
16	5	26.38	2.40	20.00	4.48	21.90	14.90
17	合計	131.90	31.90	100.00	26.38	105.52	84.03
18							
19		決策過程					
20		融資租賃		借款購買			
21		現金流出現值	83.05	現金流出現值	84.03		
22							
23							
24		建議採用融資租賃方式增添設備					

圖 3-3　融資租賃和借款購買的現金流出現值計算

表格製作

輸入

在工作表中輸入資料，如圖 3-4 所示。

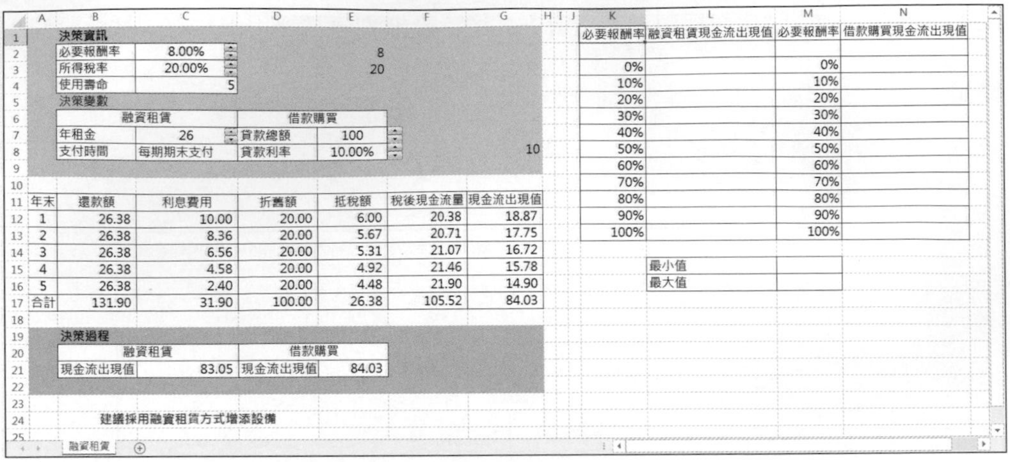

決策資訊				
必要報酬率	8.00%		8	
所得稅率	20.00%		20	
使用壽命	5			
決策變數				
融資租賃		借款購買		
年租金	26	貸款總額	100	
支付時間	每期期末支付	貸款利率	10.00%	10

年末	還款額	利息費用	折舊額	抵稅額	稅後現金流量	現金流出現值
1	26.38	10.00	20.00	6.00	20.38	18.87
2	26.38	8.36	20.00	5.67	20.71	17.75
3	26.38	6.56	20.00	5.31	21.07	16.72
4	26.38	4.58	20.00	4.92	21.46	15.78
5	26.38	2.40	20.00	4.48	21.90	14.90
合計	131.90	31.90	100.00	26.38	105.52	84.03

決策過程			
融資租賃		借款購買	
現金流出現值	83.05	現金流出現值	84.03

建議採用融資租賃方式增添設備

必要報酬率	融資租賃現金流出現值	必要報酬率	借款購買現金流出現值
0%		0%	
10%		10%	
20%		20%	
30%		30%	
40%		40%	
50%		50%	
60%		60%	
70%		70%	
80%		80%	
90%		90%	
100%		100%	

最小值	
最大值	

圖 3-4　在工作表中輸入資料

加工

在工作表儲存格中輸入公式：

L2：=C21

N2：=E21

L3：L13 區域：使用運算列表功能自動產生{=TABLE(,C2)}公式

選取 K2：L13 區域，按下「資料」標籤，再按下「模擬分析→運算列表⋯」指令，在對話方塊中的欄變數儲存格輸入「C2」，按一下「確定」按鈕。

N3：N13 區域：使用運算列表功能自動產生{=TABLE(,C2)}公式

選取 M2：N13 區域，按下「資料」標籤，再按下「模擬分析→運算列表⋯」指令，在對話方塊中的欄變數儲存格輸入「C2」，按一下「確定」按鈕。

M15：=MIN(L3:L13,N3:N13)

M16：=MAX(L3:L13,N3:N13)

輸出

此時，工作表如圖 3-5 所示。

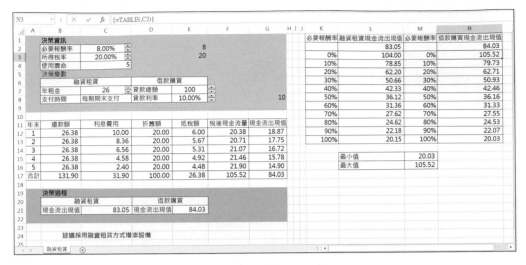

圖 3-5　融資租賃和借款購買的現金流出現值計算

圖表生成

1）　選取工作表中 K3：L13 區域，按住 Ctrl 鍵不放再選取 N3：N13 區域，按一下「插入」標籤，選取「圖表→插入 XY 散佈圖或泡泡圖→帶有平滑線的 XY 散佈圖」按鈕項，即可插入一個標準的 XY 散佈圖。可先將圖表區中預設的「圖表標題」和「圖例」刪掉，再拖曳調整大小及放置的位置。

2）　在圖表區按下滑鼠右鍵，在展開的功能表中選取「選取資料來源…」指令。此時已有數列 1 和數列 2。按一下「新增」按鈕，新增如下數列 3、數列 4、數列 5，如圖 3-6 所示：

數列 3：

X 值：=融資租賃!\$C\$2

Y 值：=融資租賃!\$C\$21

數列 4：

X 值：=融資租賃!\$C\$2

Y 值：=融資租賃!\$E\$21

數列 5：

X 值：=(融資租賃!\$C\$2,融資租賃!\$C\$2)

Y 值：=(融資租賃!\$M\$15,融資租賃!\$M\$16)

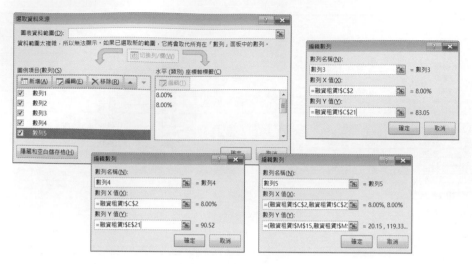

圖 3-6　新增三條數列

3）　按下「圖表工具→格式」標籤展開工具列，再從「圖表項目」下拉方塊中選取「數列 3」項，如此即可選取數列 3 的「點」，再按下「格式化選取範圍」鈕，然後在展開的「資料數列格式」面板中點按「標記」，並在「標記選項」中點選「內建」，有需要可在「類型」和「大小」下拉方塊中選擇想要的形式，再以同樣的方法將數列 4 的「點」也設定標記，如圖 3-7 所示。

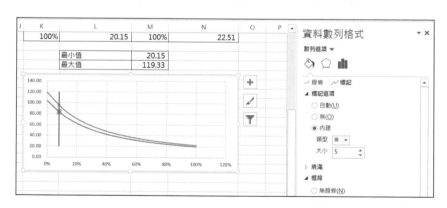

圖 3-7　資料數列格式面板設定標記選項

4）　按下圖表右上方的「＋」圖示鈕，勾選「座標軸標題」。然後將水平軸改成「必要報酬率」；將垂直軸改成「現金流出現值」。使用者還可按自己的意願再修改美化圖表，例如連按二下剛才改的垂直軸標題，將其文字方向改成「垂直」。這樣就完成了融資租賃決策模型，如圖 3-8 所示。

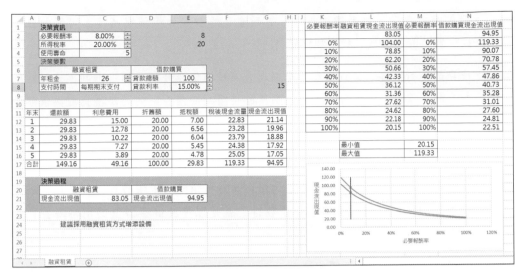

圖 3-8　融資租賃決策模型

操作說明

- 本模型示例的固定資產「使用壽命」為 5 年。

- 調節「必要報酬率」、「所得稅率」、「年租金」、「貸款總額」、「貸款利率」等變數的微調按鈕，
模型的計算結果、表格、圖表及文字描述都將隨之變化。

3.2　債券發行定價模型

應用場景

CEO：為了建設大型專案，我們需要籌集大筆長期資
　　　金。除了增資股票和銀行借款，我們還可以發行
　　　債券。透過發行債券籌資，有何利弊？

CFO：優點主要有三條：（1）籌資規模較大；（2）具有
　　　長期性和穩定性；（3）有利於資源優化配置。缺
　　　點主要有三條：（1）發行成本高；（2）資訊披露
　　　成本高；（3）限制條件多。

CEO：我們發行債券，如果價格低了，導致自己吃虧；如果價格高了，可能發行失敗。對債券的發行，我們如何定價？

CFO：債券的發行價格，是將債券的全部現金流按照債券發行時的市場利率進行貼現並求和。債券的全部現金流，包括債券持續期間內各期的利息現金流與債券到期支付的面值現金流。

CEO：發行債券時的溢價發行、折價發行和平價發行，分別是什麼意思？

CFO：溢價發行，就是以高於債券面值的價格為發行價格；折價發行，就是以低於債券面值的價格為發行價格；平價發行，就是以等於債券面值的價格為發行價格。

CEO：為什麼會出現溢價或折價的情況？

CFO：價格與市場利率相關聯，面值與票面利率相關聯。溢價或折價的概念，是將價格與面值進行比較。進行這種比較，同時要進行市場利率與票面利率的比較。溢價，即價格比面值高，說明市場利率比票面利率低；折價，即價格比面值小，說明市場利率比票面利率高。

CEO：是否能這樣理解，溢價，是對未來代價的現時好處；折價，是對未來好處的現時代價。

CFO：是這樣的。例如，以 3000 元發行 1000 元面值的債券，現時好處很大，未來的利息支出就很多；以 1000 元發行 3000 元面值的債券，現時代價很大，未來的利息支出就很少。

CEO：債券評級有什麼用？

CFO：公司公開發行債券通常需要債券評信機構評定等級。債券的信用等級對於發行人有重要影響。債券評級是度量違約風險的一個重要指標，債券的等級對於債務融資的利率以及公司債務成本有著直接影響。

一般來說，資信等級高的債券，能夠以較低的利率發行；資信等級低的債券，只能以較高的利率發行。債券的信用等級對於投資人也有重要影響，可方便投資者進行債券投資決策。另外，許多機構的投資者將投資範圍限制在特定等級的債券之內。

CEO：債券劃分為哪些等級？

CFO：國際上流行的債券等級是 3 等 9 級。AAA 級為最高級；AA 級為高級；A 級為上中級；BBB 級為中級；BB 級為中下級；B 級為投機級；CCC 級為完全投機級；CC 級為最大投機級；C 級為最低級。

基本理論

債券的發行價格：

$$債券發行價格 = \sum_{t=1}^{n} \frac{i \times F}{(1+K)^t} + \frac{F}{(1+K)^n}$$

F：票面金額。

i：票面利率。

K：市場利率。

t：付息期數。

模型建立

📁……\chapter03\02\債券發行定價模型.xlsx

輸入

1) 在工作表中輸入文字資料，並進行格式化。如合併儲存格、調整列高欄寬、套入框線、選取填滿色彩、設定字型大小等。

2) 在 D2、D3、D4 和 D5 新增微調按鈕。按一下「開發人員」標籤，選取「插入→表單控制項→微調按鈕」按鈕，在對應的儲存格拖曳拉出適當大小的微調按鈕。接著對該捲軸按下滑鼠右鍵，選取「控制項格式」指令，對其屬性設定儲存格連結、目前值、最小值、最大值等。詳細的設定值請參考下載的本節 Excel 範例檔。

3) 在 C3 儲存格輸入「=E3/100」公式，在 C4 儲存格輸入「=E4/100」，完成初步的模型，如圖 3-9 所示

圖 3-9　完成初步的模型

加工

在工作表儲存格中輸入公式：

C8：= -PV(C4,C5,C2*C3,C2)

輸出

此時，工作表如圖 3-10 所示。

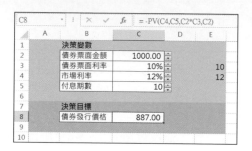

圖 3-10　債券發行價格

表格製作

輸入

在工作表中輸入資料，如圖 3-11 所示。

	A	B	C	D	E	F	G	H	I	J	K
1		決策變數					市場利率	債券發行價格			
2		債券票面金額	1000.00							最小值	
3		債券票面利率	10%		10					最大值	
4		市場利率	12%		12						
5		付息期數	10								
6											
7		決策目標									
8		債券發行價格	887.00								
9											
10											
11											
12											
13											

圖 3-11　在工作表中輸入資料

加工

在工作表儲存格中輸入公式：

G2：=0.5*$C$4

G3：=0.6*$C$4

……

G11：=1.4*$C$4

G12：=1.5*$C$4

H2：= -PV(G2,$C$5,$C$2*$C$3,$C$2)

選取 H2 儲存格，按住右下角的控點向下拖曳填滿至 H12 儲存格。

K2：=MIN(H2:H12)

K3：=MAX(H2:H12)

輸出

此時，工作表如圖 3-12 所示。

H2　=-PV(G2,$C$5,$C$2*$C$3,$C$2)

	A	B	C	D	E	F	G	H	I	J	K
1		決策變數					市場利率	債券發行價格			
2		債券票面金額	1000.00				6%	1294.40		最小值	640.47
3		債券票面利率	10%		10		7%	1194.85		最大值	1294.40
4		市場利率	12%		12		8%	1105.45			
5		付息期數	10				10%	1025.01			
6							11%	952.49			
7		決策目標					12%	887.00			
8		債券發行價格	887.00				13%	827.74			
9							14%	774.03			
10							16%	725.26			
11							17%	680.90			
12							18%	640.47			
13											

圖 3-12　債券發行價格

圖表生成

1) 選取工作表中 G2：H12 區域，按一下「插入」標籤，選取「圖表→插入 XY 散佈圖或泡泡圖→帶有平滑線的 XY 散佈圖」按鈕項，即可插入一個標準的 XY 散佈圖，可先將預設的「圖表標題」刪掉，再拖曳調整大小及放置的位置。

2) 在圖表區按下滑鼠右鍵，在展開的功能表中選取「選取資料來源…」指令。此時已有數列 1。按下「新增」按鈕，新增如下數列 2、數列 3，如圖 3-13 所示：

數列 2：

X 值：=債券發行定價模型!$C$4

Y 值：=債券發行定價模型!$C$8

數列 3：

X 值：=(債券發行定價模型!$C$4,債券發行定價模型!$C$4)

Y 值：=(債券發行定價模型!$K$2,債券發行定價模型!$K$3)

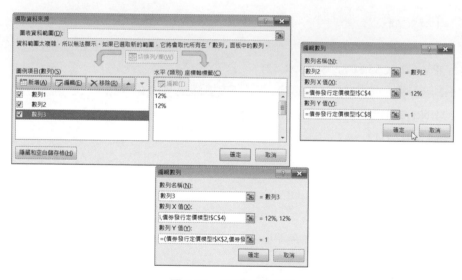

圖 3-13　新增兩條數列

3) 按下「圖表工具→格式」標籤展開工具列，再從「圖表項目」下拉方塊中選取「數列 2」項，如此即可選取數列 2 的「點」，再按下「格式化選取範圍」鈕，然後在展開的「資料數列格式」面板中點按「標記」，並在「標記選項」中點選「內建」，有需要可在「類型」和「大小」下拉方塊中選擇想要的形式，如圖 3-14 所示。

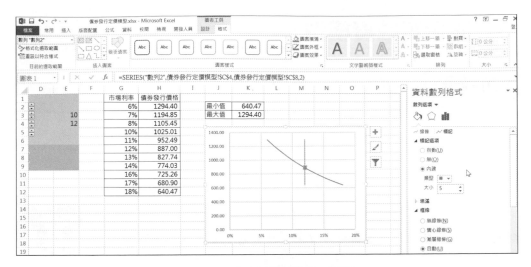

圖 3-14　「資料數列格式」面板

4）　按下圖表右上方的「＋」圖示鈕，勾選「座標軸標題」。然後將水平軸改成「市場利率」；將垂直 Y 軸改成「債券發行價格」。接著對垂直標題連按二下，打開座標軸標題格式面板，從「文字選項→文字方塊」中的「文字方向」下拉方塊內選取「垂直」。使用者還可按自己的意願修改圖表。最後債券發行定價模型的介面如圖 3-15 所示。

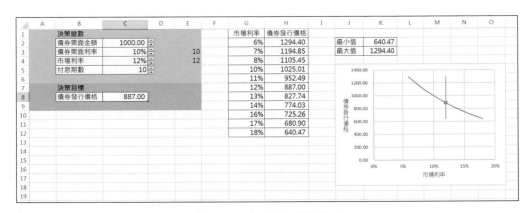

圖 3-15　債券發行定價模型

操作說明

■　調節「債券票面金額」、「債券票面利率」、「市場利率」、「付息期數」等變數的微調項，模型的計算結果、表格及圖表都將隨之變化。

3.3 股權再融資模型

應用場景

CEO：我們前面討論證券估價時，分析過購買股票投資的三利三弊。三利是：投資收益可能較高，考慮到通貨膨脹的購買力風險低，擁有經營控制權。三弊是：收入不穩定，價格不穩定，求償權居後。現在反過來，討論發行普通股籌資有何利弊。

CFO：普通股籌資，與普通股投資的利弊基本是反過來的。即：普通股投資的利，就是普通股籌資的弊；普通股投資的弊，就是普通股籌資的利。具體的說，普通股籌資有五利五弊。五利是：沒有固定利息負擔；沒有固定到期日；籌資風險小；能增加公司信譽；相對債券或優先股，普通股籌資成本低。五弊是：資本成本較高；分散公司控制權；資訊披露成本高；增加被收購的風險；每股收益降低。

CEO：我們一般只注意公司上市 IPO，不太注意已上市公司的再融資。實際上，已上市公司的再融資規模，在某些時候遠大於新上市公司的融資規模。

CFO：是的。已上市公司的再融資，包括股權再融資、債權再融資和混合證券再融資。其中，股權再融資包括配股和增資等方式。配股，就是向原普通股股東按其持股比例，以低於市價的某一特定價格，配售一定數量新發行股票；增資，就是為籌集權益資本再次發行股票，包括公開增資和非公開增資。

CEO：對於配股，能不能這麼理解：目前股價是 5 元。如果配股股價小於 5 元，那麼就應參與配股；如果配股股價大於 5 元，那麼就不應參與配股？

CFO：首先，配股股價大於 5 元的情況實際並不會存在。如果存在，那麼所說的理論上是正確的，但也僅僅是理論上。即：如果配股後股票的市場價格正好反映新增資本，那麼是這樣。但股票的市場價格不會正好反映新增資本。例如，如果配股後股價瘋漲，那麼參與任何價格的配股，都會是賺的。

CEO：配股後股票的市場價格正好反映新增資本，即股票的市場價格正好是除權價格。如果市價高於除權價，就是填權；如果市價低於除權價，就是貼權。是這樣嗎？

CFO：是的。如果既不填權，也不貼權，那麼就應參與配股價小於目前市價的配股。如果填權，那麼就更應參與配股價小於目前市價的配股。

CEO：對於增資新股，能不能這麼理解：增資新股價高於目前市價，則老股東的財富增加；增資價低於目前市價，則老股東的財富減少？

CFO：是的。為了防止損害老股東的權益，《上市公司證券發行管理辦法》及相關實施細則規定：上市公司公開增資新股，定價不低於公告招股意向書前 20 個交易日公司股票均價或前 1 個交易日的均價；非公開增資新股，定價不低於定價基準日前 20 個交易日公司股票均價的 90%。

基本理論

配股

配股除權價格＝（配股前股票市值＋配股價格×配股數量）÷
　　　　　　　（配股前數量＋配股數量）
　　　　　＝（配股前每股價格＋配股價格×股份變動比例）÷
　　　　　　　（1＋股份變動比例）

增資

增資後每股價格＝（增資前股票市值＋增資價格×增資數量）÷
　　　　　　　　（增資前數量＋增資數量）

模型建立

　……\chapter03\03\股權再融資模型.xlsx

輸入

新建一 Excel 活頁簿。活頁簿包括以下工作表：配股、增資。

「配股」工作表

1)　在工作表中輸入文字資料，並進行格式化。如合併儲存格、調整列高欄寬、套入框線、選取填滿色彩、設定字型大小等，如圖 3-16 所示。

圖 3-16　在「配股」工作表中輸入資料

「增資」工作表

1） 在工作表中輸入文字資料，並進行格式化。如合併儲存格、調整列高欄寬、套入框線、選取填滿色彩、設定字型大小等，如圖 3-17 所示。

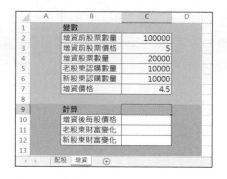

圖 3-17　在「增資」工作表中輸入資料

加工

在工作表儲存格中輸入公式：

「配股」工作表

C10：=(C2*C4+C2/1000*C3*C5)/(C2+C2/1000*C3)

C11：=(C6+C6/1000*C3)*C10-C6/1000*C3*C5-C6*C4

D10：=(C2*C4+(C2-C6)/1000*C3*C5)/(C2+(C2-C6)/1000*C3)

D11：=C6*D10-C6*C4

「增資」工作表

C10：=(C2*C3+C4*C7)/(C2+C4)

C11：=(C2+C5)*C10-C5*C7-C2*C3

C12：=C6*C10-C6*C7

輸出

「配股」工作表如圖 3-18 所示。

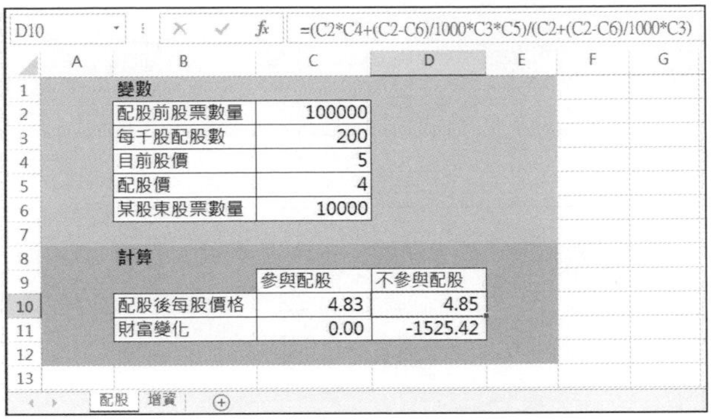
D10　=(C2*C4+(C2-C6)/1000*C3*C5)/(C2+(C2-C6)/1000*C3)

變數		
配股前股票數量	100000	
每千股配股數	200	
目前股價	5	
配股價	4	
某股東股票數量	10000	
計算		
	參與配股	不參與配股
配股後每股價格	4.83	4.85
財富變化	0.00	-1525.42

配股　增資

圖 3-18　配股模型

「增資」工作表如圖 3-19 所示。

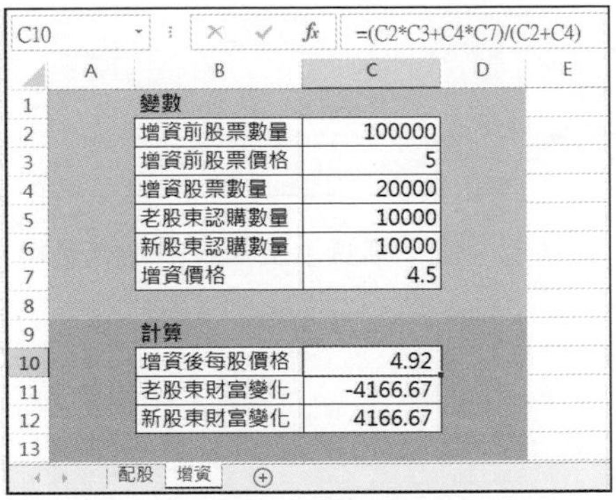
C10　=(C2*C3+C4*C7)/(C2+C4)

變數	
增資前股票數量	100000
增資前股票價格	5
增資股票數量	20000
老股東認購數量	10000
新股東認購數量	10000
增資價格	4.5
計算	
增資後每股價格	4.92
老股東財富變化	-4166.67
新股東財富變化	4166.67

配股　增資

圖 3-19　增資模型

表格製作

輸入

在「配股」工作表中輸入資料及加入框線，如圖 3-20 所示。

圖 3-20　在「配股」工作表中輸入資料

在「增資」工作表中輸入資料及加入框線，如圖 3-21 所示。

圖 3-21　在「增資」工作表中輸入資料

加工

在工作表儲存格中輸入公式：

「配股」工作表

G2：=0.5*$C$5

G3：=0.6*$C$5

......

G11：=1.4*$C$5

G12：=1.5*$C$5

H2：=($C$6+$C$6/1000*$C$3)*(($C$2*$C$4+$C$2/1000*$C$3*G2)/($C$2+$C$2/1000*$C$3)) -$C$6/1000*$C$3*G2-$C$6*$C$4

I2：=$C$6*(($C$2*$C$4+($C$2-$C$6)/1000*$C$3*G2)/($C$2+($C$2-$C$6)/1000*$C$3))-$C$6*$C$4

選取 H2：I2 區域，按住右下角的控點向下拖曳填滿至 H12：I12 區域。

L2：=MIN(H2:I12)

L3：=MAX(H2:I12)

「增資」工作表

F2：=0.5*$C$7

F3：=0.6*$C$7

......

F11：=1.4*$C$7

F12：=1.5*$C$7

G2：=($C$2+$C$5)*(($C$2*$C$3+$C$4*F2)/($C$2+$C$4))-$C$5*F2-$C$2*$C$3

H2：=$C$6*(($C$2*$C$3+$C$4*F2)/($C$2+$C$4))-$C$6*F2

選取 G2：H2 區域，按住右下角的控點向下拖曳填滿至 G12：H12 區域。

K2：=MIN(G2：H12)

K3：=MAX(G2：H12)

輸出

「配股」工作表如圖 3-22 所示。

I2			f_x	=$C$6*(($C$2*$C$4+($C$2-$C$6)/1000*$C$3*G2)/($C$2+($C$2-$C$6)/1000*$C$3))-$C$6*$C$4							
	A	B	C	D	E	F	G	H	I	J	K	L
1		變數					配股價	參與配股財富變化	不參與配股財富變化			
2		配股前股票數量	100000				2.00	0.00	-4576.27		最小值	-4576.27
3		每千股配股數	200				2.40	0.00	-3966.10		最大值	1525.42
4		目前股價	5				2.80	0.00	-3355.93			
5		配股價	4				3.20	0.00	-2745.76			
6		某股東股票數量	10000				3.60	0.00	-2135.59			
7							4.00	0.00	-1525.42			
8		計算					4.40	0.00	-915.25			
9			參與配股	不參與配股			4.80	0.00	-305.08			
10		配股後每股價格	4.83	4.85			5.20	0.00	305.08			
11		財富變化	0.00	-1525.42			5.60	0.00	915.25			
12							6.00	0.00	1525.42			
13												

圖 3-22　配股模型

「增資」工作表如圖 3-23 所示。

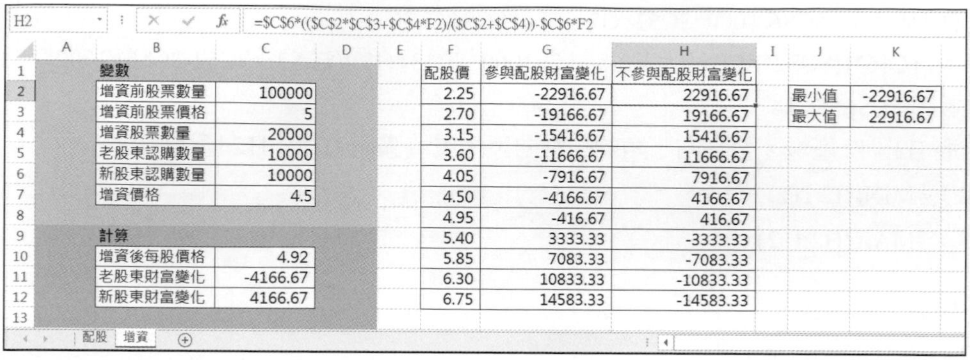

H2 =$C$6*(($C$2*$C$3+$C$4*F2)/($C$2+$C$4))-$C$6*F2

	B	C	F	G	H	J	K
1	變數		配股價	參與配股財富變化	不參與配股財富變化		
2	增資前股票數量	100000	2.25	-22916.67	22916.67	最小值	-22916.67
3	增資前股票價格	5	2.70	-19166.67	19166.67	最大值	22916.67
4	增資股票數量	20000	3.15	-15416.67	15416.67		
5	老股東認購數量	10000	3.60	-11666.67	11666.67		
6	新股東認購數量	10000	4.05	-7916.67	7916.67		
7	增資價格	4.5	4.50	-4166.67	4166.67		
8			4.95	-416.67	416.67		
9	計算		5.40	3333.33	-3333.33		
10	增資後每股價格	4.92	5.85	7083.33	-7083.33		
11	老股東財富變化	-4166.67	6.30	10833.33	-10833.33		
12	新股東財富變化	4166.67	6.75	14583.33	-14583.33		

配股　增資

圖 3-23　增資模型

圖表生成

「配股」工作表

1） 選取工作表中 G1：I12 區域，按一下「插入」標籤，選取「圖表→插入 XY 散佈圖或泡泡圖→帶有平滑線的 XY 散佈圖」按鈕項，即可插入一個標準的 XY 散佈圖。可先將圖表區中預設的「圖表標題」和「圖例」刪掉，再拖曳調整大小及放置的位置。

2） 在圖表區按下滑鼠右鍵，在展開的功能表中選取「選取資料來源⋯」指令。此時已有數列 1「參與配股財富變化」和數列 2「不參與配股財富變化」。按下「新增」按鈕，新增如下數列 3、數列 4、數列 5，如圖 3-24 所示：

數列 3：

X 值：=配股!$C$5

Y 值：=配股!$D$11

數列 4：

X 值：=(配股!$C$5,配股!$C$5)

Y 值：=(配股!$L$2,配股!$L$3)

數列 5：

X 值：=配股!$C$5

Y 值：=配股!$C$11

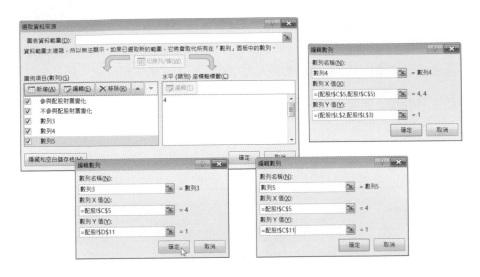

圖 3-24　新增 3 條數列

3）　按下「圖表工具→格式」標籤展開工具列，再從「圖表項目」下拉方塊中選取「數列 3」項，如此即可選取數列 3 的「點」，再按下「格式化選取範圍」鈕，然後在展開的「資料數列格式」面板中點按「標記」，並在「標記選項」中點選「內建」，有需要可在「類型」和「大小」下拉方塊中選擇想要的形式，再以同樣的方法將數列 5 的「點」也設定標記，如圖 3-25 所示。

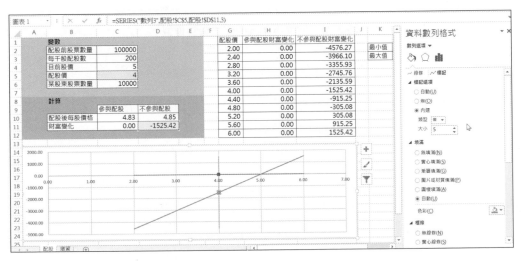

圖 3-25　展開的「資料數列格式」面板設定數列 3 和數列 5 兩個點的標記

4） 按下圖表右上方的「＋」圖示鈕，勾選「座標軸標題」。然後將水平軸改成「配股價」；將垂直軸改成「財富變化」。使用者還可按自己的意願再修改美化圖表，例如連按二下剛才改的垂直軸標題，將其文字方向改成「垂直」。

5） 最後可利用「圖表工具→格式→插入圖案→文字方塊」，為圖表上兩條數列加上「參與配股財富變化」和「不參與配股財富變化」的文字說明，這樣就完成了股權再融資的配股模型，如圖 3-26 所示。

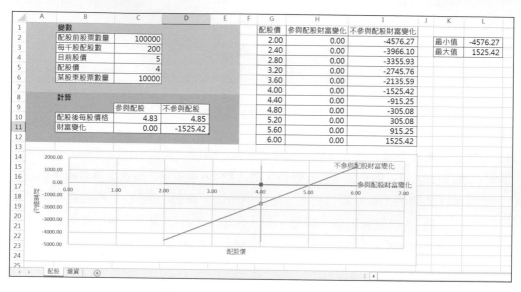

圖 3-26　股權再融資的配股籌資模型

「增資」工作表

本工作表的圖表是選取 F1：H12 範圍來製圖，其製作過程與「配股」工作表相同。股權再融資的增資模型的最終介面如圖 3-27 所示。

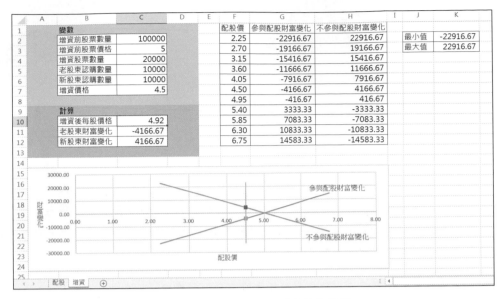

圖 3-27　股權再融資的增資籌資模型

操作說明

■ 在「配股」工作表，輸入「配股前股票數量」、「每千股配股數」、「目前股價」、「配股價」、「某股東股票數量」等變數時，模型的計算結果、表格及圖表都將隨之變化。

■ 在「增資」工作表，輸入「增資前股票數量」、「增資前股票價格」、「增資股票數量」、「老股東認購數量」、「新股東認購數量」、「增資價格」等變數時，模型的計算結果、表格及圖表都將隨之變化。

3.4　優先股籌資模型

應用場景

CEO：2014 年 3 月 21 日，中國證監會令第 97 號公佈了《優先股試點管理辦法》。優先股是什麼？

CFO：優先股是指股份持有人優先於普通股股東分配公司利潤和剩餘財產，但參與公司決策管理等權利受到限制的股份。

CEO：看來，優先股也不是處處優先，它是一方面優先，另一
方面落後。優先股籌資有什麼特點？

CFO：發行優先股籌資有如下特點：

1）　與債券不同，不支付股利不會導致公司破產。

2）　與普通股不同，優先股的發行一般不會稀釋股東權益。

3）　優先股沒有到期期限，不需要償還本金。

4）　發行優先股，支付的優先股股利不能稅前扣除；投資優先股，獲取的優先
股股利能夠免稅。對於有效稅率低的公司的來說，發行優先股的稅收劣勢
不發揮作用或作用很小，因此傾向于發行優先股。

CEO：什麼是有效稅率呢？有效稅率對優先股有什麼影響？

CFO：有效稅率，就是真實負擔的稅率。它是優先股存在的稅務環境。

對發行人來說，有效稅率低，優先股籌資的稅後成本與稅前成本差別小，有可
能使籌資成本低於債券籌資成本；對投資人來說，有效稅率高，優先股投資的
稅後收益與稅前收益無區別，有可能使投資收益高於債券投資收益。

這樣，發行人和投資人均有利可圖，優先股發行就具備了成功條件。

CEO：我們建立優先股籌資模型，有什麼用途呢？

CFO：首先，可計算出優先股籌資的籌資成本，以及優先股投資的投資報酬率。

另外，透過模型，我們可進行優先股決策，分析應如何調整變數，使投資人的
投資報酬率高於市場利率，同時發行人的籌資成本低於債券籌資成本。這樣，
優先股的發行才既有利於投資人，也有利於發行人。

基本理論

債務

債務籌資成本＝債務利率×（1－發行公司所得稅稅率）

債務投資報酬率＝債務利率×（1－投資公司所得稅稅率）

優先股

優先股籌資成本＝優先股稅前股利率×（1－發行公司所得稅稅率）

優先股投資報酬率＝優先股稅前股利率×（1－發行公司所得稅稅率）

模型建立

📁……\chapter03\04\優先股籌資模型.xlsx

輸入

1）　在工作表中輸入文字資料，並進行格式化。如合併儲存格、調整列高欄寬、套入框線、選取填滿色彩、設定字型大小等。

2）　在 D2~D5 新增微調按鈕。按一下「開發人員」標籤，選取「插入→表單控制項→微調按鈕」按鈕，在對應的儲存格拖曳拉出適當大小的微調按鈕。接著對該捲軸按下滑鼠右鍵，選取「控制項格式」指令，對其屬性設定儲存格連結、目前值、最小值、最大值等。詳細的設定值請參考下載的本節 Excel 範例檔。

3）　在以下儲存格輸入公式，初步完成的模型如圖 3-28 所示。

C2：=E2/100	C3：=E3/100
C4：=E4/100	C5：=E5/100

圖 3-28　初步完成的模型

加工

在工作表儲存格中輸入公式：

C8：=C2*(1-C4)

C9：=C3*(1-C4)

C11：=C2*(1-C5)

C12：=C3*(1-C4)

A15：=IF(C9<C8,"對籌資人而言，優先股籌資成本小於債務籌資成本。","對籌資人而言，優先股籌資成本大於等於債務籌資成本。")

A16：=IF(C12<C11,"對投資人而言，優先股投資報酬率小於債務投資報酬率。","對投資人而言，優先股投資報酬率大於等於債務投資報酬率。")

A17：=IF(AND(C9<C8,C12>C11)，"優先股籌資藍本可行。","優先股籌資藍本不可行。")

輸出

此時，工作表如圖 3-29 所示。

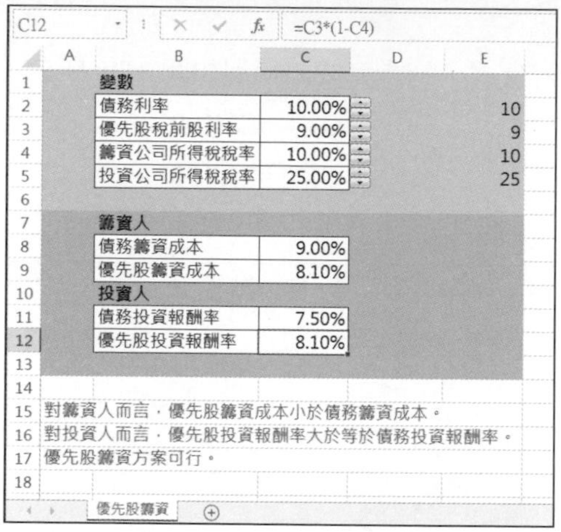

圖 3-29　優先股籌資模型

表格製作

輸入

在工作表中輸入資料，如圖 3-30 所示。

	A	B	C	D	E	F	G	H	I	J	K
1		變數						債務籌資成本	優先股籌資成本	債務投資報酬率	優先股投資報酬率
2		債務利率	10.00%		10		0				
3		優先股稅前股利率	9.00%		9		100				
4		籌資公司所得稅稅率	10.00%		10						
5		投資公司所得稅稅率	25.00%		25						
6											
7		籌資人									
8		債務籌資成本	9.00%								
9		優先股籌資成本	8.10%								
10		投資人									
11		債務投資報酬率	7.50%								
12		優先股投資報酬率	8.10%								
13											
14											
15	對籌資人而言，優先股籌資成本小於債務籌資成本。										
16	對投資人而言，優先股投資報酬率大於等於債務投資報酬率。										
17	優先股籌資方案可行。										
18											

圖 3-30　在工作表中輸入資料

加工

在工作表儲存格中輸入公式：

H2：=C8　　H3：=C8　　I2：=C9　　I3：=C9

J2：=C11　　J3：=C11　　K2：=C12　　K3：=C12

輸出

此時，工作表如圖 3-31 所示。

	A	B	C	D	E	F	G	H	I	J	K
1		變數						債務籌資成本	優先股籌資成本	債務投資報酬率	優先股投資報酬率
2		債務利率	10.00%		10		0	9.00%	8.10%	7.50%	8.10%
3		優先股稅前股利率	9.00%		9		100	9.00%	8.10%	7.50%	8.10%
4		籌資公司所得稅稅率	10.00%		10						
5		投資公司所得稅稅率	25.00%		25						
6											
7		籌資人									
8		債務籌資成本	9.00%								
9		優先股籌資成本	8.10%								
10		投資人									
11		債務投資報酬率	7.50%								
12		優先股投資報酬率	8.10%								
13											
14											
15	對籌資人而言，優先股籌資成本小於債務籌資成本。										
16	對投資人而言，優先股投資報酬率大於等於債務投資報酬率。										
17	優先股籌資方案可行。										
18											

圖 3-31　優先股籌資模型

圖表生成

1) 選取工作表中 G1：K3 區域，按一下「插入」標籤，選取「圖表→插入折線圖→其他折線圖」按鈕項，即可插入一個標準的折線圖，可先將預設的「圖表標題」刪掉，再拖曳調整大小及放置的位置。

圖 3-32　圖表→插入折線圖→其他折線圖

2）　按下圖表右上方的「＋」圖示鈕，勾選「座標軸標題」。然後選取水平軸按下 Del 鍵刪除；將垂直軸標題改成「成本及報酬率」。接著對垂直標題連按二下，打開座標軸標題格式面板，從「文字選項→文字方塊」中的「文字方向」下拉方塊內選取「垂直」。

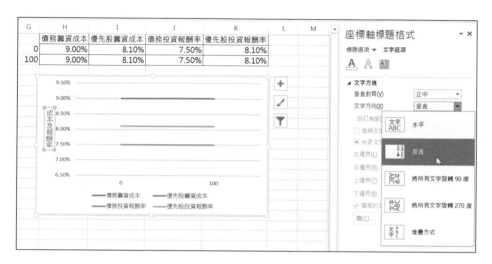

圖 3-33　顯示座標軸標題並修改

3）　使用者還可按自己的意願修改圖表。最後債券發行定價模型的介面如圖 3-34 所示。

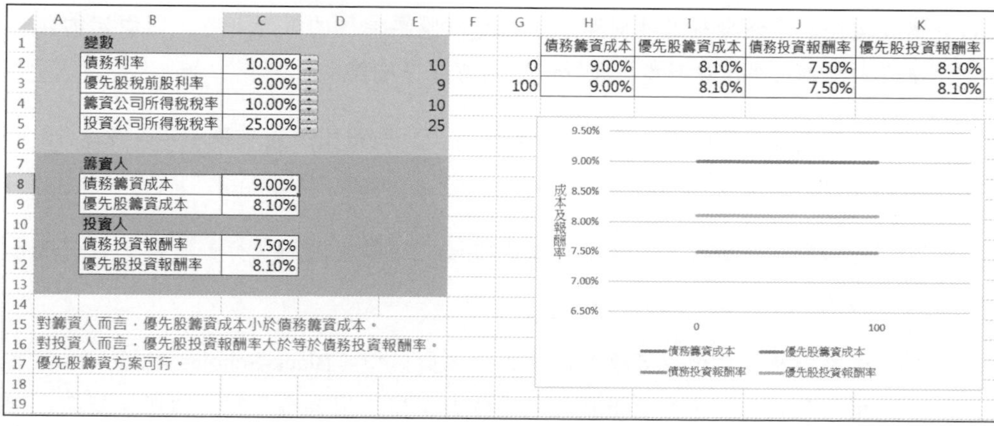

圖 3-34　優先股籌資模型

操作說明

■ 調節「債務利率」、「優先股稅前股利率」、「籌資公司所得稅稅率」、「投資公司所得稅稅率」
等變數的微調按鈕項時，模型的計算結果、表格、圖表及文字描述都將隨之變化。

3.5　認股權證籌資模型

應用場景

CEO：認股權證是什麼？

CFO：認股權證是公司向股東發放的一種憑證，授權持有
　　　者在一個特定期間以特定價格購買特定數量的公司
　　　股票。最初，它是在公司發行新股時，為避免原有
　　　股東每股收益被稀釋，配發給原有股東的。使其可
　　　按優惠價格認購新股，以彌補新股發行的稀釋損
　　　失。後來，認股權證可作為獎勵發給本公司員工，

　　　也可作為籌資工具，與債券同時發行，用來吸引投資者購買票面利率低於市場
利率的長期債券。

CEO：認股權證，與看漲期權有什麼區別？

CFO：認股權證與看漲期權有共同點，即都是以股票為標的資產，有一個固定的執行
　　　價格，到期可選擇執行或不執行。區別有以下幾點：

1）看漲期權的期限短，通常只有幾個月；認股權證的期限長，可以長達 10 年
　　或以上。

2）看漲期權的執行，股票來自二級市場；認股權證的執行，股票來自一級市
　　場。

3）看漲期權的估價，可適用布萊克－休斯模型（Black-Scholes Model）；認股
　　權證的估價，不可適用布萊克－休斯模型。因為布萊克－休斯模型有一個
　　基本假設，就是期限內不配息。這點在期限短時還現實，期限很長時則不
　　現實。

CEO：認股權證籌資，有何利弊？

CFO：認股權證與債券捆綁發行，可降低債券的票面利率，這是它的優點。

它的主要缺點是靈活性較差。附帶認股權證的債券發行者，主要目的是發行債券而不是股票，是為了發債而附帶期權。認股權證的執行價格，一般比發行時的股價高 20%~30%。如果公司發展良好，股票價格大大高於執行價格，原有股東會蒙受較大損失。另外，附帶認股權證的債券，其承銷費用高於債務融資。

CEO：我們建立認股權證籌資模型，有什麼用途呢？

CFO：首先，可計算出認股權證的內含報酬率。認股權證的估價十分麻煩，發行認股權證的企業，一般會請投資銀行機構協助定價。有了認股權證籌資模型，我們就可以自己確定籌資成本，或者即使請了投資銀行協助，我們也可以決定是否接受其建議。

另外，透過模型，我們可進行認股權證決策，分析應如何調整變數，使內含報酬率高於投資人的市場利率，同時又低於發行人的普通股成本。這樣，認股權證的發行，才既有利於投資人，也有利於發行人。

基本理論

認股權證到期時每股價值的計算

認股權證發行時公司市值＝目前公司市值＋債券份數×債券面值

認股權證到期時公司市值＝認股權證發行時公司市值×（1＋市值年增長率）認股權證期限＋債券份數×每份債券附帶認股權證張數×認股價格（元/股）

認股權證到期時公司債務價值＝債券面值在債券期限和認股權期限之差時間的複利現值＋債券在債券期限和認股權期限之差時間的年金現值

認股權證到期時公司股東權益價值＝認股權證到期時公司市值－認股權證到期時公司債務價值

認股權證到期時股數＝股票股數＋債券份數×每份債券附帶認股權證張數

認股權證到期時每股價值＝認股權證到期時公司股東權益價值÷認股權證到期時股數

現金流量的計算

債券到期前每年現金流入＝債券面值×債券利率

債券到期時現金流入＝債券面值

認股權證到期行權現金流出＝每份債券附帶認股權證張數×認股價格（元/股）

認股權證到期行權現金流入＝每份債券附帶認股權證張數×認股權證到期時每股價值

初始現金流出＝債券面值

內含報酬率的計算

債券到期前每年現金流入的年金現值＋債券到期時現金流入的複利現值＋認股權證到期行權現金流入的複利現值－認股權證到期行權現金流出的複利現值＝初始現金流出

模型建立

……\chapter03\05\設股權證籌資模型.xlsx

輸入

1）在工作表中輸入文字資料，並進行格式化。如合併儲存格、調整列高欄寬、套入框線、選取填滿色彩、設定字型大小等。如圖 3-35 所示。

	A	B	C	D	E	F	G	H	I	J	K
1		變數					認股權證到期時每股價值的計算				
2		目前公司市值	20000				認股權證發行時公司市值				
3		預計公司市值年增長率	9%				認股權證到期時公司市值				
4		股票股數	1000				認股權證到期時公司債務價值				
5		債券份數	4				認股權證到期時股數				
6		債券面值	1000				認股權證到期時每股價值				
7		債券利率	8%				現金流量的計算				
8		市場利率	10%				債券到期前每年現金流入		現值		
9		債券期限（年）	20				認股權證到期行權現金流出		現值		
10		認股權證期限（年）	10				認股權證到期行權現金流入		現值		
11		每份債券附帶認股權證張數	20				債券到期現金流入		現值		
12		認股價格（元/股）	22				初始現金流出		現值求和		
13							內含報酬率的計算				
14							內含報酬率				
15											
16											

設股權證籌資模型

圖 3-35　在工作表中輸入資料完成初步模型

加工

在工作表儲存格中輸入公式：

H2：=C2+C6*C5

H3：=(C2+C6*C5)*(1+C3)^C10+C5*C11*C12

H4：= -PV(C8,C9-C10,C6*C7,C6,0)*C5

H5：=C4+C5*C11

H6：=(H3-H4)/H5

H8：=C6*C7

H9：=C11*C12

H10：=C11*H6

H11：=C6

H12：=C6

J8：= -PV(H14,C9,H8,0,0)

J9：= -H9/(1+H14)^C10

J10：=H10/(1+H14)^C10

J11：=H11/(1+H14)^C9

J12：=SUM(J8:J11)

輸出

此時，工作表如圖 3-36 所示。

J8		✕ ✓ fx	= -PV(H14,C9,H8,0,0)							
	A	B	C	D	E	F	G	H	I	J	K
1		變數					認股權證到期時每股價值的計算				
2		目前公司市值	20000				認股權證發行時公司市值	24000.00			
3		預計公司市值年增長率	9%				認股權證到期時公司市值	58576.73			
4		股票股數	1000				認股權證到期時公司債務價值	3508.43			
5		債券份數	4				認股權證到期時股數	1080.00			
6		債券面值	1000				認股權證到期時每股價值	50.99			
7		債券利率	8%				現金流量的計算				
8		市場利率	10%				債券到期前每年現金流入	80.00	現值	1600.00	
9		債券期限（年）	20				認股權證到期行權現金流出	440.00	現值	-440.00	
10		認股權證期限（年）	10				認股權證到期行權現金流入	1019.78	現值	1019.78	
11		每份債券附帶認股權證張數	20				債券到期現金流入	1000.00	現值	1000.00	
12		認股價格（元/股）	22				初始現金流出	1000.00	現值和	3179.78	
13							內含報酬率的計算				
14							內含報酬率				
15											
16											

圖 3-36　認股權證籌資模型計算過程

按下「資料」標籤下的「模擬分析→目錄搜尋」指令，如圖 3-37a 所示。

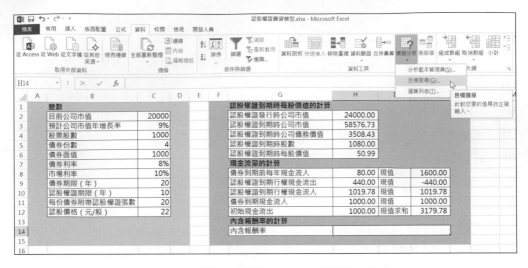

圖 3-37a 「資料→模擬分析→目錄搜尋」指令

在打開的目標搜尋對話方塊中輸入如下設定，如圖 3-37b 所示。目標儲存格：$J$12。目標值：1000。變數儲存格：$H$14。

圖 3-37 目標搜尋話方塊中的設定

按下「確定」按鈕會顯示目標搜尋狀態對話方塊，顯示已求得解答，再按下「確定」按鈕，此時，可計算出 H14 內含報酬率，如圖 3-38 所示。

圖 3-38 認股權證籌資模型

操作說明

■ 輸入或改變各變數的數值時，內含報酬率的計算結果並不會發生變化。內含報酬率的計算，需要依靠「目標搜尋」功能。

■ 輸入「目前公司市值」、「預計公司市值年增長率」、「股票股數」、「債券份數」、「債券面值」、「債券利率」、「市場利率」、「債券期限」、「認股權證期限」、「每份債券附帶認股權證張數」、「認股價格」等變數時，模型的計算過程將隨之變化。

3.6　可轉換債券籌資模型

應用場景

CEO：以前國營事業改制，有一種方式，就是債轉股。可轉換債券，大概就是這麼個意思吧？

CFO：是的。債轉股的比例，就是轉換比例。中國《上市公司證券發行管理辦法》規定，可轉換債券自發行結束之日起 6 個月，方可轉換為公司股票，轉股期限由公司根據可轉換公司債券的存續期限及公司財務狀況決定。與認股權證類似，由於發行人有債券相關支出，所以其轉換價格通常比發行時的股價高 20%~30%。

CEO：可轉換債券，與認股權證有何區別？

CFO：可轉換債券在轉換時只是報表專案之間的變化，沒有增加新的資本；認股權證在認購時，給公司帶來新的權益資本。

可轉換債券類型繁多，千姿百態；認股權證的靈活性較差。

可轉換債券的發行，主要目的是發行股票而不是債券，只是因為目前股價偏低，才採用可轉換債券的方式；認股權證的發行，主要目的是發行債券而不是股票，只是因為公司規模小、風險高、市場利率較高，才採用捆綁認股權證的方式發行較低利率的債券。

可轉換債券的承銷費用，與債務融資類似；附帶認股權證債券的承銷費用，高於債務融資，低於普通股融資。

CEO：可轉換債券的籌資方式，有何利弊？

CFO：與債券相比，其優點是可以較低的利率取得資金。與普通股相比，其優點是取得了以高於目前股價出售普通股的可能性。

缺點是儘管利率低，但包含轉換價值的籌資成本要高於債券；另外，股價上漲或低迷均有風險。例如，目前股價為 10 元，將轉換價格定為 13 元。如果轉換時股價遠高於 13，公司也只能以 13 元固定轉換價格換出股票；如果股價低迷，可轉換債券持有者沒有如期轉換普通股，公司只能繼續承擔債務。

CEO：我們建立認可轉換債券籌資模型，有什麼用途呢？

CFO：首先，可計算出可轉換債券的內含報酬率。另外，透過模型，我們可進行可轉換債券決策，分析應如何調整變數，使內含報酬率高於投資人的市場利率，同時又低於發行人的普通股成本。這樣，可轉換債券的發行，才既有利於投資人，也有利於發行人。

基本理論

轉換價值

轉換價值＝股價×轉換比例

內含報酬率

內含報酬率依據以下等式計算：
債券每年現金流入的年金現值＋轉換價值的複利現值＝可轉換債券售價

模型建立

📁……\chapter03\06\可轉換債券籌資模型.xlsx

輸入

1）　在工作表中輸入文字資料，並進行格式化。如合併儲存格、調整列高欄寬、套入框線、選取填滿色彩、設定字型大小等。

2）　在 D3、D4 和 D7 新增微調按鈕。按一下「開發人員」標籤，選取「插入→表單控制項→微調按鈕」按鈕，在對應的儲存格拖曳拉出適當大小的微調按鈕。接著對該捲軸按下滑鼠右鍵，選取「控制項格式」指令，對其屬性設定儲存格連結、目前值、最小值、最大值等。詳細的設定值請參考下載的本節 Excel 範例檔。

3）　在 C4 儲存格中輸入公式「=E4/100」，初步完成的模型如圖 3-39 所示。

圖 3-39　初步完成的模型

加工

在工作表儲存格中輸入公式：

C10：=C5*(1+C6)^C3*C7

C12：=RATE(C3,-C2*C4,C2,-C10,0)

輸出

此時，工作表如圖 3-40 所示。

圖 3-40　可轉換債券籌資模型

表格製作

輸入

在工作表中輸入資料及套入框線，如圖 3-41 所示。

圖 3-41　在工作表中輸入資料及套入框線

加工

在工作表儲存格中輸入公式：

G2：=0.5*$C$4

G3：=0.6*$C$4

......

G11：=1.4*$C$4

G12：=1.5*$C$4

H2：=RATE($C$3,-$C$2*G2,$C$2,-$C$10,0)

選取 H2 儲存格，按住右下角的控點向下拖曳填滿至 H12 儲存格。

K1：=MIN(G2:H12)

K2：=MAX(G2:H12)

輸出

此時，工作表如圖 3-42 所示。

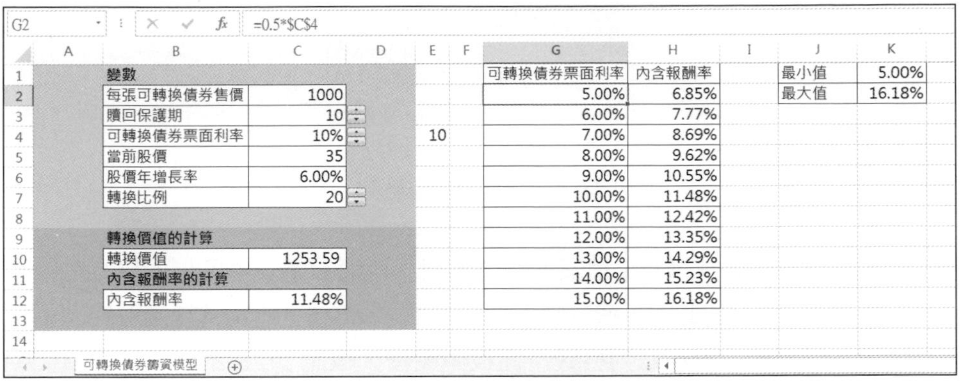

	G2		▼	:	×	✓	fx	=0.5*$C$4		
	A	B	C	D	E	F	G	H	I	J	K
1		變數					可轉換債券票面利率	內含報酬率		最小值	5.00%
2		每張可轉換債券售價	1000				5.00%	6.85%		最大值	16.18%
3		贖回保護期	10				6.00%	7.77%			
4		可轉換債券票面利率	10%		10		7.00%	8.69%			
5		當前股價	35				8.00%	9.62%			
6		股價年增長率	6.00%				9.00%	10.55%			
7		轉換比例	20				10.00%	11.48%			
8							11.00%	12.42%			
9		轉換價值的計算					12.00%	13.35%			
10		轉換價值	1253.59				13.00%	14.29%			
11		內含報酬率的計算					14.00%	15.23%			
12		內含報酬率	11.48%				15.00%	16.18%			
13											
14											

可轉換債券籌資模型

圖 3-42　可轉換債券籌資模型

圖表生成

1）　選取工作表中 G1：H12 區域，按一下「插入」標籤，選取「圖表→插入 XY 散佈圖或泡泡圖→帶有平滑線的 XY 散佈圖」按鈕項，即可插入一個標準的 XY 散佈圖。可先將圖表區中預設的「圖表標題」和「圖例」刪掉，再拖曳調整大小及放置的位置。

2）　在圖表區按下滑鼠右鍵，在展開的功能表中選取「選取資料來源⋯」指令。此時已有數列 1「內含報酬率」。按下「新增」按鈕，新增如下數列 2、數列 3，如圖 3-43 所示：

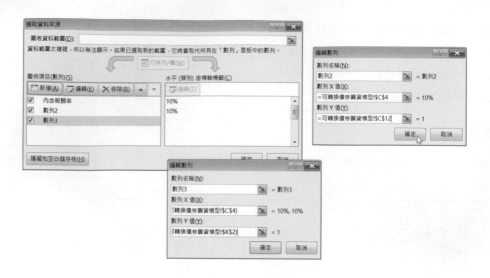

圖 3-43　新增兩條數列

3)　按下「圖表工具→格式」標籤展開工具列，再從「圖表項目」下拉方塊中選取「數列 2」項，如此即可選取數列 2 的「點」，再按下「格式化選取範圍」鈕，然後在展開的「資料數列格式」面板中點按「標記」，並在「標記選項」中點選「內建」，有需要可在「類型」和「大小」下拉方塊中選擇想要的形式，如圖 3-44 所示。

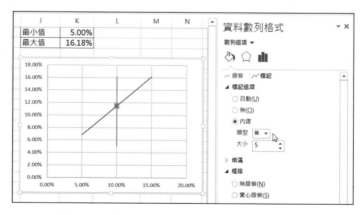

圖 3-44　「資料數列格式」面板設定標記選項

4)　按下圖表右上方的「＋」圖示鈕，勾選「座標軸標題」。然後將水平軸改成「債券票面利率」；將垂直軸改成「內含報酬率」。使用者還可按自己的意願再

修改美化圖表，例如連按二下剛才改的垂直軸標題，將其文字方向改成「垂直」。這樣就完成了轉換債券籌資模型，如圖 3-45 所示。

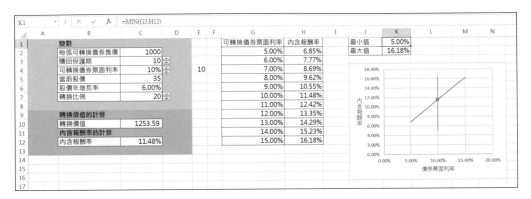

圖 3-45　可轉換債券籌資模型

操作說明

■ 調節「贖回保護期」、「可轉換債券票面利率」、「轉換比例」等變數的微調項，或輸入「每張可轉換債券售價」、「目前股價」、「股價年增長率」等變數時，模型的計算結果、表格及圖表都將隨之變化。

第 4 章
營運資本投資模型

CEO：公司的基本活動可以分為投資活動、籌資活動和營業活動三個方面；所以財務管理的內容也分為投資管理、籌資管理和營業管理三個方面了？

CFO：不是，財務管理的內容與公司的活動內容在分類說法上並不一致。營業管理可以分為營業資本投資和營業資本籌資，從而分別劃歸投資管理和籌資管理。也就是說，財務管理的內容主要就是投資管理和籌資管理。投資可以分為長期投資和短期投資，籌資可以分為長期籌資和短期籌資。

這樣，財務管理的內容可以分為 4 個部分：長期投資、長期籌資、短期投資、短期籌資。短期投資就是營運資本投資，短期籌資就是營運資本籌資。

CEO：也就是說，財務管理內容的分類，從 1-3，變成了 1-2-4。長期投資和長期籌資，儘管影響重大，但並不是日常工作，並不是每天都有新專案或發行新債券的。財務管理工作的大部分時間和精力，是營運資本的管理，包括營運資本投資管理和營運資本籌資管理。營運資本投資管理的主要內容是什麼？

CFO：營運資本投資管理，分為流動資產投資政策和流動資產日常管理。流動資產投資政策，是指如何確定流動資產投資的相對規模；流動資產日常管理，包括現金管理、應收帳款管理和存貨管理。

CEO：影響流動資產投資需求的因素有哪些？

CFO：影響流動資產投資需求的因素有：流動資產周轉天數、每日銷售額和銷售成本率。顯然，流動資產周轉天數越長，或每日銷售額越大，或銷售成本率越高，流動資產投資需求就越多。

CEO：流動資產投資有哪幾種政策，各有何利弊？

CFO：流動資產投資政策包括適中型、保守型和激進型。

適中的流動資產投資政策，就是按照預期的流動資產周轉天數、銷售額及其增長、成本水準和通貨膨脹等因素確定的最優投資規模，安排流動資產投資。

保守的流動資產投資政策，就是企業持有較多的現金、有價證券，充足的存貨，提供給客戶寬鬆付款條件並保持較高的應收帳款水準。表現為安排較高的流動資產/收入比率。優點是短缺成本較小，缺點是持有成本較大。

激進的流動資產投資政策，就是企業持有較低的現金、有價證券，少量的存貨，限制給客戶銷售信用條件並保持較低的應收帳款水準。表現為安排較低的流動資產/收入比率。優點是短缺成本較大，缺點是持有成本較小。

4.1 現金持有量決策模型

CEO：企業作為法人，與個人作為自然人不同。個人一般有錢就存銀行，而企業一般很少去存款，往往還向銀行借款，有錢就立即投入生產營運，擴大再生產。

CFO：儘管如此，企業還是有保留部分現金的必要，必要性來自三方面。（1）交易性需要，即滿足日常業務的現金支付需要；（2）預防性需要，即置存現金以防發生意外的支付；（3）投機性需要，即置存現金用於不尋常的購買機會。

CEO：對企業來說，肯定不是現金越多越好。不過聽你介紹，現金也不是越少越好。那麼，現金最好多少比較合適呢？

CFO：這就是現金持有量決策。企業持有現金，會發生機會成本、管理成本和短缺成本。三項成本之和最小的現金持有量，就是最佳現金持有量。

CEO：什麼是機會成本、管理成本和短缺成本？

CFO：機會成本，就是因持有現金，沒有投入生產經營活動而失去的收益；管理成本，就是保管現金發生的安全措施費等費用；短缺成本，就是因持有現金過少，不能應付業務開支而使企業蒙受的損失。

存貨模型

應用場景

CEO：現金持有量的存貨模型，這個名字好難懂。

CFO：簡單的說，就是將存貨經濟訂貨量模型的原理，應用於現金持有量模型。

CEO：既然原理一樣，那為什麼不叫存貨經濟訂貨量的現金模型，而叫現金持有量的存貨模型？

CFO：因為先有存貨經濟訂貨量模型，後有現金持有量模型。

CEO：具體是什麼原理？

CFO：企業平時持有較多的現金，會降低現金的短缺成本，但也會增加現金佔用的機會成本；企業平時持有較少的現金，會增加現金的短缺成本，但也會減少現金佔用的機會成本。因此，必然存在一個現金持有量，使機會成本與短缺成本組成的總成本最低。

CEO：機會成本還好量化，但短缺成本又如何量化呢？

CFO：是的，短缺成本不好量化，所以我們要把不好量化的短缺成本轉化為可以量化的交易成本。

轉化思維是這樣的。如果企業平時只持有較少的現金，在有現金需要時，透過出售有價證券換回現金，便能既滿足現金的需要，避免短缺成本，又能減少機

會成本。因此，適當的現金與有價證券之間的轉換，是企業提高資金使用效率的有效途徑。

而企業每次以有價證券轉換回現金是要付出代價的，這被稱為現金的交易成本。現金的交易成本與現金轉換次數、每次的轉換量有關。

假定現金每次的交易成本是固定的，在企業一定時期現金使用量確定的前提下，每次以有價證券轉換回現金的金額越大，企業平時持有的現金量便越高，轉換的次數便越少，現金的交易成本就越低；反之，每次轉換回現金的金額越低，企業平時持有的現金量便越低，轉換的次數會越多，現金的交易成本就越高。

CEO：透過引入有價證券，我們就將機會成本與短缺成本的問題，變成了機會成本與交易成本的問題。顯然，交易成本比機會成本更容易度量。這種想法很巧妙。它有什麼缺陷嗎？

CFO：現金持有量的存貨模式是一種簡單、直觀的確定最佳現金持有量的方法；但它也有缺點，主要是假定現金的流出量穩定不變，實際上這很少有。

CEO：對機會成本來說，現金持有量是分子；對交易成本來說，現金持有量是分母。我們討論一個數學問題，假如 $y=x+100/x$，此時 x 為何值時，y 最小。

CFO：這要用到求導計算。不過這個例子比較簡單，可以直接算。由 $y=x+100/x$，可推出 $xy=x^2+100$，也可推出 $(x-y/2)^2 = y^2/4-100$。

當 $(x-y/2)^2 >=0$，則 $y^2/4-100>=0$。因此，y 最小值是 20，此時 $x=10$。

基本理論

現金有關成本

交易成本＝（一定期間內的現金需求量/現金持有量）×每次出售有價證券以補充現金所需的交易成本

機會成本＝（現金持有量÷2）×持有現金的機會成本率

機會成本率＝有價證券年利率

總成本＝機會成本＋交易成本

　　　＝（現金持有量÷2）×持有現金的機會成本率＋（一定期間內的現金需求量÷現金持有量）×每次出售有價證券以補充現金所需的交易成本

現金最佳持有量

現金最佳持有量，是機會成本與交易成本相等時對應的現金持有量，即：

（現金持有量÷2）×持有現金的機會成本率＝（一定期間內的現金需求量/現金持有量）×每次出售有價證券以補充現金所需的交易成本

整理後，可得出：

最佳現金持有量 2＝（2×一定期間內的現金需求量×每次出售有價證券的交易成本）÷持有現金的機會成本率

模型建立

📂……\chapter04\01\現金持有量決策之存貨模型.xlsx

輸入

1）在工作表中輸入文字資料，並進行格式化。如合併儲存格、調整列高欄寬、套入框線、選取填滿色彩、設定字型大小等。

2）在 D2~D4 新增微調按鈕。按一下「開發人員」標籤，選取「插入→表單控制項→微調按鈕」按鈕，在對應的儲存格拖曳拉出適當大小的微調按鈕。接著對該捲軸按下滑鼠右鍵，選取「控制項格式」指令，對其屬性設定儲存格連結、目前值、最小值、最大值等。例如，D4 儲存格的微調項設定，如圖 4-1 所示。其他詳細的設定值則請參考下載的本節 Excel 範例檔。

圖 4-1　D4 儲存格的微調項設定

3）　在 C4 儲存格輸入「=F4/100」公式，初步完成的模型如圖 4-2 所示。

圖 4-2　初步完成的模型

加工

在工作表儲存格中輸入公式：

C8：=(2*C2*C3/C4)^(1/2)

A11：="最佳現金持有量為"&ROUND(K7,2)&",此時可取得最小成本"&ROUND(J7,2)

輸出

此時，工作表如圖 4-3 所示。

圖 4-3　現金持有量計算

表格製作

輸入

在工作表中輸入資料及加框線，如圖 4-4 所示。

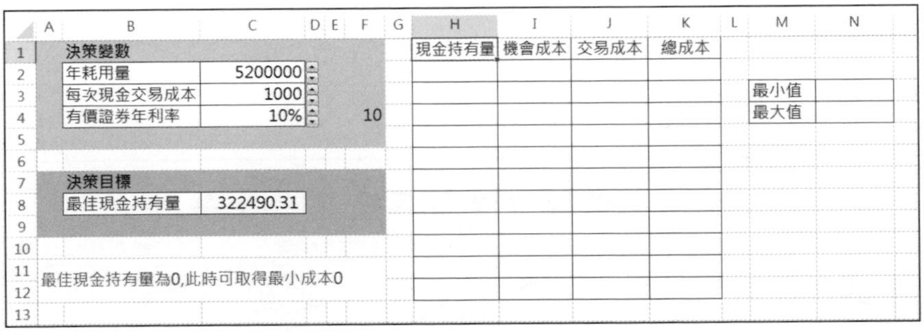

圖 4-4　在工作表中輸入資料及加框線

加工

在工作表儲存格中輸入公式：

H2：=0.5*$C$8

H3：=0.6*$C$8

……

H11：=1.4*$C$8

H12：=1.5*$C$8

I2：I12 區域：選取 I2：I12 區域，輸入「=H2:H12*$C$4/2」公式後，按 Ctrl+Shift+

Enter 複合鍵。

J2：J12 區域：選取 J2：J12 區域，輸入「=$C$2*$C$3/H2:H12」公式後，按 Ctrl+Shift+Enter 複合鍵。

K2：K12 區域：選取 K2：K12 區域，輸入「=I2:I12+J2:J12」公式後，按 Ctrl+Shift+Enter 複合鍵。

N3：=MIN(I2:K12)

N4：=MAX(I2:K12)

輸出

此時，工作表如圖 4-5 所示。

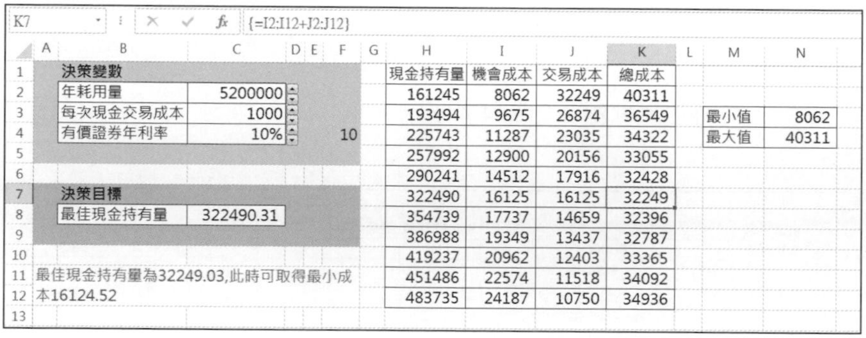
K7 {=I2:I12+J2:J12}

	B	C	F	H	I	J	K	M	N
1	決策變數			現金持有量	機會成本	交易成本	總成本		
2	年耗用量	5200000		161245	8062	32249	40311		
3	每次現金交易成本	1000		193494	9675	26874	36549	最小值	8062
4	有價證券年利率	10%	10	225743	11287	23035	34322	最大值	40311
5				257992	12900	20156	33055		
6				290241	14512	17916	32428		
7	決策目標			322490	16125	16125	32249		
8	最佳現金持有量	322490.31		354739	17737	14659	32396		
9				386988	19349	13437	32787		
10				419237	20962	12403	33365		
11	最佳現金持有量為32249.03,此時可取得最小成			451486	22574	11518	34092		
12	本16124.52			483735	24187	10750	34936		
13									

圖 4-5　現金持有成本計算

圖表生成

1） 選取工作表中 H2：K12 區域，按一下「插入」標籤，選取「圖表→插入 XY 散佈圖或泡泡圖→帶有平滑線的 XY 散佈圖」按鈕項，即可插入一個標準的 XY 散佈圖，可先將預設的「圖表標題」和「圖例」刪掉，再拖曳調整大小及放置的位置。

2） 在圖表區按下滑鼠右鍵，在展開的功能表中選取「選取資料來源…」指令。此時已有數列 1、數列 2、數列 3。按一下「新增」按鈕，新增如下數列 4、數列 5，如圖 4-6 所示：

數列 4：

X 值：=存貨模型!$H$7

Y 值：=存貨模型!$K$7

數列 5：

X 值：=(存貨模型!$C$8,存貨模型!$C$8)

Y 值：=(存貨模型!$N$3,存貨模型!$N$4)

圖 4-6　新增兩條數列

3）　按下「圖表工具→格式」標籤展開工具列，再從「圖表項目」下拉方塊中選取
「數列 4」項，如此即可選取數列 4 的「點」，再按下「格式化選取範圍」鈕，
然後在展開的「資料數列格式」面板中點按「標記」，並在「標記選項」中點
選「內建」，有需要可在「類型」和「大小」下拉方塊中選擇想要的形式，如
圖 4-7 所示。

4）　按下圖表右上方的「＋」圖示鈕，勾選「座標軸標題」。然後將水平軸改成
「現金持有量」；將垂直軸改成「成本」。接著對垂直標題連按二下，打開座標
軸標題格式面板，從「文字選項→文字方塊」中的「文字方向」下拉方塊內選
取「垂直」。

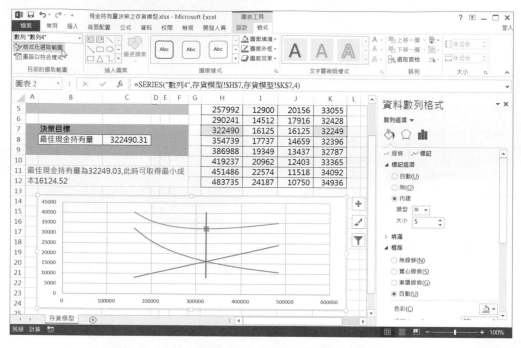

圖 4-7　打開「資料數列格式」面板設定「標記選項」

5)　使用者還可按自己的意願修改圖表，例如，在圖表區中插入文字方塊，輸入數列的名稱標題文字。最後現金持有量存貨模型的介面如圖 4-8 所示。

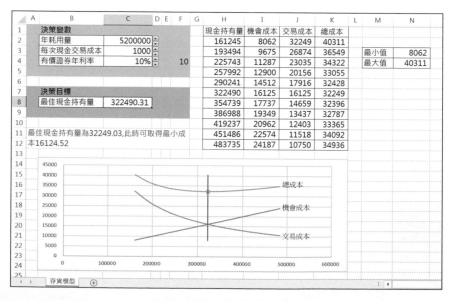

圖 4-8　現金持有量存貨模型

操作說明

■ 調節「年耗用量」、「每次現金交易成本」、「有價證券年利率」等變數的儲存格數值時，模型的計算結果、表格、圖表及文字描述都將隨之變化。

隨機模型

應用場景

CEO：存貨模型假定現金的需求量穩定不變，但實際上我們公司的現金需求量往往波動很大且難以預知，怎麼辦？

CFO：可以採用隨機模型。隨機模型是在現金需求量難以預知的情況下進行現金持有量控制的方法。企業可以根據歷史經驗和現實需要，測算出一個現金持有量的控制範圍，即制定出現金持有量的上限和下限，將現金量控制在上下限之內。

當現金量升到控制上限時，用現金購入有價證券，使現金持有量下降；當現金量降到控制下限時，則拋售證券換回現金，使現金持有量上升。若現金量在上限和下限之間時，不必進行現金與有價證券的轉換，保持它們各自的現有存量。

CEO：隨機模型有什麼缺點嗎？

CFO：隨機模型建立在企業的現金未來需求總量和收支不可預測的前提下，因此計算出來的現金持有量比較保守。

CEO：隨機模型的最佳現金持有量計算公式，看上去好奇怪，是如何推導出來的？

CFO：提出隨機模型的作者，曾寫過一篇論文 *A Model of the Demand for Money by firms*，詳細介紹了推導過程。有興趣可以上網搜尋。

基本理論

最佳現金持有量

最佳現金持有量的計算公式如下：

$$R=\sqrt[3]{\frac{3b\delta^2}{4i}}+L$$

R：最佳現金持有量。

b：每次有價證券的固定轉換成本。

i：有價證券的日利息率。

&：預期每日現金餘額變化的標準差。

L：最低現金持有量（根據企業每日的最低現金需要、管理人員的風險承受傾向等因素確定）。

最高現金持有量=3R-2L

標準差

$$S=\sqrt{\frac{\sum_{i=1}^{n}(x_i-\overline{x})^2}{n-1}}$$

模型建立

📁 ……\chapter04\01\現金持有量決策之存貨模型.xlsx

輸入

1) 在工作表中輸入文字資料，並進行格式化。如合併儲存格、調整列高欄寬、套入框線、選取填滿色彩、設定字型大小等。

2) 在 D2~D5 新增微調按鈕。按一下「開發人員」標籤，選取「插入→表單控制項→微調按鈕」按鈕，在對應的儲存格拖曳拉出適當大小的微調按鈕。接著對該捲軸按下滑鼠右鍵，選取「控制項格式」指令，對其屬性設定儲存格連結、目前值、最小值、最大值等。詳細的設定值則請參考下載的本節 Excel 範例檔。

3) 在 C4 儲存格輸入「=F4/10000」公式，初步完成的模型如圖 4-9 所示。

圖 4-9　初步完成的模型

加工

在工作表儲存格中輸入公式：

C9：=(3*C3*(C2^2)/4/C4)^(1/3)+C5

C10：=3*C9-2*C5

輸出

此時，工作表如圖 4-10 所示。

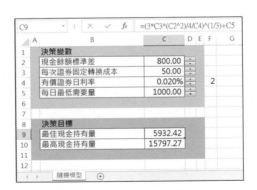

圖 4-10　現金持有量計算

表格製作

輸入

在工作表中輸入資料及套入框線，如圖 4-11 所示。

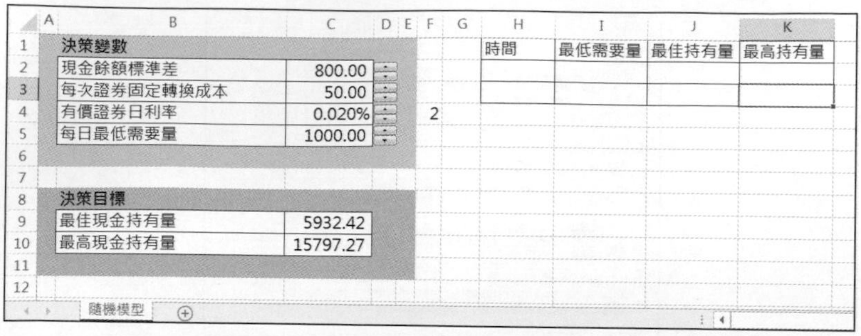

圖 4-11　在工作表中輸入資料及套入框線

加工

在工作表儲存格中輸入公式：

H2：=0

H3：=100

I2：=C5

I3：=C5

J2：=C9

J3：=C9

K2：=C10

K3：=C10

輸出

此時，工作表如圖 4-12 所示。

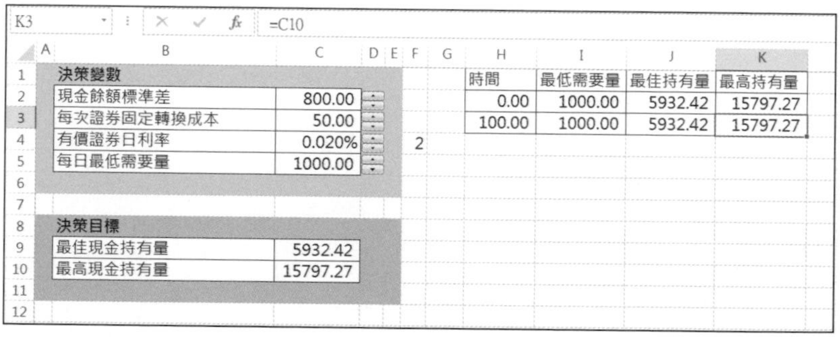

圖 4-12　現金持有量計算

圖表生成

1） 選取工作表中 H2：K12 區域，按一下「插入」標籤，選取「圖表→插入 XY 散佈圖或泡泡圖→其他散佈圖…」按鈕項，隨即打開插入圖表對話方塊，從中選取「帶有平滑線的 XY 散佈圖」右側的圖表，如圖 4-13 所示。

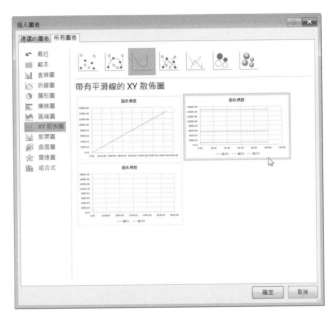

圖 4-13　插入圖表對話方塊

2） 即可插入一個標準的 XY 散佈圖，可先將預設的「圖表標題」和「圖例」刪掉，再拖曳調整大小及放置的位置。

3） 按下圖表右上方的「＋」圖示鈕，勾選「座標軸標題」。將水平軸標題改成「時間」；將垂直軸標題改成「現金持有量」。接著對垂直標題連按二下，打開座標軸標題格式面板，從「文字選項→文字方塊」中的「文字方向」下拉方塊內選取「垂直」。如圖 4-14 所示。

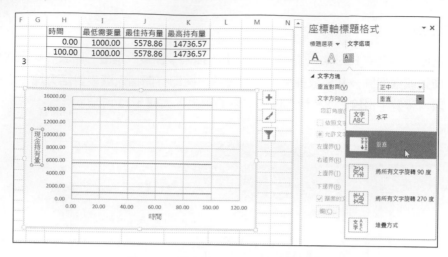

圖 4-14　現金持有量決策的隨機模型

4)　使用者還可按自己的意願修改圖表，例如，點選圖表區中的格線，按下 Del 鍵刪除，並在圖表區中插入文字方塊，為對應的三條數列加入文字說明。最後現金持有量決策的隨機模型的介面如圖 4-15 所示。

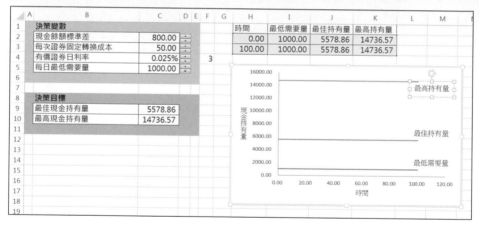

圖 4-15　現金持有量決策的隨機模型

操作說明

■ 在「標準差計算」工作表，可計算現金餘額的標準差。

■ 調節「現金餘額標準差」、「每次證券固定轉換成本」、「有價證券日利率」、「每日最低需要量」等變數的微調項時，模型的計算結果、表格及圖表都將隨之變化。

4.2　應收政策制定模型

應用場景

CEO：我們公司的應收帳款，怎麼這麼高呢？

CFO：應收帳款的產生，主要有兩個原因。一是商業競爭。競爭機制迫使企業提供賒銷手段以擴大銷售，這是發生應收帳款的主要原因。二是銷售和收款的時間差。因為貨款結算需要時間。不過這不是商業信用問題，而是銀行結算的效率問題，不是應收帳款的管理內容。

CEO：有什麼辦法降低應收帳款嗎？

CFO：降低應收帳款是我們的主觀願望，產生應收帳款是由於我們所處的商業競爭這一客觀環境。當主觀願望與客觀環境相悖時，我們就不能不顧客觀環境而一味地追求主觀願望。

也就是說，應收帳款並不是越少越好。極端的說，如果公司規定只能收現，那就不存在應收帳款了，但這顯然是不理性的。應收帳款的管理，應是積極地追求賒銷的效果，而不是消極地取消賒銷。

CEO：如何使應收帳款的賒銷效果最好呢？

CFO：可以從以下幾方面著手：

1） 信用等級。透過評估不同客戶信用，確定不同客戶的信用等級，不同的信用等級給予不同的信用政策。評估客戶信用可以透過 5C 系統來進行。所謂 5C 系統，是評估客戶信用品質的 5 個方面，包括品質、能力、資本、抵押和條件。

2） 信用政策。信用政策包括信用額度和信用期間。信用等級高的客戶，可以享受較大的信用額度和較長的信用期間；信用等級低的客戶，只能享受較小的信用額度和較短的信用期間；沒有信用等級的陌生客戶或賴帳客戶，就沒有信用額度和信用期間，只能現銷。

3) 折扣政策。為吸引客戶提前付款，可以提供現金折扣。

4) 收帳政策。針對不同風險的應收帳款，制定對應的收帳政策。風險高的應收帳款，收帳政策應積極；風險低的應收帳款，收帳政策可保守。

CEO：5C 系統，即客戶信用品質的 5 個方面，很多都是定性指標。如何根據 5C 系統，確定不同客戶的信用等級？

CFO：5 個方面的定性指標可以進一步細化，例如分別再細化為 4 個指標，一共就是 20 個指標了。每個細化指標都應根據重要程度，賦予一定權重；指標值可以定一個標準，例如資本指標，資本額在 3000 萬以下的就得 1 分，3000 萬~5000 萬的得 2 分；品質指標，曾經賴過帳或打過官司的就得 0 分，沒有賴過帳的就打 5 分。

這樣打分數打完後，就可以確定不同客戶的最終得分。對應不同的得分區間，就是不同的信用等級。

CEO：信用期與折扣期有什麼關係？

CFO：例如，某客戶應收款 10 萬元，約定一個月內付款。一個月就是信用期，超過一個月就屬於賴帳了。如果 10 天內還款，應收款 10 萬元可以只收 9 萬。10 天就是折扣期，超過折扣期，折扣 1 萬的好處就沒有了。可以看出，折扣期肯定小於信用期。

CEO：折扣政策，就是打折銷售嗎？

CFO：不是。打折銷售是銷售折扣，目的是鼓勵客戶多購買；現金折扣，目的是鼓勵客戶早還款。兩者可以同時存在。

例如，某客戶訂貨量達到 10000，本來單價 11 元的商品，就可以 10 元賣給他。這就是銷售折扣。這個客戶購買後，應收款是 10 萬元，約定 1 個月內付款。現為了鼓勵他 10 天內付款，就可以規定本來 10 萬元的應收款，可以只收 9 萬元。這就是現金折扣。

CEO：收帳政策越積極，壞帳就越少，那就越好了？

CFO：為了追回 1 萬元欠款，如果派出大批人馬全球追討，那就不合算了。

CEO：根據剛才的討論，看來影響應收政策制定模型的變數還挺多的，變數之間的關係也複雜。

CFO：是的。應收政策制定模型，決策目標是相關淨收益最大。相關淨收益，等於相關收益，減應收款佔用資金應計利息，減年收帳費用，減年壞帳損失，減現金折扣。

信用期越長，銷售額就越多，相關收益就越高；同時，應收款佔用資金應計利息、收帳費用、壞帳損失也就越高。

折扣越大，提前還款的客戶就越多，應收款佔用資金應計利息就越小，收帳費用、壞帳損失也就越小；同時，現金折扣也就越大。

收帳措施越有力，收帳費用就越大；同時，壞帳損失也就越小。

CEO：這充分展現了辯證法。

CFO：是的。市場經濟條件下，一個公司必然存在應收帳款，這是絕對的、唯物的；我們可以透過制定合適的應收政策，提高應收帳款的效果，這是相對的、辯證的。

制定任何一個應收政策，都會有正反兩方面的效果，這是絕對的、唯物的；我們可以透過制定合適的應收政策，使正反兩方面的組合效果最好，這是相對的、辯證的。

基本理論

應收帳款相關淨收益

制定應收政策藍本，我們需要計算不同信用期、不同折扣期、不同折扣下的相關淨收益，並進行比較，以選擇合適的信用期、折扣期、折扣。

相關淨收益＝相關收益－應收款佔用資金應計利息－年收帳費用－年壞帳損失－現金折扣
相關收益＝預計年銷量×（單價－單位變動成本）
應收款佔用資金應計利息＝折扣期佔用資金應計利息＋信用期佔用資金應計利息
折扣期佔用資金應計利息＝預計年銷量×單價×折扣期×預計享受折扣的比例÷360
×（單位變動成本×利率÷單價）

信用期佔用資金應計利息＝預計年銷量×單價×（1－預計享受折扣的比例）×信用期/360×（單位變動成本×利率/單價）

假設年收帳費用與銷售收入成正比例，則＝預計年銷量×單價×收帳費用占銷售收入比例

折扣期應收款＝預計年銷量×單價×預計享受折扣的比例×折扣期÷360

信用期應收款＝預計年銷量×單價×（1－預計享受折扣的比例）×信用期÷360

現金折扣＝預計年銷量×單價×預計享受折扣的比例×折扣

模型建立

📁……\chapter04\02\應收政策制定模型.xlsx

輸入

1） 在工作表中輸入文字資料，並進行格式化。如合併儲存格、調整列高欄寬、套入框線、選取填滿色彩、設定字型大小等。

2） 在 D2~D10 新增微調按鈕。按一下「開發人員」標籤，選取「插入→表單控制項→微調按鈕」按鈕，在對應的儲存格拖曳拉出適當大小的微調按鈕。接著對該捲軸按下滑鼠右鍵，選取「控制項格式」指令，對其屬性設定儲存格連結、目前值、最小值、最大值等。詳細的設定值則請參考下載的本節Excel 範例檔。

3） 在 C5 儲存格輸入「=F5/100」公式、C8 儲存格輸入「=F8/100」、C9 儲存格輸入「=F9/100」C10 儲存格輸入「=F10/100」，初步完成的模型如圖4-16 所示。

	A	B	C	D	E	F
1		決策變數				
2		預計年銷量	29996			
3		單價	6			
4		單位變動成本	4			
5		利率	22.00%			22
6		信用期	35			
7		折扣期	4			
8		折扣	4.00%			4
9		預計享受折扣的比例	52.00%			52
10		收帳費用占銷售收入比例	3.00%			3
11		壞帳損失	5000			
12						
13						
14		決策目標				
15		相關收益				
16		應收款佔用資金應計利息				
17		年收帳費用				
18		年壞帳損失				
19		現金折扣				
20		相關淨收益				
21						
22						

圖 4-16　初步完成的模型

加工

在工作表儲存格中輸入公式：

C15：=C2*(C3-C4)

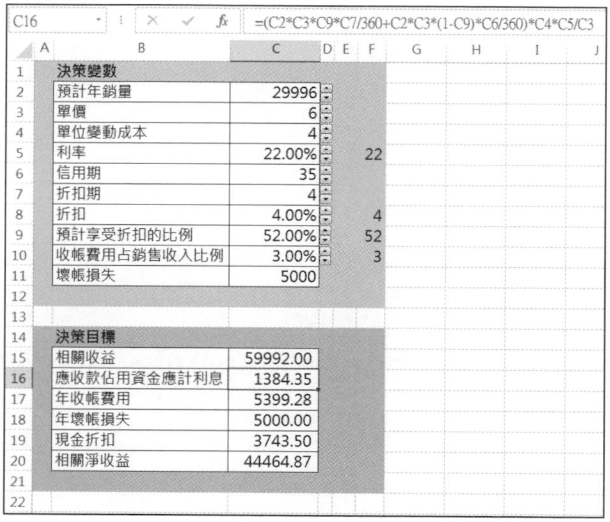

C16：=(C2*C3*C9*C7/360+C2*C3*(1-C9)*C6/360)*C4*C5/C3

C17：=C2*C3*C10

C18：=C11

C19：=C2*C3*C9*C8

C20：=C15-C16-C17-C18-C19

輸出

此時，工作表如圖 4-17 所示。

圖 4-17　相關淨收益的計算

表格製作

輸入

在工作表中輸入資料，如圖 4-18 所示。

圖 4-18　在工作表中輸入資料

加工

在工作表儲存格中輸入公式：

H2：=0.5*$C$2

H3：=0.6*$C$2

……

H11：=1.4*$C$2

H12：=1.5*$C$2

I2：=H2*($C$3-$C$4)

J2：=(H2*$C$3*$C$9*$C$7/360+H2*$C$3*(1-$C$9)*$C$6/360)*$C$4*$C$5/$C$3

K2：=H2*$C$3*$C$10

L2：=$C$11

M2：=H2*$C$3*$C$9*$C$8

選取 I2：M2 區域，按住右下角的控點向下拖曳填滿至 I12：M12 區域。

N2：N12 區域：選取 N2：N12 區域，輸入「=I2:I3-J2:J3-K2:K3-L2:L3-M2:M12」公式後，按 Ctrl+Shift+Enter 複合鍵。

Q3：=MIN(I2:N12)

Q4：=MAX(I2:N12)

輸出

此時，工作表如圖 4-19 所示。

N2　{=I2:I12-J2:J12-K2:K12-L2:L12-M2:M12}

	A	B	C	D E F G	H	I	J	K	L	M	N	O	P	Q
1	決策變數				年銷量	相關收益	應計利息	收賬費用	壞賬損失	現金折扣	相關淨收益			
2	預計年銷量		29996		14998.00	29996.00	692.17	2699.64	5000.00	1871.75	19732.44			
3	單價		6		17997.60	35995.20	830.61	3239.57	5000.00	2246.10	24678.92		最小值	692.17
4	單位變動成本		4		20997.20	41994.40	969.04	3779.50	5000.00	2620.45	29625.41		最大值	89988.00
5	利率		22.00%	22	23996.80	47993.60	1107.48	4319.42	5000.00	2994.80	34571.90			
6	信用期		35		26996.40	53992.80	1245.91	4859.35	5000.00	3369.15	39518.38			
7	折扣期		4		29996.00	59992.00	1384.35	5399.28	5000.00	3743.50	44464.87			
8	折扣		4.00%	4	32995.60	65991.20	1522.78	5939.21	5000.00	4117.85	49411.36			
9	預計享受折扣的比例		52.00%	52	35995.20	71990.40	1661.22	6479.14	5000.00	4492.20	54357.84			
10	收帳費用占銷售收入比例		3.00%	3	38994.80	77989.60	1799.65	7019.06	5000.00	4866.55	59304.33			
11	壞帳損失		5000		41994.40	83988.80	1938.09	7558.99	5000.00	5240.90	64250.82			
12					44994.00	89988.00	2076.52	8098.92	5000.00	5615.25	69197.31			
13														
14	決策目標													
15	相關收益		59992.00											
16	應收款佔用資金應計利息		1384.35											
17	年收帳費用		5399.28											
18	年壞帳損失		5000.00											
19	現金折扣		3743.50											
20	相關淨收益		44464.87											

圖 4-19　相關淨收益的計算

這裡順便介紹 Excel 試算表的分析藍本管理員相關功能。

1）　先選取 B2：C11，然後按住 Ctrl 鍵不放再選取 B15：C20 區域，按下「公式」標籤中的「從選取範圍建立」鈕打開以選取範圍建立名稱對話方塊，在「以下列選取範圍中的值建立名稱」群組中勾選「最左欄」核取方塊，如圖 4-20 所示，按下「確定」鈕建立。

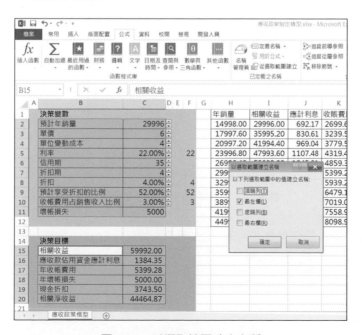

圖 4-20　以選取範圍建立名稱

2） 按下「資料」標籤的「模擬分析→分析藍本管理員」指令項打開分析藍本員對話方塊，按下「新增」按鈕，如圖 4-21 所示。

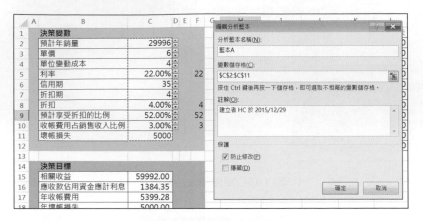

圖 4-21　分析藍本管理員

3） 輸入分析藍本名稱為「藍本 A」，變數儲存格為$C$2:$C$11，按下「確定」按鈕，如圖 4-22 所示。

圖 4-22　「編輯分析藍本」對話方塊

4） 輸入藍本的各個變數值，如圖 4-23 所示。按下「確定」按鈕。

圖 4-23　「分析藍本變數值」對話方塊中藍本 A 的變數值

5）　再以同樣方法新增「藍本 B」，變數值如圖 4-24 所示。

圖 4-24　「分析藍本變數值」對話方塊中藍本 B 的變數值

6）　回到分析藍本對話方塊後會看到新增的兩個藍本，如圖 4-25 所示。

圖 4-25　「分析藍本管理員」對話方塊

7）　按下「摘要」按鈕，在目標儲存格中輸入=\$C\$15:\$C\$20，如圖 4-26 所示。

圖 4-26　「分析藍本摘要」對話方塊

8)　按下「確定」按鈕，此時新建一分析藍本摘要工作表，將藍本變數及目標儲存格的分析呈現出來，如圖 4-27 所示。分析藍本管理員功能，可方便我們對不同藍本的決策變數值和決策目標值進行直觀比較。

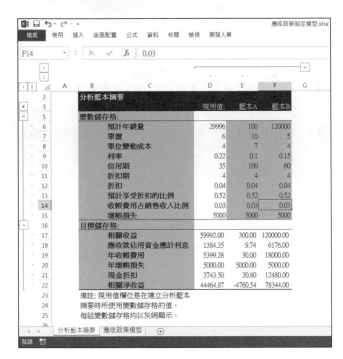

圖 4-27　「分析藍本摘要」顯示結果

圖表生成

1)　選取工作表中 H1：N12 區域，按一下「插入」標籤，選取「圖表→插入 XY 散佈圖或泡泡圖→帶有平滑線的 XY 散佈圖」按鈕項，即可插入一個標準的 XY 散佈圖。可先將圖表區中預設的「圖表標題」和「圖例」刪掉，再拖曳調整大小及放置的位置。

2）　在圖表區按下滑鼠右鍵，在展開的功能表中選取「選取資料來源⋯」指令。此
　　　時已有六條數列:「相關收益」、「應計利息」、「收帳費用」、「壞帳損失」、「現
　　　金折扣」、「相關淨收益」。按一下「新增」按鈕，新增如下數列 7~數 13，如圖
　　　4-28 所示:

數列 7:

X 值:=應收政策模型!$C$2

Y 值:=應收政策模型!$C$15

數列 8:

X 值:=應收政策模型!$C$2

Y 值:=應收政策模型!$C$16

數列 9:

X 值:=應收政策模型!$C$2

Y 值:=應收政策模型!$C$17

數列 10:

X 值:=應收政策模型!$C$2

Y 值:=應收政策模型!$C$18

數列 11:

X 值:=應收政策模型!$C$2

Y 值:=應收政策模型!$C$19

數列 12:

X 值:=應收政策模型!$C$2

Y 值:=應收政策模型!$C$20

數列 13:

X 值:=(應收政策模型!$C$2,應收政策模型!$C$2)

Y 值:=(應收政策模型!$Q$3,應收政策模型!$Q$4)

圖 4-28　新增多條數列

3） 按下「圖表工具→格式」標籤展開工具列，再從「圖表項目」下拉方塊中選取「數列 7」項，如此即可選取數列 7 的「點」，再按下「格式化選取範圍」鈕，然後在展開的「資料數列格式」面板中點按「標記」，並在「標記選項」中點選「內建」，有需要可在「類型」和「大小」下拉方塊中選擇想要的形式，再以同樣的方法將數列 8~數列 12 的「點」也設定標記，如圖 4-29 所示。

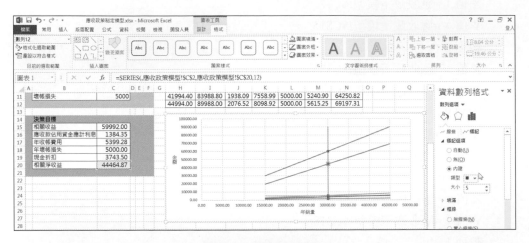

圖 4-29　設定標記選項

4） 按下圖表右上方的「＋」圖示鈕，勾選「座標軸標題」。然後將水平軸改成「年銷量」；將垂直軸改成「金額」。使用者還可按自己的意願再修改美化圖表，例如連按二下剛才改的垂直軸標題，將其文字方向改成「垂直」。

5） 最後按下圖表右上方的「＋」圖示鈕，勾選「圖例」展開子功能表再勾選「下」項，將圖例的數列全部顯示出來，隨後再以滑鼠點按圖例中不要的數列，然後按下 Del 鍵刪除，本範例是將數列 7~13 全刪掉，如圖 4-29a。

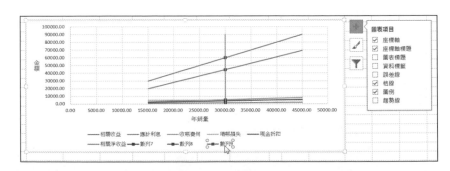

圖 4-29a　點按圖例中不要的數列，按下 Del 鍵刪除

6)　　使用者還可依需要再修調圖表，如此就完成了應收政策模型，如圖 4-30 所示。

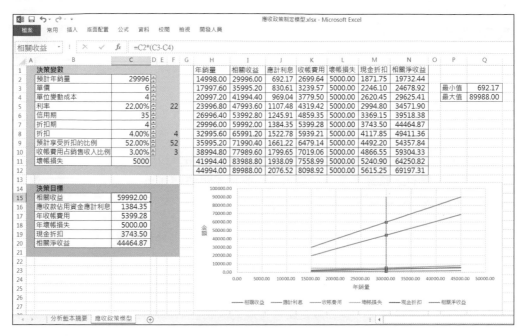

圖 4-30　應收政策模型

操作說明

■　使用者在輸入「信用期」和「折扣期」時，應使信用期大於折扣期。

■　使用者在輸入「折扣」時，應使折扣小於等於 1。

■　使用者在輸入「預計享受折扣的比例」時，應使預計享受折扣的比例小於等於 1。

■　使用者在輸入「收帳費用占銷售收入比例」時，應使收帳費用占銷售收入比例小於等於 1。

■　調節「預計年銷量」、「單價」、「單位變動成本」、「利率」、「信用期」、「折扣期」、「折扣」、「預計享受折扣的比例」、「收帳費用占銷售收入比例」等變數的微調項，或輸入「壞帳損失」變數時，模型的計算結果、表格及圖表都將隨之變化。

4.3　應收信用期決策模型

應用場景

CEO：制定應收政策，目的是使相關淨收益最大。相關淨收益，等於相關收益，減應收款佔用資金應計利息，減年收帳費用，減年壞帳損失，減現金折扣。繼續分解就會發現，影響相關淨收益這一決策目標的決策變數，包括單價、單位變動成本、利率、信用期、預計年銷量、折扣期、折扣、預計享受折扣的比例、收帳費用占銷售收入的比例、壞帳損失占應收帳款的比例等。

CFO：我們可以把複雜的問題簡單化，或者說，鎖定目標，分割聚殲。

例如，影響相關淨收益的諸多變數，我們假定除了年銷量與信用期，其他變數都是確定的；而年銷量與信用期，又是線性相關的。這樣來獨立研究相關淨收益與信用期的關係。從而確定為取得最大淨收益，信用期該如何設定。這就是信用期決策。

CEO：在這兩個前提下，即（1）其他變數都是確定的；（2）年銷量與信用期是線性相關的，那麼，相關淨收益與信用期的關係，是一個一元二次函數；因年銷量與信用期是正向相關，求得的一元二次函數的二次項係數將為負值。也就是說，必須存在一個最佳信用期，以及相應的最大相關淨收益。數學上的這個邏輯結果，業務上怎麼解釋呢？

CFO：它說明提供的信用期越長，越會促進銷售，從而增加相關收益。但同時也會增加應收帳款的資金佔用，增加應計利息和壞帳損失，也增加了收帳費用和現金折扣。

一開始，信用期延長帶來的收益增加大於帶來的成本和損失的增加；但信用期繼續延長時，其帶來的收益增加將小於帶來的成本和損失的增加。

因此，必然存在一個最佳信用期，可取得最大相關淨收益。

CEO：很好，我們把最佳信用期給算出來了。可怎麼應用呢？我們這個行業就是月結，信用期就是 30 天，這是行規。

CFO：我們的思維有些循環。行規在我們擬定年銷量與信用期的迴歸方程式時就已經考慮了，也就是說，如果我們擅自破壞行規改變信用期，對年銷量的影響在一開始就有考慮了。基於這樣的前提得出的信用期決策結果，不用再考慮行規。在實際應用中，我們應該對不同信用等級的客戶分別應用信用期決策模型，制定不同的信用期。

CEO：最佳信用期決策，其思考方式可以用於最佳出發時間，最佳出發路徑的決策上。或者說，最佳信用期決策、最佳出發時間，最佳出發路徑的決策，都源於最優規劃的思考方式。

CFO：美國有位電腦專家將最優規劃用到了機票訂購上。事情的原委是這樣的：2003 年，為參加弟弟的婚禮，他提前好多天訂購了從西雅圖到洛杉磯的機票。之所以提前好多天，是因為他認為機票訂購越早，票價越便宜。但在飛機上，他發現有些人的機票比他買得晚，票價卻比他便宜。

於是他計畫開發一個系統，分析機票價格與提前購買天數之間的關係，以預測目前機票價格在未來一段時間，會上漲還是下降，幫助使用者抓住最佳購買時機。如果價格呈現上漲趨勢，系統會提醒使用者立刻購買；如果價格呈現下降趨勢，系統會提醒使用者稍後購買。

為開發這個系統，他還專門成立了公司，得到了風險投資的支援。他從旅遊網站，抓取了 41 天之內的 12000 多個價格樣本；他找到了美國商業航空產業的機票預訂資料庫，裡面記錄著每一條航線每一架飛機每一個座位一年內的綜合票價。

截止 2012 年底，他開發的這個系統利用近 10 萬億條價格記錄，預測美國國內航班票價，準確度高達 75%，平均可為每張機票節省 50 美元。

基本理論

信用期決策

進行應收信用期決策時，需要計算不同信用期的相關淨收益，並進行比較，以選擇合適的信用期。

相關淨收益＝相關收益－應收款佔用資金應計利息－年收帳費用－年壞帳損失
　　　　　　－現金折扣

相關收益＝預計年銷量×（單價－單位變動成本）

應收款佔用資金應計利息＝折扣期佔用資金應計利息＋信用期佔用資金應計利息

折扣期佔用資金應計利息＝預計年銷量×單價×折扣期×預計享受折扣的比例÷

360×（單位變動成本×利率÷單價）

信用期佔用資金應計利息＝預計年銷量×單價×（1－預計享受折扣的比例）×

信用期÷360×（單位變動成本×利率÷單價）

年收帳費用，假設與銷售收入成正比例，則＝預計年銷量×單價×

收帳費用占銷售收入比例

年壞帳損失，假設與應收帳款成正比例，則＝（折扣期應收款＋信用期應收款）

×壞帳損失占應收帳款比例

折扣期應收款＝預計年銷量×單價×預計享受折扣的比例×折扣期÷360

信用期應收款＝預計年銷量×單價×（1－預計享受折扣的比例）×信用期÷360

現金折扣＝預計年銷量×單價×預計享受折扣的比例×折扣

假設透過迴歸分析，信用期與年銷量的關係是：年銷量＝100＋1.5×信用期。代入相關淨收益計算公式，可以看到，相關淨收益與信用期的關係，將是二次項係數為負值的一元二次函數。

擬合信用期與年銷量的迴歸方程式

迴歸方程式法：根據一系列年銷量與信用期，擬合迴歸方程式。

見前面「財務預測模型→融資需求預測模型→迴歸分析模型→基本理論」的相關介紹。

模型建立

…\chapter04\03\應收信用期決策模型.xlsx

輸入

假設年銷量與信用期的關係為：年銷量＝100＋1.5×信用期。

1） 在工作表中輸入文字資料，並進行格式化。如合併儲存格、調整列高欄寬、套入框線、選取填滿色彩、設定字型大小等。

2）　在 D2~D5 和 D7~D11 新增微調按鈕。按一下「開發人員」標籤，選取「插入→表單控制項→微調按鈕」按鈕，在對應的儲存格拖曳拉出適當大小的微調按鈕。接著對該微調按鈕按下滑鼠右鍵，選取「控制項格式」指令，對其屬性設定儲存格連結、目前值、最小值、最大值等。詳細的設定值則請參考下載的本節 Excel 範例檔。

3）　在 C4 儲存格輸入「=F4/100」公式、C6 儲存格輸入「=F1+F2*C5」。

4)　選取 C8：C11 區域，輸入「=F8:F11/100」公式後，按 Ctrl+Shift+Enter 複合鍵。初步完成的模型如圖 4-31 所示。

圖 4-31　完成的模型

加工

在工作表儲存格中輸入公式：

C15：=C6*(C2-C3)

C16：=(C6*C2*C9*C7/360+C6*C2*(1-C9)*C5/360)*C3*C4/C2

C17：=C6*C2*C10

C18：=(C6*C2*C9*C7/360+C6*C2*(1-C9)*C5/360)*C11

C19：=C6*C2*C9*C8

C20：=C15-C16-C17-C18-C19

輸出

1）工作表如圖 4-32 所示。

圖 4-32　相關淨收益的計算

2）　規劃求解。按下「資料→規劃求解」指令鈕，打開「規劃求解參數」對話方塊，設定目標式為 $C$20 儲存格、變數儲存格為 $C$5 和設定限制式為 $C$5>=$C$7，介面如圖 4-33 所示。

圖 4-33　「規劃求解參數」對話方塊

3）　按下「求解」鈕。求解出最佳信用期，可取得最大相關淨收益。

表格製作

輸入

在工作表中輸入資料及套入框線，如圖 4-34 所示。

	A	B	C	D E F G	H	I	J	K	L	M	N	O	P	Q	R
1	決策變數			100	信用期	年銷量	相關收益	應計利息	收帳費用	壞帳損失	現金折扣	相關淨收益			
2	單價		31	1.5											
3	單位變動成本		11												
4	利率		40%	40										最小值	
5	信用期		85											最大值	
6	預計年銷量		988												
7	折扣期		85												
8	折扣		10%	10											
9	預計享受折扣的比例		43%	43											
10	收帳費用占銷售收入比例		5%	5											
11	壞帳損失占應收帳款比例		7%	7											
12															
13															
14	決策目標														
15	相關收益		19760.00												
16	應收款佔用資金應計利息		1026.42												
17	年收帳費用		1531.40												
18	年壞帳損失		506.21												
19	現金折扣		1317.00												
20	相關淨收益		15378.96												
21															
22															

圖 4-34　在工作表中輸入資料

加工

在工作表儲存格中輸入公式：

H2：=0.5*$C$5

H3：=0.6*$C$5

……

H11：=1.4*$C$5

H12：=1.5*$C$5

I2：I12 區域：選取 I2：I12 區域，輸入「=F1+F2*H2:H12」公式後，按 Ctrl+Shift+ Enter 複合鍵。

J2：=I2*($C$2-$C$3)

K2：=(I2*$C$2*$C$9*$C$7/360+I2*$C$2*(1-$C$9)*H2/360)*$C$3*$C$4/$C$2

L2：=I2*$C$2*$C$10

M2：=(I2*$C$2*$C$9*$C$7/360+I2*$C$2*(1-$C$9)*H2/360)*$C$11

N2：=I2*$C$2*$C$9*$C$8

選取 J2：N2 區域，按住右下角的控點向下拖曳填滿至 J12：N12 區域。

O2：O12 區域：選取 O2：O12 區域，輸入「=J2:J3-K2:K3-L2:L3-M2:M3-N2:N12」公式後，按 Ctrl+Shift+Enter 複合鍵。

R3：=MIN(O2:O12)

R4：=MAX(O2:O12)

輸出

此時，工作表如圖 4-35 所示。

C5　592

決策變數		
單價	31	1.5
單位變動成本	11	
利率	40%	40
信用期	592	
預計年銷量	988	
折扣期	85	
折扣	10%	10
預計享受折扣的比例	43%	43
收帳費用占銷售收入比例	5%	5
壞帳損失占應收帳款比例	7%	7

（F1：100）

決策目標	
相關收益	19760.00
應收款佔用資金應計利息	4516.14
年收帳費用	1531.40
年壞帳損失	2227.28
現金折扣	1317.00
相關淨收益	10168.18

信用期	年銷量	相關收益	應計利息	收帳費用	壞帳損失	現金折扣	相關淨收益
296.00	544.00	10880.00	1364.82	843.20	673.10	725.15	7273.73
355.20	632.80	12656.00	1848.59	980.84	911.69	843.52	8071.36
414.40	721.60	14432.00	2405.60	1118.48	1186.40	961.89	8759.62
473.60	810.40	16208.00	3035.87	1256.12	1497.24	1080.26	9338.51
532.80	899.20	17984.00	3739.38	1393.76	1844.19	1198.63	9808.03
592.00	988.00	19760.00	4516.14	1531.40	2227.28	1317.00	10168.18
651.20	1076.80	21536.00	5366.14	1669.04	2646.48	1435.37	10418.96
710.40	1165.60	23312.00	6289.39	1806.68	3101.81	1553.74	10560.37
769.60	1254.40	25088.00	7285.89	1944.32	3593.27	1672.12	10592.40
828.80	1343.20	26864.00	8355.64	2081.96	4120.85	1790.49	10515.07
888.00	1432.00	28640.00	9498.63	2219.60	4684.55	1908.86	10328.36

最小值	7273.73
最大值	10592.40

圖 4-35　相關淨收益的計算

圖表生成

1）選取工作表中 H1：H12 區域，再按住 Ctrl 鍵不放，選取 O11：O12 區域，按下「插入」標籤，選取「圖表→插入 XY 散佈圖或泡泡圖→帶有平滑線的 XY 散佈圖」按鈕項，即可插入一個標準的 XY 散佈圖。可先將圖表區中預設的「圖表標題」和「圖例」刪掉，再拖曳調整大小及放置的位置。

2）在圖表區按下滑鼠右鍵，在展開的功能表中選取「選取資料來源…」指令。此時已有 1 條數列。按一下「新增」按鈕，新增如下數列 2 和數列 3，如圖 4-36 所示：

數列 2：

X 值：=信用期決策!$C$5

Y 值：=信用期決策!$O$7

數列 3：

X 值：=(信用期決策!$C$5,信用期決策!$C$5)

Y 值：=(信用期決策!$R$3,信用期決策!$R$4)

圖 4-36　新增數列

3）　按下「圖表工具→格式」標籤展開工具列，再從「圖表項目」下拉方塊中選取「數列 2」項，如此即可選取數列 2 的「點」，再按下「格式化選取範圍」鈕，然後在展開的「資料數列格式」面板中點按「標記」，並在「標記選項」中點選「內建」，有需要可在「類型」和「大小」下拉方塊中選擇想要的形式，如圖 4-37 所示。

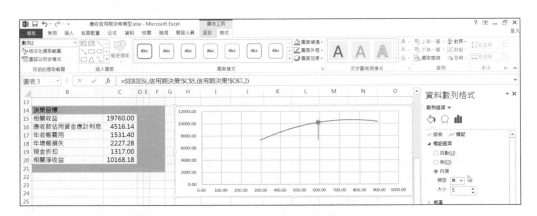

圖 4-37　設定標記選項

4) 按下圖表右上方的「＋」圖示鈕，勾選「座標軸標題」。然後將水平軸改成「信用期」；將垂直軸改成「相關淨收益」。使用者還可按自己的意願再修改美化圖表，例如連按二下剛才改的垂直軸標題，將其文字方向改成「垂直」。信用期決策模型的最終介面如圖 4-38 所示。

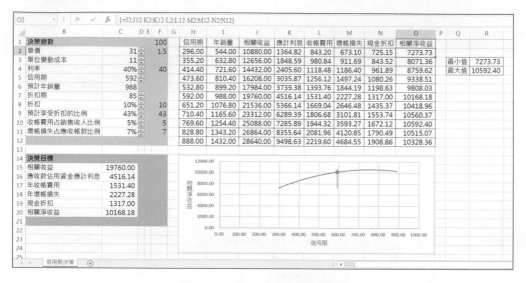

圖 4-38 應收信用期決策模型

操作說明

- 使用者在輸入「折扣」時，應使折扣小於等於 1。

- 使用者在輸入「預計享受折扣的比例」時，應使預計享受折扣的比例小於等於 1。

- 使用者在輸入「收帳費用占銷售收入比例」時，應使收帳費用占銷售收入的比例小於等於 1。

- 使用者在輸入「壞帳損失占應收帳款比例」時，應使壞帳損失占應收帳款比例小於等於 1。

- 「信用期」與「年銷量」的函數關係，可透過迴歸分析法計算得出。如使用者假設信用期與年銷量的函數關係並手工輸入，則應注意，信用期與年銷量是正相關關係，即迴歸係數應為正數。

- 調節「單價」、「單位變動成本」、「利率」、「信用期」、「折扣期」、「折扣」、「預計享受折扣的比例」、「收帳費用占銷售收入比例」、「壞帳損失占應收帳款比例」等變數的微調項時，模型的計算結果、表格及圖表都將隨之變化。

4.4 應收折扣決策模型

應用場景

CEO：制定應收政策，目的是使相關淨收益最大。相關淨收益等於相關收益減應收款佔用資金應計利息，減年收帳費用，減年壞帳損失，減現金折扣。繼續分解就會發現，影響相關淨收益這一決策目標的決策變數，包括單價、單位變動成本、利率、信用期、預計年銷量、折扣期、折扣、預計享受折扣的比例、收帳費用占銷售收入的比例、壞帳損失占應收帳款的比例等，比較複雜。

CFO：我們可以把複雜的問題簡單化，或者說，鎖定目標，分割聚殲。

例如，影響相關淨收益的諸多變數，我們假定除了預計享受折扣的比例與折扣，其他變數都是確定的；而預計享受折扣的比例與折扣，又是線性相關的。這樣來獨立研究相關淨收益與折扣的關係。從而確定為取得最大淨收益，折扣該如何設定。這就是折扣決策。

CEO：在這兩個前提下，即（1）其他變數都是確定的；（2）預計享受折扣的比例與折扣是線性相關的，那麼，相關淨收益與折扣的關係，是一個一元二次函數；因預計享受折扣的比例與折扣是正向相關，求得的一元二次函數的二次項係數將為負值。也就是說，必須存在一個最佳折扣，以及相應的最大相關淨收益。數學上的這個邏輯結果，業務上怎麼解釋呢？

CFO：它說明提供的折扣越大，越會促進客戶提前還款，從而減少應收款資金佔用，減少應計利息和壞帳損失；但也會增加現金折扣支出。

一開始，折扣增大帶來的成本降低和損失減少大於帶來的折扣支出的增加；但折扣繼續增大時，其帶來的成本降低和損失減少將小於帶來的支出增加。

因此，必然存在一個最佳折扣，可取得最大相關淨收益。

基本理論

折扣決策

進行應收折扣決策時，需要計算不同折扣的相關淨收益，並進行比較，以選擇合適的折扣。

相關淨收益＝相關收益－應收款佔用資金應計利息－年收帳費用－年壞帳損失

$\qquad$ －現金折扣

相關收益＝預計年銷量×（單價－單位變動成本）

應收款佔用資金應計利息＝折扣期佔用資金應計利息＋信用期佔用資金應計利息

折扣期佔用資金應計利息＝預計年銷量×單價×折扣期×預計享受折扣的比例÷

$\qquad$ 360×（單位變動成本×利率÷單價）

信用期佔用資金應計利息＝預計年銷量×單價×（1－預計享受折扣的比例）×

$\qquad$ 信用期÷360×（單位變動成本×利率÷單價）

年收帳費用，假設與銷售收入成正比例，則＝預計年銷量×單價×

$\qquad$ 收帳費用占銷售收入比例

年壞帳損失，假設與應收帳款成正比例，則＝（折扣期應收款＋信用期應收款）×

$\qquad$ 壞帳損失占應收帳款比例

折扣期應收款＝預計年銷量×單價×預計享受折扣的比例×折扣期÷360

信用期應收款＝預計年銷量×單價×（1－預計享受折扣的比例）×信用期÷360

現金折扣＝預計年銷量×單價×預計享受折扣的比例×折扣

假設透過迴歸分析，折扣與預計享受折扣的比例關係是：

$\qquad$ 預計享受折扣的比例＝0.3＋2×折扣。

代入相關淨收益計算公式，可以看到，相關淨收益與折扣的關係將是二次項係數為負值的一元二次函數。

擬合折扣與預計享受折扣的比例的迴歸方程式

迴歸方程式法：根據一系列享受折扣的比例與折扣，擬合迴歸方程式。

見前面「財務預測模型→融資需求預測模型→迴歸分析模型→基本理論」的相關介紹。

模型建立

📁……\chapter04\04\應收折扣決策模型.xlsx

輸入

假設預計享受折扣的比例與折扣的關係為：預計享受折扣的比例＝0.3＋2×折扣。

1） 在工作表中輸入文字資料，並進行格式化。如合併儲存格、調整列高欄寬、套入框線、選取填滿色彩、設定字型大小等。

2） 在 D2~D8 和 D10~D11 新增微調按鈕。按一下「開發人員」標籤，選取「插入→表單控制項→微調按鈕」按鈕，在對應的儲存格拖曳拉出適當大小的微調按鈕。接著對該微調按鈕按下滑鼠右鍵，選取「控制項格式」指令，對其屬性設定儲存格連結、目前值、最小值、最大值等。詳細的設定值則請參考下載的本節 Excel 範例檔。

3） 在以下的儲存格輸入公式，初步完成的模型如圖 4-39 所示。

C4：=F4/100　　　　　　C8：=F8/100　　　　　　C9：=F1+F2*C8
C10：=F10/100　　　　　 C11：=F11/100

圖 4-39　初步完成的模型

加工

在工作表儲存格中輸入公式：

C15：=C6*(C2-C3)
C16：=(C6*C2*C9*C7/360+C6*C2*(1-C9)*C5/360)*C3*C4/C2

C17：=C6*C2*C10

C18：=(C6*C2*C9*C7/360+C6*C2*(1-C9)*C5/360)*C11

C19：=C6*C2*C9*C8

C20：=C15-C16-C17-C18-C19

輸出

1） 此時，工作表如圖 4-40 所示。

圖 4-40 相關淨收益的計算

2） 規劃求解。

按一下「資料→規劃求解」指令，彈出對話方塊如圖 4-41 所示。輸入目標儲存格、變數儲存格和限制。按一下「求解」。此時，求解出最佳折扣為 0.99%，可取得最大相關淨收益 842.37。

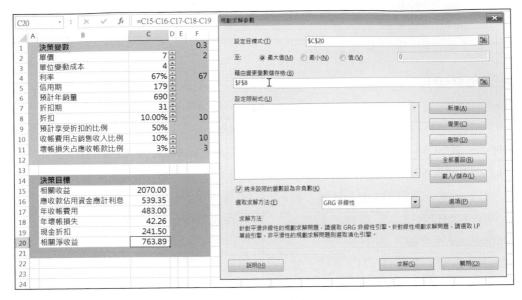

圖 4-41　規劃求解

表格製作

輸入

在工作表中輸入資料及套入框線，如圖 4-42 所示。

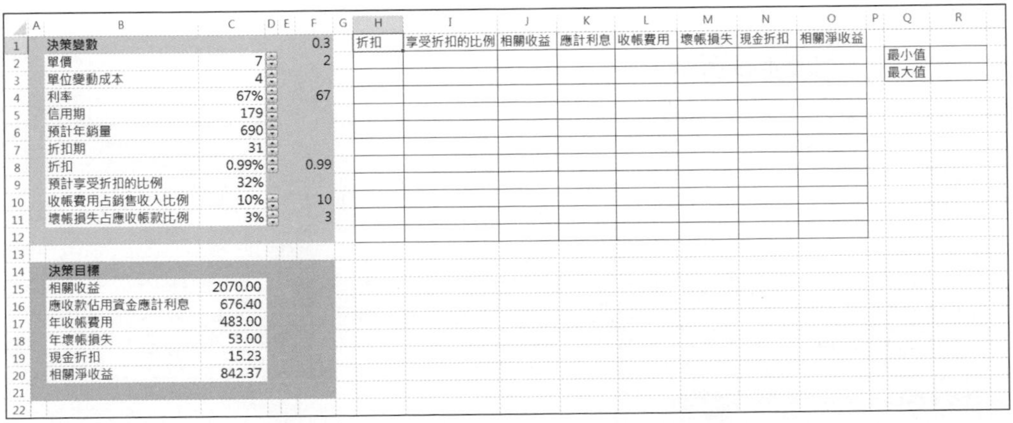

圖 4-42　在工作表中輸入資料及套入框線

加工

在工作表儲存格中輸入公式：

H2：=0.5*$C$8

H3：=0.6*$C$8

……

H11：=1.4*$C$8

H12：=1.5*$C$8

I2：I12 區域：選取 I2：I12 區域，輸入「=F1+F2*H2:H12」公式後，按 Ctrl+Shift+Enter 複合鍵。

J2：J12 區域：選取 J2：J12 區域，輸入公式「=C6*(C2-C3)」後，按 Ctrl+Shift+Enter 複合鍵。

K2：=($C$6*$C$2*I2*$C$7/360+$C$6*$C$2*(1-I2)*$C$5/360)*$C$3*$C$4/$C$2

選取K2儲存格，按住右下角的控點向下拖曳填滿至 K12 儲存格。

L2：L12 區域：選取 L2：L12 區域，輸入「=C6*C2*C10」公式後，按 Ctrl+Shift+Enter 複合鍵。

M2：=($C$6*$C$2*I2*$C$7/360+$C$6*$C$2*(1-I2)*$C$5/360)*$C$11

選取 M2 儲存格，按住右下角的控點向下拖曳填滿至 M12 儲存格。

N2：=$C$6*$C$2*I2*H2

選取N2儲存格，按住右下角的控點向下拖曳填滿至 N12 儲存格。

O2：O12 區域：選取 O2：O12 區域，輸入「=J2:J3-K2:K3-L2:L3-M2:M3-N2:N12」公式後，按 Ctrl+Shift+Enter 複合鍵。

R2：=MIN(O2:O12)

R3：=MAX(O2:O12)

輸出

此時，工作表如圖 4-43 所示。

O2 {=J2:J12-K2:K12-L2:L12-M2:M12-N2:N12}

	B	C	F
1	決策變數		0.3
2	單價	7	2
3	單位變動成本	4	
4	利率	67%	67
5	信用期	179	
6	預計年銷量	690	
7	折扣期	31	
8	折扣	0.99%	0.99
9	預計享受折扣的比例	32%	
10	收帳費用占銷售收入比例	10%	10
11	壞帳損失占應收帳款比例	3%	3
14	決策目標		
15	相關收益	2070.00	
16	應收款佔用資金應計利息	676.40	
17	年收帳費用	483.00	
18	年壞帳損失	53.00	
19	現金折扣	15.23	
20	相關淨收益	842.37	

折扣	享受折扣的比例	相關收益	應計利息	收帳費用	壞帳損失	現金折扣	相關淨收益
0.49%	30.99%	2070.00	683.90	483.00	53.59	7.38	842.13
0.59%	31.18%	2070.00	682.40	483.00	53.47	8.92	842.22
0.69%	31.38%	2070.00	680.90	483.00	53.35	10.47	842.28
0.79%	31.58%	2070.00	679.40	483.00	53.24	12.04	842.33
0.89%	31.78%	2070.00	677.90	483.00	53.12	13.63	842.36
0.99%	31.97%	2070.00	676.40	483.00	53.00	15.23	842.37
1.09%	32.17%	2070.00	674.90	483.00	52.88	16.86	842.36
1.18%	32.37%	2070.00	673.40	483.00	52.77	18.51	842.33
1.28%	32.56%	2070.00	671.90	483.00	52.65	20.17	842.28
1.38%	32.76%	2070.00	670.40	483.00	52.53	21.85	842.22
1.48%	32.96%	2070.00	668.90	483.00	52.41	23.56	842.13

最小值	842.13
最大值	842.37

圖 4-43　相關淨收益的計算

圖表生成

圖表生成過程，應收折扣決策模型與應收信用期決策模型相同，都是以 H1：H12 和 O1：O12 的二兩欄資料範圍來製作有平滑線的 XY 散佈圖，並新增二個數列：

數列 2：

X 值：=信用期決策!$C$8

Y 值：=信用期決策!$O$7

數列 3：

X 值：=(信用期決策!$C$8,信用期決策!$C$8)

Y 值：=(信用期決策!$R$2,信用期決策!$R$3)

最後完成的折扣決策模型介面如圖 4-44 所示。

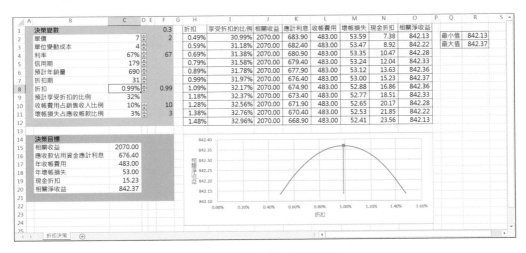

圖 4-44 應收折扣決策模型

操作說明

■ 使用者在輸入「信用期」和「折扣期」時，應使信用期大於折扣期。

■ 使用者在輸入「收帳費用占銷售收入比例」時，應使收帳費用占銷售收入的比例小於等於 1。

■ 使用者在輸入「壞帳損失占應收帳款比例」時，應使壞帳損失占應收帳款比例小於等於 1。

■ 「折扣」與「預計享受折扣的比例」的函數關係，可透過迴歸分析法計算得出。如使用者假設折扣與預計享受折扣比例的函數關係並手工輸入，則應注意，折扣與預計享受折扣的比例是正相關關係，即迴歸係數應為正數。

■ 調節「單價」、「單位變動成本」、「利率」、「信用期」、「預計年銷量」、「折扣期」、「折扣」、「收帳費用占銷售收入比例」、「壞帳損失占應收帳款比例」等變數的微調項時，模型的計算結果、表格及圖表都將隨之變化。

4.5 應收組合決策模型

應用場景

CEO：我們透過信用期決策模型算出了最佳信用期，例如 60 天；透過折扣決策模型算出了最佳折扣，例如 5%。那麼，應收組合決策，就是分別算出來的最佳信用期與最佳折扣的組合了？這不正是強強聯合嗎？

CFO：這樣來進行強強聯合，其結果可能會更弱。因為只要聯合，那麼聯合的雙方各自為最強的前提就已經不存在了。

　　例如，60 天的信用期是最強的，前提是折扣為 3%；5%的折扣是最強的，前提是信用期為 90 天。兩者如果聯合，那麼信用期最強為 60 天的前提就不存在了，折扣最強為 5%的前提就不存在了。

CEO：也就是說，我們討論問題的前提已經變了。

　　信用期決策的前提是（1）除了年銷量與信用期，其他變數都是確定的；（2）年銷量與信用期是線性相關的。

　　折扣決策的前提是（1）除了預計享受折扣的比例與折扣，其他變數都是確定的；（2）預計享受折扣的比例與折扣是線性相關的。

　　現在進行信用期與折扣組合決策，其前提是：（1）除了年銷量與信用期，預計享受折扣的比例與折扣，其他變數都是確定的；（2）年銷量與信用期是線性相關的，預計享受折扣的比例與折扣是線性相關的。

CFO：正是如此。應收組合決策模型，就是基於以上前提，確定為了取得最大淨收益，信用期和折扣分別為多少？由於信用期決策與折扣決策的互相影響，當進行組合決策時，就會取得 1+1>2 的效果，並取得最大淨收益。這才是強強聯合的真實含義。

CEO：舉例來說，60 天的信用期+3%的折扣組合，可取得的最大淨收益是 A；90 天的信用期+5%的折扣組合，可取得的最大淨收益是 B。現在進行信用期與折扣組合

決策，最大淨收益將肯定大於 A，且肯定大於 B。否則，乾脆直接取 A 或取 B 就行了。

能否從理論上證明，當 A>B 時，組合決策的結果是什麼樣的？當 A<B 時，組合決策的結果是什麼樣？

CFO：我們可以肯定的是，組合決策的最大淨收益，肯定大於信用期單獨決策時的最大淨收益或折扣單獨決策時的最大淨收益。我們不能肯定的是，此時對應的信用期與折扣最佳組合，分別與信用期單獨決策時的最佳信用期，或折扣單獨決策時的最佳折扣相比，有什麼大小關係。

也就是說，此時對應的信用期，與 60 天或 90 天的大小關係；或者，此時對應的折扣，與 3%或 5%的大小關係，我們不能肯定。

CEO：我們在應用這一模型時應注意什麼？它的前提，即年銷量與信用期是線性相關的，預計享受折扣的比例與折扣是線性相關的，是否能夠同時存在？

CFO：只有在一定邊界內才是有效的，超出了邊界則是荒唐的。例如，當信用期足夠長，以至於永遠不用還錢，那麼年銷量與信用期的線性相關將失效；當折扣足夠大，以至於商品免費，那麼預計享受折扣的比例與折扣的線性相關將失效。

基本理論

組合決策

進行應收信用期和折扣組合決策，需要計算不同信用期與折扣組合的相關淨收益，並進行比較，以選擇合適的信用期和折扣組合。

相關淨收益＝相關收益－應收款佔用資金應計利息－年收帳費用－年壞帳損失　　　　　　　　－現金折扣

相關收益＝預計年銷量×（單價－單位變動成本）

應收款佔用資金應計利息＝折扣期佔用資金應計利息＋信用期佔用資金應計利息

折扣期佔用資金應計利息＝預計年銷量×單價×折扣期×預計享受折扣的比例　　　　　　　　　　　　÷360×（單位變動成本×利率÷單價）

信用期佔用資金應計利息＝預計年銷量×單價×（1－預計享受折扣的比例）　　　　　　　　　　　×信用期÷360×（單位變動成本×利率÷單價）

假設年收帳費用與銷售收入成正比例，則

年收帳費用＝預計年銷量×單價×收帳費用占銷售收入比例

假設年壞帳損失與應收帳款成正比例，則

年壞帳損失＝（折扣期應收款＋信用期應收款）×壞帳損失占應收帳款比例

折扣期應收款＝預計年銷量×單價×預計享受折扣的比例×折扣期÷360

信用期應收款＝預計年銷量×單價×（1－預計享受折扣的比例）×信用期÷360

現金折扣＝預計年銷量×單價×預計享受折扣的比例×折扣

假設透過迴歸分析，信用期與年銷量的關係是：

年銷量＝100＋1.5×信用期

假設透過迴歸分析，折扣與預計享受折扣的比例關係是：

預計享受折扣的比例＝0.3＋2×折扣

將以上方程式代入相關淨收益公式：

相關淨收益＝相關收益－應收款佔用資金應計利息－年收帳費用－年壞帳損失

$\qquad$ －現金折扣

$\qquad$ ＝預計年銷量×（單價－單位變動成本）－（折扣期佔用資金應計利息

$\qquad$ ＋信用期佔用資金應計利息）－預計年銷量×單價

$\qquad$ ×收帳費用占銷售收入比例－（折扣期應收款＋信用期應收款）

$\qquad$ ×壞帳損失占應收帳款比例－預計年銷量×單價

$\qquad$ ×預計享受折扣的比例×折扣

$\qquad$ ＝預計年銷量×（單價－單位變動成本）－預計年銷量×單價×折扣期

$\qquad$ ×預計享受折扣的比例÷360×（單位變動成本×利率÷單價）

$\qquad$ －預計年銷量×單價×（1－預計享受折扣的比例）×信用期÷360

$\qquad$ ×（單位變動成本×利率÷單價）－預計年銷量×單價

$\qquad$ ×收帳費用占銷售收入比例－預計年銷量×單價

$\qquad$ ×預計享受折扣的比例×折扣期÷360×壞帳損失占應收帳款比例

$\qquad$ －預計年銷量×單價×（1－預計享受折扣的比例）×信用期÷360

$\qquad$ ×壞帳損失占應收帳款比例－預計年銷量×單價

$\qquad$ ×預計享受折扣的比例×折扣

除信用期、年銷量、折扣、預計享受折扣的比例 4 個變數，其餘全視為常數。則：

相關淨收益＝預計年銷量×常數－預計年銷量×預計享受折扣的比例×常數

　　　　　－預計年銷量（1－預計享受折扣的比例）×信用期÷360×常數

　　　　　－預計年銷量×常數－預計年銷量×預計享受折扣的比例×常數

　　　　　－預計年銷量×（1－預計享受折扣的比例）×信用期×常數

　　　　　－預計年銷量×預計享受折扣的比例×折扣×常數

　　　　＝信用期×常數－（100＋1.5×信用期）×（0.3＋2×折扣）×常數

　　　　　－（100＋1.5×信用期）（常數－常數×折扣）×信用期－信用期

　　　　　×常數－（100＋1.5×信用期）×（0.3＋2×折扣）×常數－（100

　　　　　＋1.5×信用期）×（常數－常數×折扣）×信用期－（100＋1.5

　　　　　×信用期）（×0.3＋2×折扣）×折扣×常數

　　　　＝信用期×常數－（常數＋常數×信用期）×（常數＋常數×折扣）

　　　　　－（100＋1.5×信用期）（常數－常數×折扣）×信用期－（100

　　　　　＋1.5×信用期）（×0.3＋2×折扣）×折扣

　　　　＝常數×信用期－常數（1＋信用期）×（1＋折扣）－常數×（1

　　　　　＋信用期）（1－折扣）×信用期－常數×（1＋信用期）（1＋折扣）

　　　　　×折扣

　　　　＝常數×信用期 2＋常數×折扣 2＋常數×信用期×折扣 2＋常數×折扣

　　　　　×信用期 2＋常數×信用期×折扣＋常數×信用期＋常數×折扣

從公式中可以看到，相關淨收益與信用期、折扣的關係是二元三次函數，關係比較複雜。同時可以看到，相關淨收益與信用期、折扣的關係是一種對稱的關係。

為了理解這種關係，可以將折扣置於某一固定狀態，看相關淨收益與信用期的關係，可以看到是一元二次函數；再將信用期置於某一固定狀態，看相關淨收益與折扣的關係，可以看到也是一元二次函數。

它說明在折扣不變時，提供的信用期越長，越會促進銷售，從而增加相關收益。但同時也會增加應收帳款的資金佔用，增加應計利息和壞帳損失，也增加了收帳費用和現金折扣。一開始，信用期延長帶來的收益增加大於帶來的成本和損失的增加；但信用期繼續延長時，其帶來的收益增加將小於帶來的成本和損失的增加。

它還說明在信用期不變時，提供的折扣越大，越會促進客戶提前還款，從而減少應收款資金佔用，減少應計利息和壞帳損失；但也會增加現金折扣支出。一開始，折扣增大帶來的成本降低和損失減少大於帶來的折扣支出的增加；但折扣繼續增大時，其帶來的成本降低和損失減少將小於帶來的支出增加。

信用期與折扣組合決策，就是找到最佳信用期和折扣組合，使相關淨收益最大。

模型建立

📁……\chapter04\05\應收折扣決策模型.xlsx

輸入

假設年銷量與信用期的關係為：年銷量＝100＋1.5×信用期。

假設預計享受折扣的比例與折扣的關係為：預計享受折扣的比例＝0.3＋2×折扣

1) 在工作表中輸入文字資料，並進行格式化。如合併儲存格、調整列高欄寬、套入框線、選取填滿色彩、設定字型大小等。

2) 在以下的儲存格輸入公式，初步完成的模型如圖 4-45 所示。

   C6：=F1+F2*C5   C9：=F3+F4*C8

圖 4-45 初步完成的模型

加工

在工作表儲存格中輸入公式：

C14：=C6*(C2-C3)

C15：=(C6*C2*C9*C7/360+C6*C2*(1-C9)*C5/360)*C3*C4/C2

C16：=C6*C2*C10

C17：=(C6*C2*C9*C7/360+C6*C2*(1-C9)*C5/360)*C11

C18：=C6*C2*C9*C8

C19：=C14-C15-C16-C17-C18

輸出

1）　此時，工作表如圖 4-46 所示。

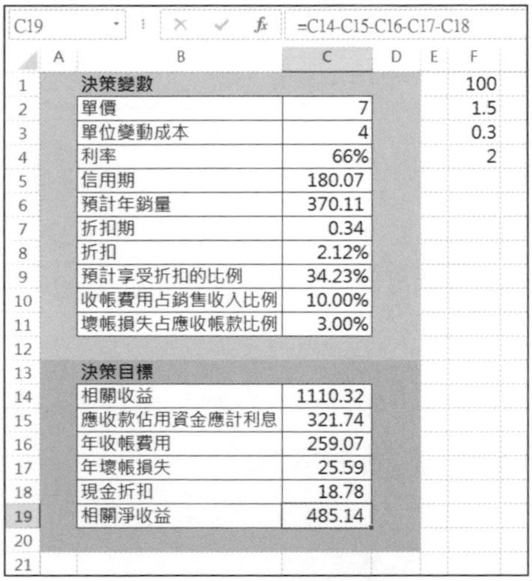

C19　=C14-C15-C16-C17-C18

	A	B	C	D	E	F
1		決策變數				100
2		單價	7			1.5
3		單位變動成本	4			0.3
4		利率	66%			2
5		信用期	180.07			
6		預計年銷量	370.11			
7		折扣期	0.34			
8		折扣	2.12%			
9		預計享受折扣的比例	34.23%			
10		收帳費用占銷售收入比例	10.00%			
11		壞帳損失占應收帳款比例	3.00%			
12						
13		決策目標				
14		相關收益	1110.32			
15		應收款佔用資金應計利息	321.74			
16		年收帳費用	259.07			
17		年壞帳損失	25.59			
18		現金折扣	18.78			
19		相關淨收益	485.14			
20						
21						

圖 4-46　相關淨收益的計算

2）　規劃求解。按下「資料→規劃求解」指令項，在規劃求解參數對話方塊中輸入「設定目標式」為「$C$19」和「藉由變更變數儲存格」為「$C$5,$C$8」。按下「求解」按鈕。此時，求解出折扣和信用期的最佳組合，可取得最大相關淨收益。介面如圖 4-47 所示。

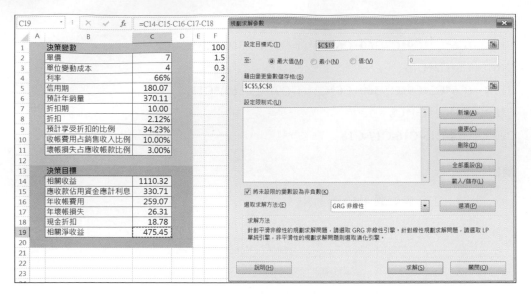

圖 4-47　規劃求解

表格製作

輸入

1)　在工作表中輸入資料並進行如合併儲存格、調整列高欄寬、填滿色彩和調整字型大小等格式式的作業，如圖 4-48 所示。

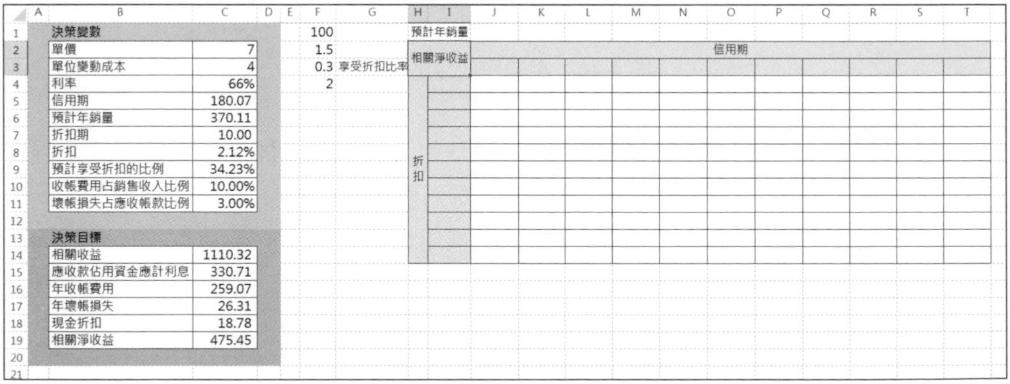

圖 4-48　在工作表中輸入資料及格式化

加工

在工作表儲存格中輸入公式：

I4：=0.5*$C$8

I5：=0.6*$C$8

……

I13：=1.4*$C$8

I14：=1.5*$C$8

G4：G14 區域：選取 G4：G14 區域，輸入「=F3+F4*I4:I14」公式後，按
Ctrl+Shift+Enter 複合鍵。

J3：=0.5*$C$5

K3：=0.6*$C$5

……

S3：=1.4*$C$5

T3：=1.5*$C$5

J1：T1 區域：選取 J1：T1 區域，輸入「=F1+F2*J3:T3」公式後，按 Ctrl+Shift+Enter
複合鍵。

J4：= $J$1*($C$2-$C$3)-(($J$1*$C$2*G4*$C$7/360+$J$1*$C$2*(1-G4)*$J$3/360)*
$C$3*$C$4/$C$2)-$J$1*$C$2*$C$1-(($J$1*$C$2*G4*$C$7/360+$J$1*$C$2*
(1-G4)*$J$3/360)*$C$11)-$J$1*$C$2*G4*I4

K4：= $K$1*($C$2-$C$3)-(($K$1*$C$2*G4*$C$7/360+$K$1*$C$2*(1-G4)*$K$3/
360)*$C$3*$C$4/$C$2)-$K$1*$C$2*$C$1-(($K$1*$C$2*G4*$C$7/360+$K$1
*$C$2*(1-G4)*$K$3/360)*$C$11)-$K$1*$C$2*G4*I4

L4：= $L$1*($C$2-$C$3)-(($L$1*$C$2*G4*$C$7/360+$L$1*$C$2*(1-G4)*$L$3/360)
$C$3 $C$4/$C$2)-$L$1*$C$2*$C$1-(($L$1*$C$2*G4*$C$7/360+$L$1*
$C$2*(1-G4)*$L$3/360)*$C$11)-$L$1*$C$2*G4*I4

M4：= $M$1*($C$2-$C$3)-(($M$1*$C$2*G4*$C$7/360+$M$1*$C$2*(1-G4)*$M$3
/360)*$C$3* $C$4/$C$2)-$M$1*$C$2*$C$1-(($M$1*$C$2*G4*$C$7/360+
$M$1*$C$2*(1-G4)*$M$3/360)*$C$11)-$M$1*$C$2*G4*I4

N4：= $N$1*($C$2-$C$3)-(($N$1*$C$2*G4*$C$7/360+$N$1*$C$2*(1-G4)*$N$3/
360)*$C$3*$C$4/$C$2)-$N$1*$C$2*$C$1-(($N$1*$C$2*G4*$C$7/360+$N$1*
$C$2*(1-G4)*$N$3/360)*$C$11)-$N$1*$C$2*G4*I4

O4：= $O$1*($C$2-$C$3)-(($O$1*$C$2*G4*$C$7/360+$O$1*$C$2*(1-G4)*$O$3/
360) *$C$3* $C$4/$C$2)-$O$1*$C$2*$C$1-(($O$1*$C$2*G4*$C$7/360+$O$1
*$C$2*(1-G4)*$O$3/360)*$C$11)-$O$1*$C$2*G4*I4

P4：= $P$1*($C$2-$C$3)-(($P$1*$C$2*G4*$C$7/360+$P$1*$C$2*(1-G4)*$P$3/360)*$C$3* $C$4/$C$2)-$P$1*$C$2*$C$1-(($P$1*$C$2*G4*$C$7/360+$P$1*$C$2*(1-G4)*$P$3/360)*$C$11)-$P$1*$C$2*G4*I4

Q4：= $Q$1*($C$2-$C$3)-(($Q$1*$C$2*G4*$C$7/360+$Q$1*$C$2*(1-G4)*$Q$3/360) *$C$3* $C$4/$C$2)-$Q$1*$C$2*$C$1-(($Q$1*$C$2*G4*$C$7/360+$Q$1*$C$2*(1-G4)*$Q$3/360)*$C$11)-$Q$1*$C$2*G4*I4

R4：= $R$1*($C$2-$C$3)-(($R$1*$C$2*G4*$C$7/360+$R$1*$C$2*(1-G4)*$R$3/360)*$C$3* $C$4/$C$2)-$R$1*$C$2*$C$1-(($R$1*$C$2*G4*$C$7/360+$R$1*$C$2*(1-G4)*$R$3/360)*$C$11)-$R$1*$C$2*G4*I4

S4：= $S$1*($C$2-$C$3)-(($S$1*$C$2*G4*$C$7/360+$S$1*$C$2*(1-G4)*$S$3/360)*$C$3* $C$4/$C$2)-$S$1*$C$2*$C$1-(($S$1*$C$2*G4*$C$7/360+$S$1*$C$2*(1-G4)*$S$3/360)*$C$11)-$S$1*$C$2*G4*I4

T4：= $T$1*($C$2-$C$3)-(($T$1*$C$2*G4*$C$7/360+$T$1*$C$2*(1-G4)*$T$3/360)*$C$3* $C$4/$C$2)-$T$1*$C$2*$C$1-(($T$1*$C$2*G4*$C$7/360+$T$1*$C$2*(1-G4)*$T$3/360)*$C$11)-$T$1*$C$2*G4*I4

選取 J4：T4 區域，按住右下角的控點向下拖曳填滿至 J14：T14 區域。

輸出

此時，工作表如圖 4-49 所示。

J4 =$J$1*($C$2-$C$3)-(($J$1*$C$2*G4*$C$7/360+$J$1*$C$2*(1-G4)*$J$3/360)*$C$3*$C$4/$C$2)-$J$1*$C$2*$C$10-(($J$1*$C$2*G4*$C$7/360+$J$1*$C$2*(

	B	C	F	G
1	決策變數		100	
2	單價	7	1.5	
3	單位變動成本	4	0.3	享受折扣比率
4	利率	66%	2	32.12%
5	信用期	180.07		32.54%
6	預計年銷量	370.11		32.96%
7	折扣期	10.00		33.39%
8	折扣	2.12%		33.81%
9	預計享受折扣的比例	34.23%		34.23%
10	收帳費用占銷售收入比例	10.00%		34.66%
11	壞帳損失占應收帳款比例	3.00%		35.08%
12				35.50%
13	決策目標			35.93%
14	相關收益	1110.32		36.35%
15	應收款佔用資金應計利息	330.71		
16	年收帳費用	259.07		
17	年壞帳損失	26.31		
18	現金折扣	18.78		
19	相關淨收益	475.45		

H	I	J	K	L	M	N	O	P	Q	R	S	T
預計年銷量		235.053	262.06	289.07	316.09	343.1	370.11	397.12	424.13	451.14	478.15	505.16
相關淨收益		信用期										
		90.04	108.04	126.05	144.06	162.06	180.07	198.08	216.09	234.09	252.10	270.11
折扣	1.06%	415.32	437.69	454.82	466.73	473.42	474.87	471.10	462.10	447.87	428.41	403.73
	1.27%	414.74	437.20	454.46	466.53	473.40	475.08	471.56	462.85	448.94	429.84	405.54
	1.48%	414.14	436.68	454.07	466.29	473.35	475.24	471.97	463.55	449.95	431.20	407.28
	1.69%	413.50	436.13	453.63	466.00	473.25	475.36	472.34	464.19	450.91	432.50	408.97
	1.91%	412.84	435.55	453.16	465.68	473.10	475.43	472.65	464.78	451.81	433.75	410.59
	2.12%	412.14	434.93	452.66	465.32	472.92	475.45	472.92	465.32	452.66	434.93	412.14
	2.33%	411.42	434.28	452.12	464.92	472.69	475.43	473.13	465.81	453.45	436.06	413.64
	2.54%	410.66	433.60	451.54	464.48	472.42	475.36	473.30	466.24	454.18	437.12	415.06
	2.75%	409.88	432.89	450.93	464.00	472.10	475.24	473.41	466.62	454.86	438.13	416.43
	2.96%	409.07	432.14	450.28	463.48	471.75	475.08	473.48	466.94	455.47	439.07	417.73
	3.18%	408.23	431.36	449.59	462.92	471.34	474.87	473.49	467.22	456.04	439.96	418.97

圖 4-49　相關淨收益的計算

圖表生成

1) 選取工作表中 I3：T14 區域，按一下「插入」標籤，選取「圖表→插入折線圖 →其他折線圖」按鈕項打開插入圖表對話方塊，點選「立體折線圖」中第三 個，如圖 4-50a 所示，即可插入一個標準的折線圖，可先將預設的「圖表標 題」和「圖例」刪掉，再拖曳調整大小及放置的位置。

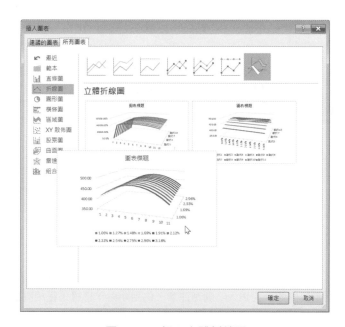

圖 4-50a　插入立體折線圖

2) 按下圖表右上方的「＋」圖示鈕，勾選「座標軸標題」。然後將水平軸標題改 成「信用期」；將主垂直軸標題改成「相關淨收益」；將深度軸標題改成「折 扣」。接著對主垂直和深度標題連按二下，打開座標軸標題格式面板，從「文 字選項→文字方塊」中的「文字方向」下拉方塊內選取「垂直」。

3) 使用者還可按自己的意願修改圖表。最後應收組合決策模型的介面如圖 4-50b 所示。

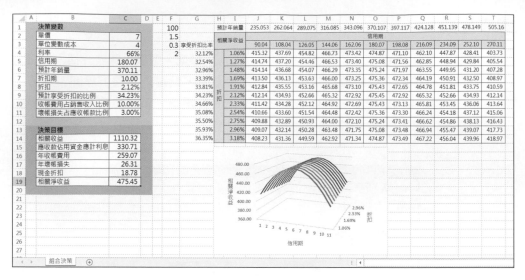

圖 4-50b 應收組合決策模型

操作說明

■ 使用者在輸入「收帳費用占銷售收入比例」時，應使收帳費用占銷售收入的比例小於等於 1。

■ 使用者在輸入「壞帳損失占應收帳款比例」時，應使壞帳損失占應收帳款比例小於等於 1。

■ 「信用期」與「預計年銷量」的函數關係，可透過迴歸分析法計算得出。如使用者假設信用期與年銷量的函數關係並手工輸入，則應注意，信用期與年銷量是正相關關係，即迴歸係數應為正數。

■ 「折扣」與「預計享受折扣的比例」的函數關係，可透過迴歸分析法計算得出。如使用者假設折扣與預計享受折扣比例的函數關係並手工輸入，則應注意，折扣與預計享受折扣的比例是正相關關係，即迴歸係數應為正數。

■ 輸入「單價」、「單位變動成本」、「利率」、「信用期」、「折扣期」、「折扣」、「收帳費用占銷售收入比例」、「壞帳損失占應收帳款比例」等變數時，模型的計算結果、表格及圖表都將隨之變化。

4.6 存貨經濟訂貨量模型

CEO：和應收帳款一樣，存貨是公司重要的流動資產，佔用的資金比較大，有沒有辦法降低呢？

CFO：企業有儲存存貨的需要，這種需要來自兩方面：
1）保障生產或銷售；2）價格方面的考慮。

CEO：現在不是有零庫存的管理思考方式嗎？

CFO：零庫存是我們追求的目標。即採購的原材料，能夠馬上投入生產；生產過程是連續的，不存在半成品入庫；生產完工的產品，能夠馬上銷售。

CEO：這樣不是很好嗎？

CFO：這是很理想的狀況，但是也會有問題。完全沒有庫存，如果某種原材料出現市場斷檔，或者供應商供貨出現運輸故障，生產經營將被迫停頓，造成損失。另外，有的原材料，今天需要 3 個，明天需要 5 個，不停的採購，不僅採購交易成本高，而且採購價格也比批量採購要高。

CEO：理由聽上去很充分。但有的企業同樣存在這些問題，他們為什麼能做到零庫存？

CFO：有的企業，例如汽車廠商，在產業鏈中比較強勢，不僅上擠零配件供應商，而且下壓 4S 店等管道商。

他們利用自己的強勢地位，把原材料庫存的壓力強行轉移到供應商，從而做到原材料的呼之即來；把產品庫存的壓力強行轉移到 4S 店等管道商，從而做到產品的揮之即去。

CEO：這樣來實現零庫存？沒有市場強勢地位的企業不就沒辦法了？

CFO：這是實現零庫存的方式之一，即透過外部產業鏈的上擠下壓來實現。沒有市場強勢地位的企業，在降低庫存方面，透過在內部供應鏈上做功課，也是大有可為的。

很多企業，倉庫裡放著堆積如山用不上的原材料、賣不動的成品。同時，生產所需的原材料沒有庫存，也沒有安排採購；市場緊缺的產品沒有庫存，也沒有安排生產。這種嚴重的錯位，導致了大量的庫存。公司辛辛苦苦賺取的利潤，大部分都成了這些呆滯積壓存貨。

CEO：這種嚴重的錯位怎麼解決呢？關於存貨的決策，應該會涉及這方面內容吧？

CFO：存貨決策涉及 4 項內容：（1）進什麼貨；（2）進貨時間；（3）進貨數量；（4）從哪進貨。

如果存貨決策正確，那麼錯位的問題就不會存在。需要的原材料總會在需要的時間、按需要的數量到達，不需要的原材料則不會採購，呆滯積壓存貨等著慢慢消化，至少不會再增加。

CEO：這些？這些和財務部門好像沒什麼關係。

CFO：嚴格的說，這些都不是財務部門的職責。進什麼貨、進貨時間、進貨數量，都是企畫部門的事情；從哪進貨，是採購部門的事情。這裡，我們需要區分幾個重要概念，有些非常權威的書籍，對這幾個概念也是嚴重混淆的。

1）進貨時間和提前期是完全不同的概念。
2）進貨數量和經濟訂貨量是完全不同的概念。

進貨時間的計算，要考慮提前期；進貨數量的計算，要考慮經濟訂貨量。財務部門要做的，就是決定提前期和經濟訂貨量目的是使存貨的總成本最低，而不是決定進貨時間和進貨數量。

CEO：企畫部門在決定進貨時間和進貨數量時，是如何考慮財務部門決定的提前期和經濟訂貨量的？

CFO：現在企畫部門一般透過執行 MRP 來決定進貨時間和進貨數量。MRP 的運算邏輯是這樣的：

首先依據市場部門主觀的產品預測和銷售部門客觀的銷售訂單，透過時柵、均化、消抵確定外部需求；然後依據 BOM 單，即產品結構計算出毛需求；再考慮在單量和預約量計算出淨需求；接著，根據提前期、經濟訂貨量等存貨的期量標準，即時間和數量標準將淨需求調整為計畫訂單

量；最後，根據產能等資源限制進行人工調整，下達為生產、委外、採購三大任務，驅動企業生產、委外和採購三大流程的執行。

CEO：也就是說，在淨需求後計畫訂單前，需要考慮財務部門決定的提前期和經濟訂貨量？

CFO：是的。在淨需求轉化為計畫訂單的這個環節，需要考慮提前期和經濟訂貨量。

例如，某種材料的淨需求是 91 個，但經濟訂貨量是 100 個。那麼下達的採購任務，就不會是 91 個，而會調整為 100 個。

再如，如果淨需求的需要時間是 8 月 8 日，但提前期是 7 天。那麼下達的採購任務，就不會是 8 月 8 日，而會調整為 8 月 1 日。

CEO：做決定和提供做決定的依據，是完全不同的兩碼事；計算和提供計算的標準，是完全不同的兩碼事。進貨時間的計算標準，透過設定提前期；進貨數量的計算標準，透過設定經濟訂貨量來達到。

CFO：當然，除了考慮提前期和經濟訂貨量，MRP 運算還要考慮存貨的其他一些期量標準。

另外，針對我們說的由企畫部門決定進什麼貨、進貨時間、進貨數量，如果銷售和市場部門跳出來說，這是銷售和市場部門的事情，沒有銷售和市場部門，企畫部門憑什麼做決定？這樣就很沒意思了，無聊程度和「業務與財務誰重要」、「先救老婆還是先救媽」等問題有得一拼。

這裡有嚴謹的流程思考方式，即銷售和市場部門把資訊傳遞給企畫部門，企畫部門據此做決定。銷售和市場流程在先，計畫流程在後。還有，企畫部門做出決定，下達生產、委外和採購任務，其中採購任務由採購部門去執行，這裡也有嚴謹的流程思考方式，是計畫流程在先，採購流程在後。採購部門只是執行計畫部門的決定，在計畫部門劃定的存貨需求的框內行使供應商選擇權。

CEO：這麼看來，錯位問題的解決，主要是靠企畫部門了？

CFO：不是主要，是完全，完全是計畫部門的職責。企畫部門是腦袋，採購部門、委外部門、生產部門是手腳，手腳執行腦袋的決定。銷售部門、市場部門、財務部門，為腦袋做決定提供依據。

經濟訂貨量基本模型

應用場景

CEO：財務部門決定提前期和經濟訂貨量。如果知道了經濟訂貨量，提前期就很容易確定。所以我們只討論經濟訂貨量的問題，不用另外專門討論提前期的問題。經濟訂貨量很重要，如果沒有經濟訂貨量，計畫部門執行 MRP，需要多少就採購多少，理論上很好，但實際上並不經濟。這麼說來，存貨經濟訂貨量決策模型，決策方向就是要使訂貨最經濟，具體決策目標是什麼？

CFO：使存貨相關總成本最小。與存貨相關的總成本，包括以下三種。

1）取得成本：指為取得某種存貨而支出的成本，分為訂貨成本和購置成本。

訂貨成本：指取得訂單的成本，如辦公費、差旅費、郵資、電報電話費等支出。訂貨成本中有一部分與訂貨次數無關，如常設採購機構的基本開支等，稱為訂貨的固定成本；另一部分與訂貨次數有關，如差旅費、郵資等，稱為訂貨的變動成本。訂貨次數等於存貨年需要量除以每次訂貨量。

購置成本：即存貨本身的價值。

2）儲存成本：指為保持存貨而發生的成本，包括存貨佔用資金應計利息、倉庫費用、保險費用、存貨破損和變質損失等。

儲存成本也分為固定成本和變動成本。固定成本與存貨數量無關，如倉庫折舊、倉庫職工的固定月工資等；變動成本與存貨數量有關，如存貨資金的應計利息、存貨的破損和變質損失、存貨的保險費用等。

3）缺貨成本。指由於存貨供應中斷而造成的損失，包括材料供應中斷造成的停工損失、產成品庫存缺貨造成的拖欠發貨損失、喪失銷售機會的損失、需要主觀估計的商譽損失等。如果生產企業緊急採購代用材料解決庫存材料中斷之急，那麼缺貨成本表現為緊急額外購入成本，緊急額外購入成本會大於正常採購成本。

CEO：我們把存貨總成本用公式寫出來吧。

CFO：存貨總成本＝訂貨固定成本＋存貨年需要量÷每次進貨量×每次訂貨的變動成本＋購置成本＋儲存固定成本＋每次進貨量÷2×單位儲存變動成本＋缺貨成本

固定成本和變動成本劃分的作用這時就展現出來了。固定成本是決策無關成本，不管做出什麼樣的決策，固定成本總是不變的。因此，存貨決策相關總成本就可以簡化為：

存貨相關總成本＝存貨年需要量÷每次進貨量×每次訂貨的變動成本＋每次進貨量÷2×單位儲存變動成本

CEO：在討論現金持有量的存貨模型時，曾經討論了一個數學問題，即 y=x+100/x，什麼時候 y 最小，這裡又碰到了類似的問題。每次進貨量是訂貨變動成本的分母，同時是儲存變動成本的分子。這麼一來，可以肯定，總成本有最優解了。這個問題討論過，不再重複。

CFO：總成本有最優解，業務上的解釋是這樣的：每次訂貨量少，則儲存成本小，但同時使訂貨次數增多，引起訂貨成本增大；反之，每次訂貨量多，則儲存成本大，但同時使訂貨次數減少，引起訂貨成本降低。可見，每次訂貨量太多或太少都不好。最優的訂貨量即是經濟訂貨量，可以使全年存貨相關總成本達到最小值。

CEO：存貨經濟訂貨量的基本模型，有哪些假設條件？

CFO：假設條件比較多：

1）企業能夠及時補充存貨，即訂貨時可立即取得存貨。

2）能集中到貨，而不是陸續入庫。

3）不允許缺貨，即無缺貨成本。

4）需求量穩定，並且能預測。

5）存貨單價不變。

6）現金充足，不會因現金短缺影響進貨。

7）所需存貨市場供應充足，不會買不到需要的存貨。

假設條件多不要緊，我們會在以後的討論中逐次放開以逼近實務。

基本理論

存貨相關總成本

訂貨成本＝訂貨的固定成本＋存貨年需要量÷每次進貨量×每次訂貨的變動成本
購置成本＝年需要量×單價的乘積。
取得成本＝訂貨成本＋購置成本
　　　　＝訂貨的固定成本＋存貨年需要量÷每次進貨量×每次訂貨的變動成本
　　　　＋購置成本
儲存成本＝儲存固定成本＋儲存變動成本
　　　　＝儲存固定成本＋每次進貨量÷2×單位儲存變動成本
存貨總成本＝訂貨固定成本＋存貨年需要量÷每次進貨量×每次訂貨的變動成本
　　　　　＋購置成本＋儲存固定成本＋每次進貨量÷2×單位儲存變動成本
　　　　　＋缺貨成本

經濟訂貨量

是指能使一定時期內某項存貨的相關總成本達到最小時的訂貨批量。當訂貨變動成本與儲存變動成本相等時，存貨總成本最小。即：
存貨年需要量÷每次進貨量×每次訂貨的變動成本＝每次進貨量÷2
　　　　　　　　　　　　　　　　　　　　　　×單位儲存變動成本

經計算：
每次進貨量 ^{2}＝2×存貨年需要量×每次訂貨的變動成本÷單位儲存變動成本
這樣，計算出的每次進貨量，即為經濟訂貨量，此時的存貨總成本為最小。
此時存貨總成本 ^{2}＝2×存貨年需要量×每次訂貨的變動成本×單位儲存變動成本

模型建立

📁……\chapter04\06\經濟訂貨量基本模型.xlsx

輸入

1)　在工作表中輸入文字資料，並進行格式化。如合併儲存格、調整列高欄寬、套入框線、選取填滿色彩、設定字型大小等。

2）　在 D2~D4 新增微調按鈕。按一下「開發人員」標籤，選取「插入→表單控制項
　　→微調按鈕」按鈕，在對應的儲存格拖曳拉出適當大小的微調按鈕。接著對該
　　微調按鈕按下滑鼠右鍵，選取「控制項格式」指令，對其屬性設定儲存格連
　　結、目前值、最小值、最大值等。其他詳細的設定值則請參考下載的本節 Excel
　　範例檔。初步完成的模型如圖 4-51 所示。

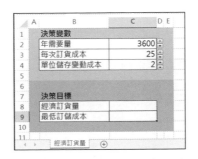

圖 4-51　初步完成的模型

加工

在工作表儲存格中輸入公式：

C8：=(2*C2*C3/C4)^(1/2)

C9：=(2*C2*C3*C4)^(1/2)

輸出

此時，工作表如圖 4-52 所示。

圖 4-52　計算經濟訂貨量和存貨相關總成本

表格製作

輸入

在工作表中輸入資料及套入框線，如圖 4-53 所示。

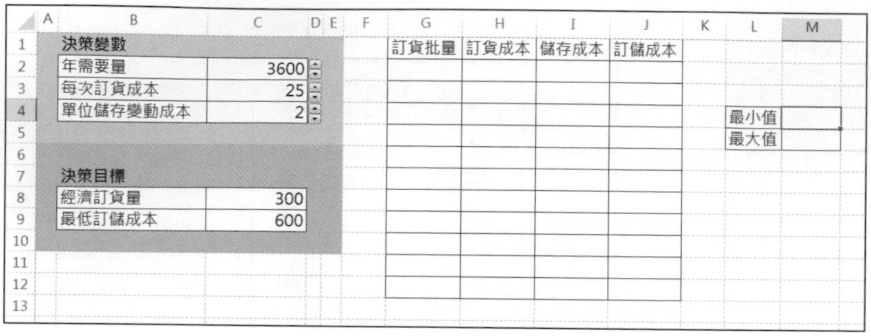

圖 4-53　在工作表中輸入資料及套入框線

加工

在工作表儲存格中輸入公式：

G2：=0.5*$C$8

G3：=0.6*$C$8

……

G11：=1.4*$C$8

G12：：=1.5*$C$8

H2：H12 區域：選取 H2：H12 區域，輸入「=$C$2*$C$3/G2:G12」公式後，按 Ctrl+ Shift+Enter 複合鍵。

I2：=G2*$C$4/2

選取 I2 儲存格，按住右下角的控點向下拖曳填滿至 I12 儲存格。

J2：J12 區域：選取 J2：J12 區域，輸入「=H2:H12+I2:I12」公式後，按 Ctrl+ Shift+Enter 複合鍵。

M4：=MIN(H2:J12)

M5：=MAX(H2:J12)

輸出

此時，工作表如圖 4-54 所示。

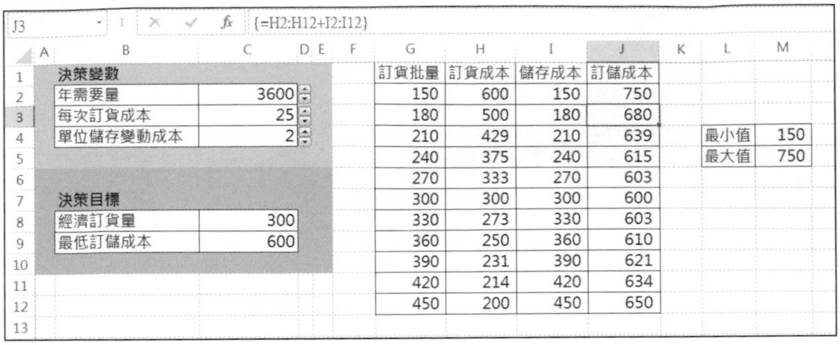

J3 　{=H2:H12+I2:I12}

決策變數	
年需要量	3600
每次訂貨成本	25
單位儲存變動成本	2

決策目標	
經濟訂貨量	300
最低訂儲成本	600

訂貨批量	訂貨成本	儲存成本	訂儲成本
150	600	150	750
180	500	180	680
210	429	210	639
240	375	240	615
270	333	270	603
300	300	300	600
330	273	330	603
360	250	360	610
390	231	390	621
420	214	420	634
450	200	450	650

最小值	150
最大值	750

圖 4-54　存貨相關總成本的計算

圖表生成

1）　選取工作表中 G2：J12 區域，按下「插入」標籤，選取「圖表→插入 XY 散佈圖或泡泡圖→帶有平滑線的 XY 散佈圖」按鈕項，即可插入一個標準的 XY 散佈圖。可先將圖表區中預設的「圖表標題」和「圖例」刪掉，再拖曳調整大小及放置的位置。

2）　在圖表區按下滑鼠右鍵，在展開的功能表中選取「選取資料來源⋯」指令。此時已有 3 條數列。按一下「新增」按鈕，新增如下數列 4~數列 6，如圖 4-36 所示：

數列 4：

X 值：=經濟訂貨量!$G$7

Y 值：=經濟訂貨量!$H$7

數列 5：

X 值：=(經濟訂貨量!$C$8,經濟訂貨量!$C$8)

Y 值：=(經濟訂貨量!$M$4,經濟訂貨量!$M$5)

數列 6：

X 值：=經濟訂貨量!$C$8

Y 值：=經濟訂貨量!$C$9

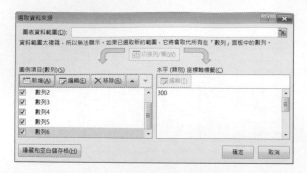

圖 4-55 　新增 3 條數列

3） 按下「圖表工具→格式」標籤展開工具列，再從「圖表項目」下拉方塊中選取
「數列 4」項，如此即可選取數列 4 的「點」，再按下「格式化選取範圍」鈕，
然後在展開的「資料數列格式」面板中點按「標記」，並在「標記選項」中點
選「內建」，有需要可在「類型」和「大小」下拉方塊中選擇想要的形式，以
同一方法再設定「數列 6」，如圖 4-56 所示。

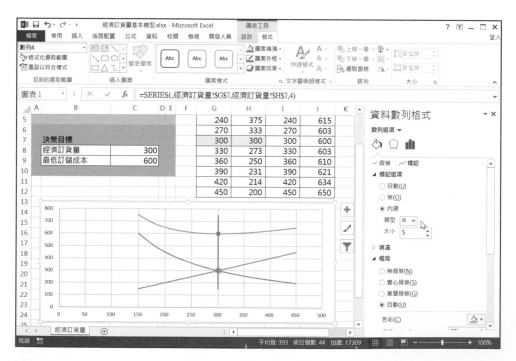

圖 4-56 　設定「標記選項」

4）　按下圖表右上方的「＋」圖示鈕，勾選「座標軸標題」。然後將水平軸改成「訂貨批量」；將垂直軸改成「成本」。使用者還可按自己的意願再修改美化圖表，例如連按二下剛才改的垂直軸標題，將其文字方向改成「垂直」。存貨經濟訂貨量基本模型的最終介面如圖 4-57 所示。

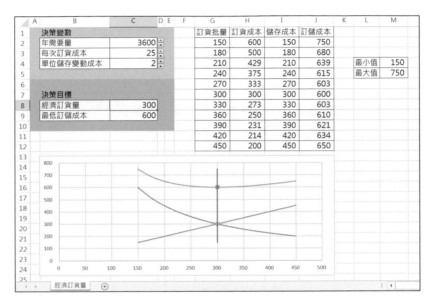

	決策變數		訂貨批量	訂貨成本	儲存成本	訂儲成本		
	年需要量	3600	150	600	150	750		
	每次訂貨成本	25	180	500	180	680		
	單位儲存變動成本	2	210	429	210	639	最小值	150
			240	375	240	615	最大值	750
			270	333	270	603		
	決策目標		300	300	300	600		
	經濟訂貨量	300	330	273	330	603		
	最低訂儲成本	600	360	250	360	610		
			390	231	390	621		
			420	214	420	634		
			450	200	450	650		

圖 4-57　經濟訂貨量基本模型

操作說明

■　調節「年需要量」、「每次訂貨成本」、「單位儲存變動成本」等變數的微調項時，模型的計算結果、表格及圖表都將隨之變化。

陸續供應的經濟訂貨量模型

應用場景

CEO：在存貨經濟訂貨量基本模型中，我們做了很多基本假設。例如，假設存貨一次全部入庫。而事實上，各批存貨可能陸續入庫，使存量陸續增加。這就是陸續供應模型的應用場景了？

CFO：是的。值得注意的是，「陸續入庫」包括陸續採購入庫，也包括陸續生產入庫。「入庫」可以是成品完工入庫，可以是在產品工序轉移，如從一個工位轉移到下一個工位。

在企業實務中，供應商供貨，陸續供應的情況倒還不是很普遍。但是企業生產，如成品入庫和在產品轉移，則幾乎全相當於陸續供應了。很少有情況是等全部產成品都生產完工了，再一起辦理入庫的；很少有情況是等全部在產品在上一工序都加工完成了，再一起轉移到下一工序的。

CEO：企業的存貨不能做到隨用隨時補充，不能等存貨用光再去訂貨，而需要在沒有用完時提前訂貨。這時，就需要對經濟訂貨量基本模型做一些修改；同時，也產生了訂貨提前期和再訂貨點的概念？

CFO：是的。訂貨提前期，就是企業訂貨日至到貨日的時間；再訂貨點，就是在提前訂貨的情況下，企業再次發出訂貨單時尚有的庫存量。

CEO：經濟訂貨量基本模型中，存貨總成本與存貨相關總成本的計算公式分別為：

存貨總成本＝訂貨固定成本＋存貨年需要量÷每次進貨量×每次訂貨的變動成本＋購置成本＋儲存固定成本＋每次進貨量÷2×單位儲存變動成本＋缺貨成本

存貨相關總成本＝存貨年需要量÷每次進貨量×每次訂貨的變動成本＋1÷2 每次進貨量×單位儲存變動成本

陸續供應模型有哪些變化呢？

CFO：存貨總成本的計算公式沒有變化，存貨相關總成本的計算公式有變化。

存貨相關總成本＝存貨年需要量÷每批訂貨批量×每次訂貨的變動成本＋1÷2×（每批訂貨批量－每批訂貨批量÷每日送貨量×每日耗用量）×單位儲存變動成本

CEO：比較一下，可以發現，發生變化的地方是最高庫存量。

基本模型的最高庫存量是每次進貨量；陸續供應模型的最高庫存量是每次訂貨批量×（1－每日耗用量÷每日送貨量）。

CFO：是的。基本模型和陸續供應在供應方式的區別，導致最高庫存量有區別；最高庫存量的區別，導致儲存變動成本有區別；儲存變動成本的區別，導致存貨相關總成本有區別。

基本理論

存貨相關總成本

送貨期＝每批訂貨批量÷每日送貨量

送貨期全部耗用量＝送貨期×每日耗用量

　　　　　　　＝每批訂貨批量÷每日送貨量×每日耗用量

最高庫存量為＝每批訂貨批量－每批訂貨批量÷每日送貨量×每日耗用量

平均存量＝最高庫存量÷2

　　　　　＝1/2×（每批訂貨批量－每批訂貨批量÷每日送貨量×每日耗用量）

存貨相關總成本＝訂貨變動成本＋儲存變動成本

訂貨變動成本＝存貨年需要量÷每批訂貨批量×每次訂貨的變動成本

儲存變動成本＝1/2×（每批訂貨批量－每批訂貨批量÷每日送貨量×每日耗用量）

　　　　　　　×單位儲存變動成本

經濟訂貨量

當訂貨變動成本與儲存變動成本相等時，存貨相關總成本有最小值。此時

經濟訂貨量 ^{2}＝（2×年需要量×每次訂貨的變動成本÷單位儲存變動成本）

　　　　　　×〔每日送貨量÷（每日送貨量－每日耗用量）〕

存貨總成本 ^{2}＝2×年需要量×每次訂貨的變動成本×單位儲存變動成本

　　　　　　×（1－每日耗用量÷每日送貨量）

模型建立

　　　　　……\chapter04\06\陸續供應的經濟訂貨量模型.xlsx

輸入

1) 在工作表中輸入文字資料，並進行格式化。如合併儲存格、調整列高欄寬、套入框線、選取填滿色彩、設定字型大小等。

2) 在 D2~D4 新增微調按鈕。按一下「開發人員」標籤，選取「插入→表單控制項→微調按鈕」按鈕，在對應的儲存格拖曳拉出適當大小的微調按鈕。接著對該

微調按鈕按下滑鼠右鍵，選取「控制項格式」指令，對其屬性設定儲存格連結、目前值、最小值、最大值等。其他詳細的設定值則請參考下載的本節 Excel 範例檔。初步完成的模型如圖 4-58 所示。

圖 4-58　初步完成的模型

加工

在工作表儲存格中輸入公式：

C10：=(2*C2*C3*C5/C4/(C5-C6))^(1/2)

C11：=(2*C2*C3*C4*(1-C6/C5))^(1/2)

輸出

此時，工作表如圖 4-59 所示。

圖 4-59　計算經濟訂貨量和存貨相關總成本

表格製作

輸入

在工作表中輸入資料，如圖 4-60 所示。

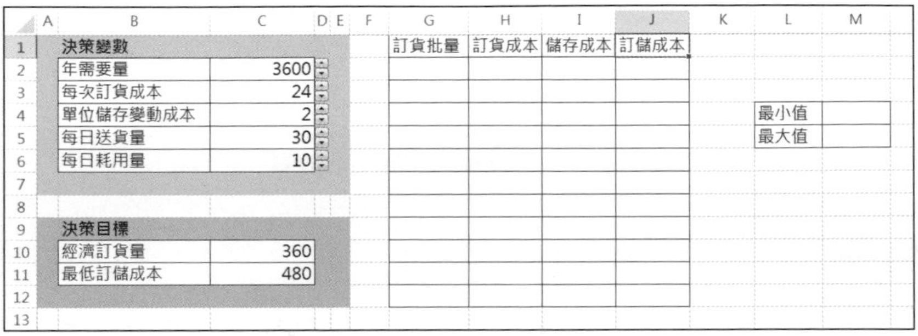

圖 4-60　在工作表中輸入資料

加工

在工作表儲存格中輸入公式：

G2：=0.5*$C$10

G3：=0.6*$C$10

……

G11：=1.4*$C$10

G12：：=1.5*$C$10

H2：H12 區域：選取 H2：H12 區域，輸入「=$C$2*$C$3/G2:G12」公式後，按 Ctrl+ Shift+Enter 複合鍵。

I2：=G2*(1-$C$6/$C$5)*$C$4/2

選取 I2 儲存格，按住右下角的控點向下拖曳填滿至 I12 儲存格。

J2：J12 區域：選取 J2：J12 區域，輸入「=H2:H12+I2:I12」公式後，按 Ctrl+ Shift+Enter 複合鍵。

M4：=MIN(H2:J12)

M5：=MAX(H2:J12)

輸出

此時，工作表如圖 4-61 所示。

J2 ｜ {=H2:H12+I2:I12}

決策變數	
年需要量	3600
每次訂貨成本	24
單位儲存變動成本	2
每日送貨量	30
每日耗用量	10

決策目標	
經濟訂貨量	360
最低訂儲成本	480

訂貨批量	訂貨成本	儲存成本	訂儲成本
180	480	120	600
216	400	144	544
252	343	168	511
288	300	192	492
324	267	216	483
360	240	240	480
396	218	264	482
432	200	288	488
468	185	312	497
504	171	336	507
540	160	360	520

最小值	120
最大值	600

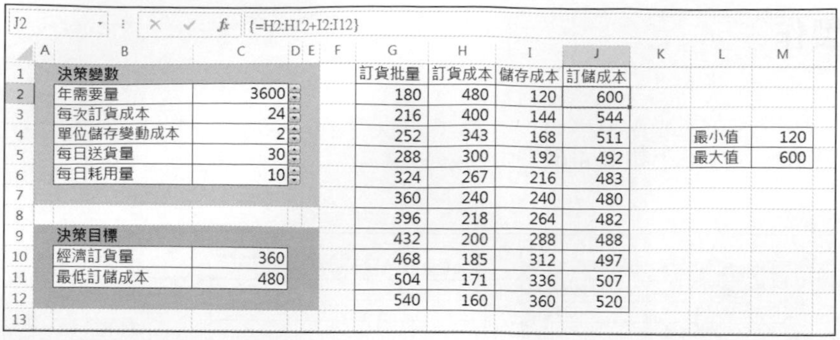

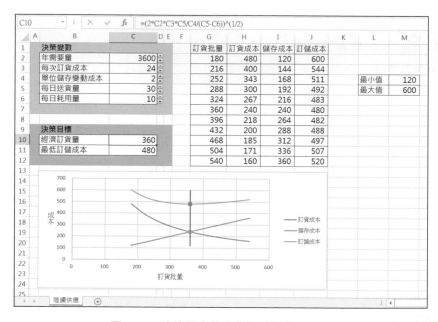

圖 4-61　存貨相關總成本的計算

圖表生成

圖表生成過程，陸續供應的經濟訂貨量模型與經濟訂貨量基本模型相同。陸續供應的存貨經濟訂貨量模型的最終介面如圖 4-62 所示。

C10 ｜ =(2*C2*C3*C5/C4/(C5-C6))^(1/2)

決策變數	
年需要量	3600
每次訂貨成本	24
單位儲存變動成本	2
每日送貨量	30
每日耗用量	10

決策目標	
經濟訂貨量	360
最低訂儲成本	480

訂貨批量	訂貨成本	儲存成本	訂儲成本
180	480	120	600
216	400	144	544
252	343	168	511
288	300	192	492
324	267	216	483
360	240	240	480
396	218	264	482
432	200	288	488
468	185	312	497
504	171	336	507
540	160	360	520

最小值	120
最大值	600

圖 4-62　陸續供應的存貨經濟訂貨量模型

操作說明

■ 調節「年需要量」、「每次訂貨成本」、「單位儲存變動成本」、「每日送貨量」、「每日耗用量」等變數的微調項時，模型的計算結果、表格及圖表都將隨之變化。

4.7　累進折扣的經濟訂貨量模型

CEO：在經濟訂貨量基本模型中，我們做了很多基本假設。例如，假設存貨單價不變。而事實上，供應商提供折扣，採購到了一定批量就打折，批量越大，折扣越多的情況，是比較普遍的。

例如，供應商出於自身的庫存和資金考慮，制定了新的銷售政策，即向我們這些客戶提供折扣政策。規定標準價格為 10 元；訂貨量達到 2000 及以上的，價格為 9 元。

此時，我們就會陷入矛盾之中，面對供應商提供的有條件的肥肉，我們要不要接受？如果接受，要接受哪一塊肥肉？

CFO：這個問題可以轉化為：在供應商提供折扣的情況下，訂貨量為多少，可使存貨相關總成本最小。這就是折扣條件下的經濟訂貨量。折扣條件下的經濟訂貨量模型分兩種情況。一是全額累進折扣，一是超額累進折扣。

全額累進折扣的經濟訂貨量模型

應用場景

CEO：什麼是全額累進折扣？

CFO：例如，供應商的折扣政策規定：標準價格為 10 元；訂貨量達到 2000 及以上的，價格為 9 元。如果訂貨量為 2400，且都適用 9 元的價格，則是全額累進折扣。

CEO：在全額累進折扣的情況下，如何計算經濟訂貨量？

CFO：先需要明確概念。原來的經濟訂貨量，現在不能再叫經濟訂貨量了，改叫訂貨批量。訂貨批量對應的存貨相關總成本與各折扣點批量對應的存貨相關總成本進行比較，最低的存貨相關總成本對應的訂貨批量或折扣點批量，就是折扣條件下的經濟訂貨量。計算步驟如下：

1）　按經濟訂貨量基本模型計算出訂貨批量，如訂貨批量為 2100。

2）按供應商提供的折扣點批量和價格，查出訂貨批量 2100 所處的折扣點批量區間和對應的價格，計算存貨相關總成本。

3）按供應商提供的折扣點批量和價格，計算各折扣點批量對應的存貨相關總成本。例如，供應商提供的折扣點批量有 5 個，則有 5 個對應的存貨相關總成本。

4）比較各存貨相關總成本，最低的為最優解。最優解對應的訂貨批量或折扣點批量，就是折扣條件下的經濟訂貨量。

基本理論

存貨相關總成本

取得成本＝訂貨成本＋購置成本
訂貨成本＝訂貨的固定成本＋存貨年需要量÷每次進貨量×每次訂貨的變動成本
購置成本＝年需要量×單價
儲存成本＝儲存固定成本＋儲存變動成本＝儲存固定成本＋每次進貨量÷2
　　　　×單位儲存變動成本
存貨總成本＝訂貨固定成本＋存貨年需要量÷每次進貨量×每次訂貨的變動成本
　　　　＋購置成本＋儲存固定成本＋每次進貨量÷2×單位儲存變動成本
　　　　＋缺貨成本

訂貨固定成本、儲存固定成本、缺貨成本為存貨決策非相關成本，所以：
存貨相關總成本＝存貨年需要量÷每次進貨量×每次訂貨的變動成本＋年需要量
　　　　×單價＋每次進貨量÷2×單位儲存變動成本

模型建立

📁……\chapter04\07\全額累進折扣的經濟訂貨量模型.xlsx

輸入

新建活頁簿。活頁簿包含以下工作表：單折扣點、雙折扣點、三折扣點、四折扣點、五折扣點。

「單折扣點」工作表

1） 在工作表中輸入文字資料，並進行格式化。如合併儲存格、調整列高欄寬、套入框線、選取填滿色彩、設定字型大小等。

2） 在 D2~D4 新增微調按鈕。按一下「開發人員」標籤，選取「插入→表單控制項→微調按鈕」按鈕，在對應的儲存格拖曳拉出適當大小的微調按鈕。接著對該微調按鈕按下滑鼠右鍵，選取「控制項格式」指令，對其屬性設定儲存格連結、目前值、最小值、最大值等。其他詳細的設定值則請參考下載的本節 Excel 範例檔。初步完成的模型如圖 4-63 所示。

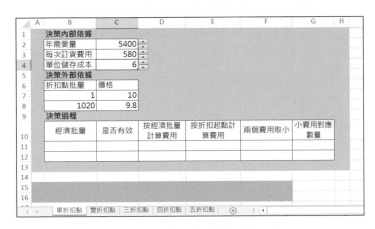

圖 4-63　初步完成「單折扣點」工作表

「雙折扣點」工作表

1） 可按住 Ctrl 鍵再對「單折扣點」工作表標籤拖曳複製其工作表，再將工作表的「單折扣點(2)」標籤改成「雙折扣點」。

2） 在剛才複製好的「雙折扣點」工作表中，在決策外部依據表格下方新增一列，同樣在決策過程表格下方也新增一列。如圖 4-64 所示。

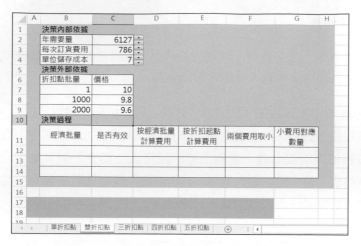

圖 4-64　初步完成「雙折扣點」工作表

「三折扣點」工作表

1）　可按住 Ctrl 鍵再對「雙折扣點」工作表標籤拖曳複製其工作表，再將工作表的「雙折扣點(2)」標籤改成「三折扣點」。

2）　在剛才複製好的「三折扣點」工作表中，在決策外部依據表格下方新增一列，同樣在決策過程表格下方也新增一列。如圖 4-65 所示。

圖 4-65　初步完成「三折扣點」工作表

「四折扣點」工作表

1） 可按住 Ctrl 鍵再對「三折扣點」工作表標籤拖曳複製其工作表，再將工作表的
「三折扣點(2)」標籤改成「四折扣點」。

2） 在剛才複製好的「四折扣點」工作表中，在決策外部依據表格下方新增一列，
同樣在決策過程表格下方也新增一列。如圖 4-66 所示。

圖 4-66　初步完成「四折扣點」工作表

「五折扣點」工作表

1） 可按住 Ctrl 鍵再對「四折扣點」工作表標籤拖曳複製其工作表，再將工作表的
「四折扣點(2)」標籤改成「五折扣點」。

2） 在剛才複製好的「五折扣點」工作表中，在決策外部依據表格下方新增一列，
同樣在決策過程表格下方也新增一列。如圖 4-67 所示。

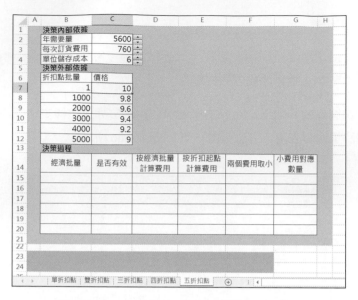

圖 4-67　初步完成「五折扣點」工作表

加工

在工作表儲存格中輸入公式：

「單折扣點」工作表

B11：=SQRT(2*$C$2*($C$3)/$C$4)

C11：=IF(AND(B11>=B7,B11<B8),"有效","無效")

D11：=IF(C11="有效",C7*$C$2+$C$2*$C$3/B11+$C$4*B11/2,"無效")

E11：=C7*$C$2+$C$2*$C$3/B7+$C$4*B7/2

F11：=IF(C11="有效",MIN(D11:E11),E11)

G11：=IF(F11=E11,B7,B11)

選取 B11：G11 區域，按住右下角的控點向下拖曳填滿至 B12：G12 區域。

修改 C12：=IF(B12>=B8,"有效","無效")

G15：=INDEX(G11:G12,MATCH(MIN(F11:F12),F11:F12,0),0)

A15：="訂貨批量為"&ROUND(G15,2)&"時，可取得最小存貨總成本"&ROUND(MIN(F11:F12),2)

「雙折扣點」工作表

B12：=SQRT(2*$C$2*($C$3)/$C$4)

C12：=IF(AND(B12>=B7,B12<B8),"有效","無效")

D12：=IF(C12="有效",C7*$C$2+$C$2*$C$3/B12+$C$4*B12/2,"無效")

E12：=C7*$C$2+$C$2*$C$3/B7+$C$4*B7/2

F12：=IF(C12="有效",MIN(D12:E12),E12)

G12：=IF(F12=E12,B7,B12)

選取 B12：G12 區域，按住右下角的控點向下拖曳填滿至 B14：G14 區域。

修改 C14：=IF(B14>=B9,"有效","無效")

G17：=INDEX(G12:G14,MATCH(MIN(F12:F14),F12:F14,0),0)

A17：="訂貨批量為"&ROUND(G17,2)&"時，可取得最小存貨總成本"&ROUND
(MIN(F12:F14),2)

「三折扣點」工作表

B13：=SQRT(2*$C$2*($C$3)/$C$4)

C13：=IF(AND(B13>=B7,B13<B8),"有效","無效")

D13：=IF(C13="有效",C7*$C$2+$C$2*$C$3/B13+$C$4*B13/2,"無效")

E13：=C7*$C$2+$C$2*$C$3/B7+$C$4*B7/2

F13：=IF(C13="有效",MIN(D13:E13),E13)

G13：=IF(F13=E13,B7,B13)

選取 B13：G13 區域，按住右下角的控點向下拖曳填滿至 B16：G16 區域。

修改 C16：=IF(B16>=B10,"有效","無效")

G19：=INDEX(G13:G16,MATCH(MIN(F13:F16),F13:F16,0),0)

A19：="訂貨批量為"&ROUND(G19,2)&"時，可取得最小存貨總成本"&ROUND(MIN
(F13:F16),2)

「四折扣點」工作表

B14：=SQRT(2*$C$2*($C$3)/$C$4)

C14：=IF(AND(B14>=B7,B14<B8),"有效","無效")

D14：=IF(C14="有效",C7*$C$2+$C$2*$C$3/B14+$C$4*B14/2,"無效")

E14：=C7*$C$2+$C$2*$C$3/B7+$C$4*B7/2

F14：=IF(C14="有效",MIN(D14:E14),E14)

G14：=IF(F14=E14,B7,B14)

選取 B14：G14 區域，按住右下角的控點向下拖曳填滿至 B18：G18 區域。

修改 C18：=IF(AND(B18>=B11),"有效","無效")

G21：=INDEX(G14:G18,MATCH(MIN(F14:F18),F14:F18,0),0)

A21：="訂貨批量為"&ROUND(G21,2)&"時，可取得最小存貨總成本"&ROUND(MIN (F14:F18),2)

「五折扣點」工作表

B15：=SQRT(2*$C$2*($C$3)/$C$4)

C15：=IF(AND(B15>=B7,B15<B8),"有效","無效")

D15：=IF(C15="有效",C7*$C$2+$C$2*$C$3/B15+$C$4*B15/2,"無效")

E15：=C7*$C$2+$C$2*$C$3/B7+$C$4*B7/2

F15：=IF(C15="有效",MIN(D15:E15),E15)

G15：=IF(F15=E15,B7,B15)

選取 B15：G15 區域，按住右下角的控點向下拖曳填滿至 B20：G20 區域。

修改 C20：=IF(B20>=B12,"有效","無效")

G23：=INDEX(G15:G20,MATCH(MIN(F15:F20),F15:F20,0),0)

A23：="訂貨批量為"&ROUND(G23,2)&"時，可取得最小存貨總成本"&ROUND(MIN (F15:F20),2)

輸出

「單折扣點」工作表，如圖 4-68 所示。

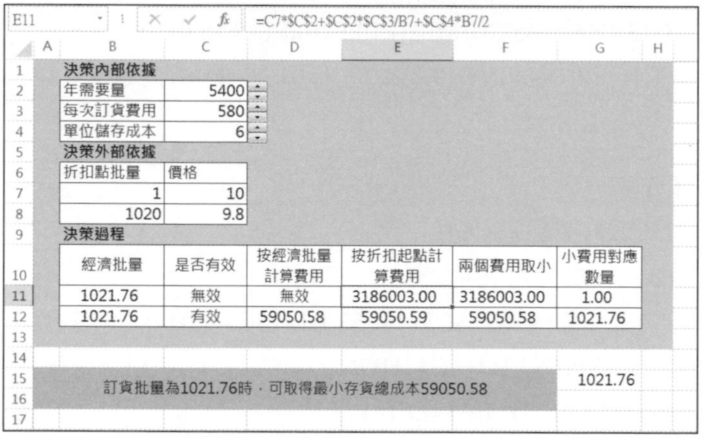

圖 4-68　單折扣點經濟批量

「雙折扣點」工作表，如圖 4-69 所示。

| D12 | ▾ ∶ × ✓ *fx* | =IF(C12="有效",C7*$C$2+$C$2*$C$3/B12+$C$4*B12/2,"無效") |

	A	B	C	D	E	F	G	H
1		決策內部依據						
2		年需要量	6127					
3		每次訂貨費用	786					
4		單位儲存成本	7					
5		決策外部依據						
6		折扣點批量	價格					
7		1	10					
8		1000	9.8					
9		2000	9.6					
10		決策過程						
11		經濟批量	是否有效	按經濟批量計算費用	按折扣起點計算費用	兩個費用取小	小費用對應數量	
12		1173.01	無效	無效	4877095.50	4877095.50	1.00	
13		1173.01	有效	68255.66	68360.42	68255.66	1173.01	
14		1173.01	無效	無效	68227.11	68227.11	2000.00	
15								
16								
17		訂貨批量為2000時，可取得最小存貨總成本68227.11					2000	
18								
19								

圖 4-69　雙折扣點經濟批量

「三折扣點」工作表，如圖 4-70 所示。

| D14 | ▾ ∶ × ✓ *fx* | =IF(C14="有效",C8*$C$2+$C$2*$C$3/B14+$C$4*B14/2,"無效") |

	A	B	C	D	E	F	G	H
1		決策內部依據						
2		年需要量	5627					
3		每次訂貨費用	886					
4		單位儲存成本	6					
5		決策外部依據						
6		折扣點批量	價格					
7		1	10					
8		1000	9.8					
9		2000	9.6					
10		3000	9.4					
11		決策過程						
12		經濟批量	是否有效	按經濟批量計算費用	按折扣起點計算費用	兩個費用取小	小費用對應數量	
13		1289.12	無效	無效	5041795.00	5041795.00	1.00	
14		1289.12	有效	62879.34	63130.12	62879.34	1289.12	
15		1289.12	無效	無效	62511.96	62511.96	2000.00	
16		1289.12	無效	無效	63555.64	63555.64	3000.00	
17								
18								
19		訂貨批量為2000時，可取得最小存貨成本62511.96					2000	
20								
21								

圖 4-70　三折扣點經濟批量

「四折扣點」工作表，如圖 4-71 所示。

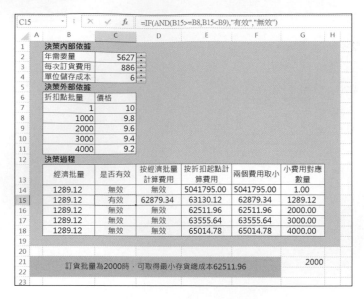

圖 4-71　四折扣點經濟批量

「**五折扣點**」**工作表**，如圖 4-72 所示。

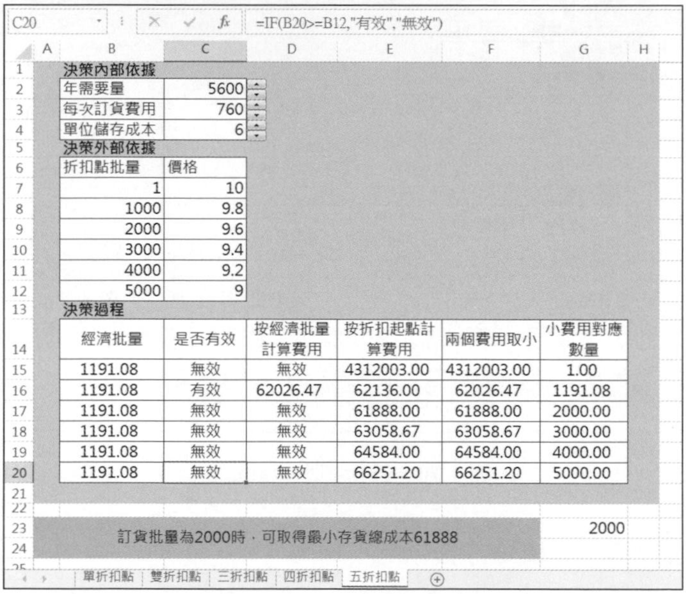

圖 4-72　五折扣點經濟批量

表格製作

輸入

在「單折扣點」工作表中輸入資料及套入框線，如圖 4-73 所示。

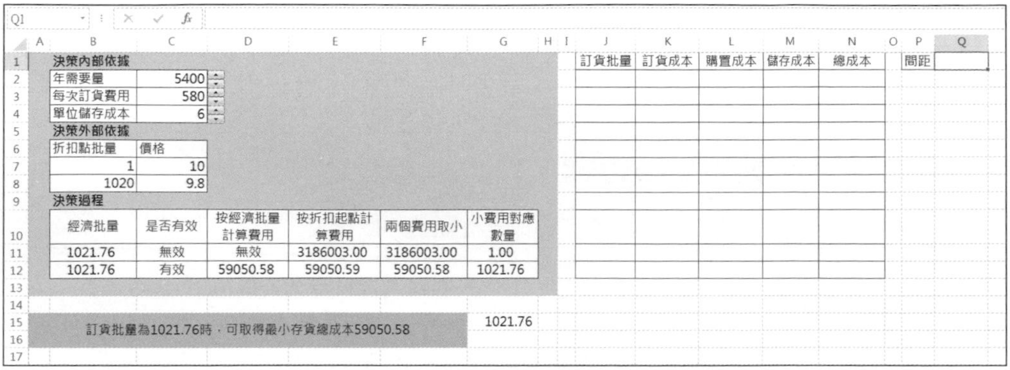

決策內部依據	
年需要量	5400
每次訂貨費用	580
單位儲存成本	6
決策外部依據	
折扣點批量	價格
1	10
1020	9.8

決策過程

經濟批量	是否有效	按經濟批量計算費用	按折扣起點計算費用	兩個費用取小	小費用對應數量
1021.76	無效	無效	3186003.00	3186003.00	1.00
1021.76	有效	59050.58	59050.59	59050.58	1021.76

訂貨批量為1021.76時，可取得最小存貨總成本59050.58　　1021.76

訂貨批量	訂貨成本	購置成本	儲存成本	總成本	間距

圖 4-73　在「單折扣點」工作表中輸入資料及套入框線

在「雙折扣點」工作表中輸入資料及套入框線，如圖 4-74 所示。

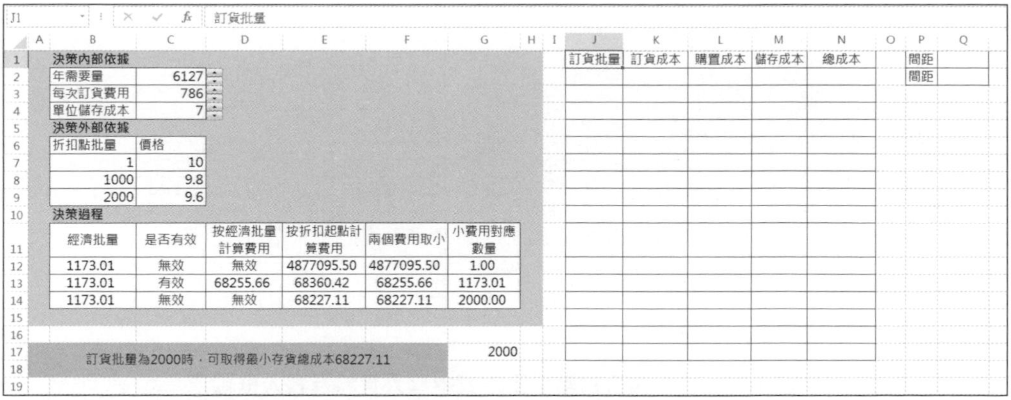

決策內部依據	
年需要量	6127
每次訂貨費用	786
單位儲存成本	7
決策外部依據	
折扣點批量	價格
1	10
1000	9.8
2000	9.6

決策過程

經濟批量	是否有效	按經濟批量計算費用	按折扣起點計算費用	兩個費用取小	小費用對應數量
1173.01	無效	無效	4877095.50	4877095.50	1.00
1173.01	有效	68255.66	68360.42	68255.66	1173.01
1173.01	無效	無效	68227.11	68227.11	2000.00

訂貨批量為2000時，可取得最小存貨總成本68227.11　　2000

訂貨批量	訂貨成本	購置成本	儲存成本	總成本	間距
					間距

圖 4-74　在「雙折扣點」工作表中輸入資料及套入框線

在「三折扣點」工作表中輸入資料及套入框線，如圖 4-75 所示。

圖 4-75　在「三折扣點」工作表中輸入資料及套入框線

在「四折扣點」工作表中輸入資料及套入框線，如圖 4-76 所示。

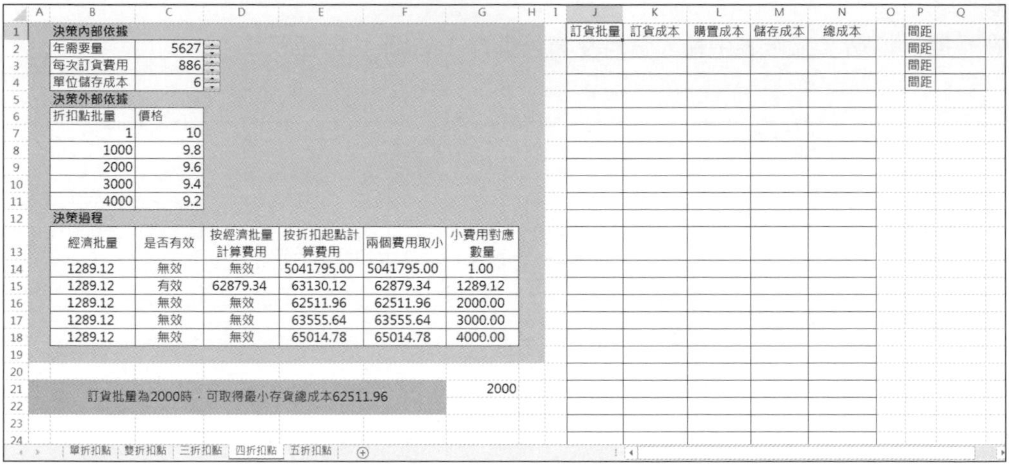

圖 4-76　在「四折扣點」工作表中輸入資料及套入框線

在「五折扣點」工作表中輸入資料及套入框線，如圖 4-77 所示。

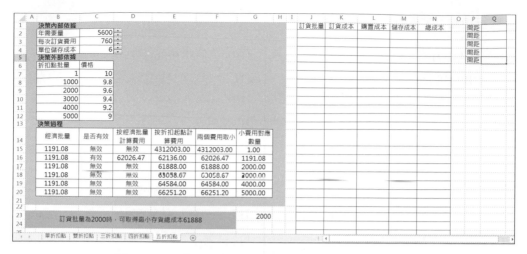

圖 4-77　在「五折扣點」工作表中輸入資料及套入框線

加工

在工作表儲存格中輸入公式：

「單折扣點」工作表

Q1：=(B8-B7)/5

J2：=$B$7+$Q$1

J3：=$B$7+2*$Q$1

J4：=$B$7+3*$Q$1

J5：=$B$7+4*$Q$1

J6：=B8-0.01

J7：=B8

J8：=$B$8+$Q$1

J9：=$B$8+2*$Q$1

J10：=$B$8+3*$Q$1

J11：=$B$8+4*$Q$1

J12：=$B$8+5*$Q$1

K2：=$C$2*$C$3/J2

選取 K2 儲存格，按住右下角的控點向下拖曳填滿至 K12 儲存格。

L2：L6 區域：選取 L2：L6 區域，輸入「=$C$2*$C$7」公式後，按 Ctrl+Shift+Enter 複合鍵。

L7：L12 區域：選取 L7：L12 區域，輸入「=$C$2*$C$8」公式後，按 Ctrl+Shift+Enter 複合鍵。

M2：=J2*$C$4/2

選取 M2 儲存格，按住右下角的控點向下拖曳填滿至 M12 儲存格。

N2：N12 區域：選取 N2：N12 區域，輸入「=K2:K12+L2:L12+M2:M12」公式後，按 Ctrl+Shift+Enter 複合鍵。

「雙折扣點」工作表

Q1：=(B8-B7)/5

Q2：=(B9-B8)/5

J2：=$B$7+$Q$1

J3：=$B$7+2*$Q$1

J4：=$B$7+3*$Q$1

J5：=$B$7+4*$Q$1

J6：=B8-0.01

J7：=B8

J8：=$B$8+$Q$2

J9：=$B$8+2*$Q$2

J10：=$B$8+3*$Q$2

J11：=$B$8+4*$Q$2

J12：=B9-0.01

J13：=B9

J14：=$B$9+$Q$2

J15：=$B$9+2*$Q$2

J16：=$B$9+3*$Q$2

J17：=$B$9+4*$Q$2

K2：=$C$2*$C$3/J2

選取 K2 儲存格，按住右下角的控點向下拖曳填滿至 K17 儲存格。

L2：L6 區域：選取 L2：L6 區域，輸入「=$C$2*$C$7」公式後，按 Ctrl+Shift+Enter 複合鍵。

L7：L12 區域：選取 L7：L12 區域，輸入「=$C$2*$C$8」公式後，按 Ctrl+Shift+Enter 複合鍵。

L13：L17 區域：選取 L13：L17 區域，輸入「=$C$2*$C$9」公式後，按 Ctrl+Shift+Enter 複合鍵。

M2：=J2*$C$4/2

選取 M2 儲存格，按住右下角的控點向下拖曳填滿至 M17 儲存格。

N2：N17 區域：選取 N2：N17 區域，輸入「=K2:K17+L2:L17+M2:M17」公式後，按 Ctrl+Shift+Enter 複合鍵。

「三折扣點」工作表

Q1：=(B8-B7)/5

Q2：=(B9-B8)/5

Q3：=(B10-B9)/5

J2：=$B$7+$Q$1

J3：=$B$7+2*$Q$1

J4：=$B$7+3*$Q$1

J5：=$B$7+4*$Q$1

J6：=B8-0.01

J7：=B8

J8：=$B$8+$Q$2

J9：=$B$8+2*$Q$2

J10：=$B$8+3*$Q$2

J11：=$B$8+4*$Q$2

J12：=B9-0.01

J13：=B9

J14：=$B$9+$Q$3

J15：=$B$9+2*$Q$3

J16：=$B$9+3*$Q$3

J17：=$B$9+4*$Q$3

J18：=B10-0.01

J19：=B10

J20：=$B$10+$Q$3

J21：=$B$10+2*$Q$3

J22：=$B$10+3*$Q$3

J23：=$B$10+4*$Q$3

K2：=$C$2*$C$3/J2

選取 K2 儲存格，按住右下角的控點向下拖曳填滿至 K23 儲存格。

L2：L6 區域：選取 L2：L6 區域，輸入「=$C$2*$C$7」公式後，按 Ctrl+Shift+Enter 複合鍵。

L7：L12 區域：選取 L7：L12 區域，輸入「=$C$2*$C$8」公式後，按 Ctrl+Shift+Enter 複合鍵。

L13：L18 區域：選取 L13：L18 區域，輸入「=$C$2*$C$9」公式後，按 Ctrl+Shift+Enter 複合鍵。

L19：L23 區域：選取 L19：L23 區域，輸入「=$C$2*$C$10」公式後，按 Ctrl+Shift+Enter 複合鍵。

M2：=J2*$C$4/2

選取 M2 儲存格，按住右下角的控點向下拖曳填滿至 M23 儲存格。

N2：N23 區域：選取 N2：N23 區域，輸入「=K2:K23+L2:L23+M2:M23」公式後，按 Ctrl+Shift+Enter 複合鍵。

「四折扣點」工作表

Q1：=(B8-B7)/5

Q2：=(B9-B8)/5

Q3：=(B10-B9)/5

Q4：=(B11-B10)/5

J2：=$B$7+$Q$1

J3：=$B$7+2*$Q$1

J4：=$B$7+3*$Q$1

J5：=$B$7+4*$Q$1

J6：=B8-0.01

J7：=B8

J8：=$B$8+$Q$2

J9：=$B$8+2*$Q$2

J10：=$B$8+3*$Q$2

J11：=$B$8+4*$Q$2

J12：=B9-0.01

J13：=B9

J14：=$B$9+$Q$3

J15：=$B$9+2*$Q$3

J16：=$B$9+3*$Q$3

J17：=$B$9+4*$Q$3

J18：=B10-0.01

J19：=B10

J20：=$B$10+$Q$4

J21：=$B$10+2*$Q$4

J22：=$B$10+3*$Q$4

J23：=$B$10+4*$Q$4

J24：=B11-0.01

J25：=B11

J26：=$B$11+$Q$4

J27：=$B$11+2*$Q$4

J28：=$B$11+3*$Q$4

J29：=$B$11+4*$Q$4

K2：=$C$2*$C$3/J2

選取 K2 儲存格，按住右下角的控點向下拖曳填滿至 K29 儲存格。

L2：L6 區域：選取 L2：L6 區域，輸入「=$C$2*$C$7」公式後，按 Ctrl+Shift+Enter 複合鍵。

L7：L12 區域：選取 L7：L12 區域，輸入「=$C$2*$C$8」公式後，按 Ctrl+Shift+Enter 複合鍵。

L13：L18 區域：選取 L13：L18 區域，輸入「=$C$2*$C$9」公式後，按 Ctrl+Shift+Enter 複合鍵。

L19：L24 區域：選取 L19：L24 區域，輸入「=$C$2*$C$10」公式後，按 Ctrl+Shift+Enter 複合鍵。

L25：L29 區域：選取 L25：L29 區域，輸入「=$C$2*$C$11」公式後，按 Ctrl+Shift+Enter 複合鍵。

M2：=J2*$C$4/2

選取 M2 儲存格，按住右下角的控點向下拖曳填滿至 M29 儲存格。

N2：N29 區域：選取 N2：N29 區域，輸入「=K2:K29+L2:L29+M2:M29」公式後，按 Ctrl+Shift+Enter 複合鍵。

「五折扣點」工作表

Q1：=(B8-B7)/5

Q2：=(B9-B8)/5

Q3：=(B10-B9)/5

Q4：=(B11-B10)/5

Q5：=(B12-B11)/5

J2：=$B$7+$Q$1

J3：=$B$7+2*$Q$1

J4：=$B$7+3*$Q$1

J5：=$B$7+4*$Q$1

J6：=B8-0.01

J7：=B8

J8：=$B$8+$Q$2

J9：=$B$8+2*$Q$2

J10：=$B$8+3*$Q$2

J11：=$B$8+4*$Q$2

J12：=B9-0.01

J13：=B9

J14：=$B$9+$Q$3

J15：=$B$9+2*$Q$3

J16：=$B$9+3*$Q$3

J17：=$B$9+4*$Q$3

J18：=B10-0.01

J19：=B10

J20：=$B$10+$Q$4

J21：=$B$10+2*$Q$4

J22：=$B$10+3*$Q$4

J23：=$B$10+4*$Q$4

J24：=B11-0.01

J25：=B11

J26：=$B$11+$Q$5

J27：=$B$11+2*$Q$5

J28：=$B$11+3*$Q$5

J29：=$B$11+4*$Q$5

J30：=B12-0.01

J31：=B12

J32：=$B$12+$Q$5

J33：=$B$12+2*$Q$5

J34：=$B$12+3*$Q$5

J35：=$B$12+4*$Q$5

K2：=$C$2*$C$3/J2

選取 K2 儲存格，按住右下角的控點向下拖曳填滿至 K35 儲存格。

L2：L6 區域：選取 L2：L6 區域，輸入「=$C$2*$C$7」公式後，按 Ctrl+Shift+Enter 複合鍵。

L7：L12 區域：選取 L7：L12 區域，輸入「=$C$2*$C$8」公式後，按 Ctrl+Shift+ Enter 複合鍵。

L13：L18 區域：選取 L13：L18 區域，輸入「=$C$2*$C$9」公式後，按 Ctrl+Shift+ Enter 複合鍵。

L19：L24 區域：選取 L19：L24 區域，輸入「=$C$2*$C$10」公式後，按 Ctrl+Shift+ Enter 複合鍵。

L25：L30 區域：選取 L25：L30 區域，輸入「=$C$2*$C$11」公式後，按 Ctrl+Shift+ Enter 複合鍵。

L31：L35 區域：選取 L31：L35 區域，輸入「=$C$2*$C$12」公式後，按 Ctrl+Shift+ Enter 複合鍵。

M2：=J2*$C$4/2

選取 M2 儲存格，按住右下角的控點向下拖曳填滿至 M35 儲存格。

N2：N35 區域：選取 N2：N35 區域，輸入「=K2:K35+L2:L35+M2:M35」公式後，按 Ctrl+Shift+Enter 複合鍵。

輸出

「單折扣點」工作表，如圖 4-78 所示。

	訂貨批量	訂貨成本	購置成本	儲存成本	總成本		間距	203.80
決策內部依據	204.80	15292.97	54000.00	614.40	69907.37			
年需要量 5400	408.60	7665.20	54000.00	1225.80	62891.00			
每次訂貨費用 580	612.40	5114.30	54000.00	1837.20	60951.50			
單位儲存成本 6	816.20	3837.29	54000.00	2448.60	60285.89			
決策外部依據	1019.99	3070.62	54000.00	3059.97	60130.59			
折扣點批量 價格	1020.00	3070.59	52920.00	3060.00	59050.59			
1 10	1223.80	2559.24	52920.00	3671.40	59150.64			
1020 9.8	1427.60	2193.89	52920.00	4282.80	59396.69			
決策過程	1631.40	1919.82	52920.00	4894.20	59734.02			

經濟批量	是否有效	按經濟批量計算費用	按折扣起點計算費用	兩個費用取小	小費用對應數量	1835.20	1706.63	52920.00	5505.60	60132.23
1021.76	無效	無效	3186003.00	3186003.00	1.00	2039.00	1536.05	52920.00	6117.00	60573.05
1021.76	有效	59050.58	59050.59	59050.58	1021.76					

訂貨批量為1021.76時，可取得最小存貨總成本59050.58	1021.76

圖 4-78　「單折扣點」存貨相關總成本

「雙折扣點」工作表，如圖 4-79 所示。

	訂貨批量	訂貨成本	購置成本	儲存成本	總成本		間距	199.80
決策內部依據	200.80	23983.18	61270.00	702.80	85955.98		間距	200.00
年需要量 6127	400.60	12021.52	61270.00	1402.10	74693.62			
每次訂貨費用 786	600.40	8021.02	61270.00	2101.40	71392.42			
單位儲存成本 7	800.20	6018.27	61270.00	2800.70	70088.97			
決策外部依據	999.99	4815.87	61270.00	3499.97	69585.84			
折扣點批量 價格	1000.00	4815.82	60044.60	3500.00	68360.42			
1 10	1200.00	4013.19	60044.60	4200.00	68257.79			
1000 9.8	1400.00	3439.87	60044.60	4900.00	68384.47			
2000 9.6	1600.00	3009.89	60044.60	5600.00	68654.49			
決策過程	1800.00	2675.46	60044.60	6300.00	69020.06			

經濟批量	是否有效	按經濟批量計算費用	按折扣起點計算費用	兩個費用取小	小費用對應數量	1999.99	2407.92	60044.60	6999.97	69452.49
1173.01	無效	無效	4877095.50	4877095.50	1.00	2000.00	2407.92	58819.20	7000.00	68227.11
1173.01	有效	68255.66	68360.42	68255.66	1173.01	2200.00	2189.01	58819.20	7700.00	68708.21
1173.01	無效	無效	68227.11	68227.11	2000.00	2400.00	2006.59	58819.20	8400.00	69225.79
						2600.00	1852.24	58819.20	9100.00	69771.44
訂貨批量為2000時，可取得最小存貨總成本68227.11				2000		2800.00	1719.94	58819.20	9800.00	70339.14

圖 4-79　「雙折扣點」存貨相關總成本

「三折扣點」工作表，如圖 4-80 所示。

	訂貨批量	訂貨成本	購置成本	儲存成本	總成本		間距	199.80
	200.80	24828.30	56270.00	602.40	81700.70		間距	200.00
	400.60	12445.14	56270.00	1201.80	69916.94		間距	200.00
	600.40	8303.67	56270.00	1801.20	66374.87			
	800.20	6230.34	56270.00	2400.60	64900.94			
	999.99	4985.57	56270.00	2999.97	64255.54			
	1000.00	4985.52	55144.60	3000.00	63130.12			
	1200.00	4154.60	55144.60	3600.00	62899.20			
	1400.00	3561.09	55144.60	4200.00	62905.69			
	1600.00	3115.95	55144.60	4800.00	63060.55			
	1800.00	2769.73	55144.60	5400.00	63314.33			
	1999.99	2492.77	55144.60	5999.97	63637.34			
	2000.00	2492.76	54019.20	6000.00	62511.96			
	2200.00	2266.15	54019.20	6600.00	62885.35			
	2400.00	2077.30	54019.20	7200.00	63296.50			
	2600.00	1917.51	54019.20	7800.00	63736.71			
	2800.00	1780.54	54019.20	8400.00	64199.74			
	2999.99	1661.85	54019.20	8999.97	64681.02			
	3000.00	1661.84	52893.80	9000.00	63555.64			
	3200.00	1557.98	52893.80	9600.00	64051.78			
	3400.00	1466.33	52893.80	10200.00	64560.13			
	3600.00	1384.87	52893.80	10800.00	65078.67			
	3800.00	1311.98	52893.80	11400.00	65605.78			

決策內部依據

年需要量	5627
每次訂貨費用	886
單位儲存成本	6

決策外部依據

折扣點批量	價格
1	10
1000	9.8
2000	9.6
3000	9.4

決策過程

經濟批量	是否有效	按經濟批量計算費用	按折扣起點計算費用	兩個費用取小	小費用對應數量
1289.12	無效	無效	5041795.00	5041795.00	1.00
1289.12	有效	62879.34	63130.12	62879.34	1289.12
1289.12	無效	無效	62511.96	62511.96	2000.00
1289.12	無效	無效	63555.64	63555.64	3000.00

訂貨批量為2000時，可取得最小存貨總成本62511.96　　2000

單折扣點　雙折扣點　三折扣點　四折扣點　五折扣點　⊕

圖 4-80　「三折扣點」存貨相關總成本

「四折扣點」工作表，如圖 4-81 所示。

	訂貨批量	訂貨成本	購置成本	儲存成本	總成本		間距	199.80
	200.80	24828.30	56270.00	602.40	81700.70		間距	200.00
	400.60	12445.14	56270.00	1201.80	69916.94		間距	200.00
	600.40	8303.67	56270.00	1801.20	66374.87		間距	200.00
	800.20	6230.34	56270.00	2400.60	64900.94			
	999.99	4985.57	56270.00	2999.97	64255.54			
	1000.00	4985.52	55144.60	3000.00	63130.12			
	1200.00	4154.60	55144.60	3600.00	62899.20			
	1400.00	3561.09	55144.60	4200.00	62905.69			
	1600.00	3115.95	55144.60	4800.00	63060.55			
	1800.00	2769.73	55144.60	5400.00	63314.33			
	1999.99	2492.77	55144.60	5999.97	63637.34			
	2000.00	2492.76	54019.20	6000.00	62511.96			
	2200.00	2266.15	54019.20	6600.00	62885.35			
	2400.00	2077.30	54019.20	7200.00	63296.50			
	2600.00	1917.51	54019.20	7800.00	63736.71			
	2800.00	1780.54	54019.20	8400.00	64199.74			
	2999.99	1661.85	54019.20	8999.97	64681.02			
	3000.00	1661.84	52893.80	9000.00	63555.64			
	3200.00	1557.98	52893.80	9600.00	64051.78			
	3400.00	1466.33	52893.80	10200.00	64560.13			
	3600.00	1384.87	52893.80	10800.00	65078.67			
	3800.00	1311.98	52893.80	11400.00	65605.78			
	3999.99	1246.38	52893.80	11999.97	66140.15			

決策內部依據

年需要量	5627
每次訂貨費用	886
單位儲存成本	6

決策外部依據

折扣點批量	價格
1	10
1000	9.8
2000	9.6
3000	9.4
4000	9.2

決策過程

經濟批量	是否有效	按經濟批量計算費用	按折扣起點計算費用	兩個費用取小	小費用對應數量
1289.12	無效	無效	5041795.00	5041795.00	1.00
1289.12	有效	62879.34	63130.12	62879.34	1289.12
1289.12	無效	無效	62511.96	62511.96	2000.00
1289.12	無效	無效	63555.64	63555.64	3000.00
1289.12	無效	無效	65014.78	65014.78	4000.00

訂貨批量為2000時，可取得最小存貨總成本62511.96　　2000

單折扣點　雙折扣點　三折扣點　四折扣點　五折扣點　⊕

圖 4-81　「四折扣點」存貨相關總成本

「五折扣點」工作表，如圖 4-82 所示。

圖 4-82　「五折扣點」存貨相關總成本

圖表生成

「單折扣點」工作表

1）　選取工作表中 J2：J12，再按住 Ctrl 鍵不放，選取 N2：N12 區域，按下「插入」標籤，選取「圖表→插入XY散佈圖或泡泡圖→帶有平滑線的XY散佈圖」按鈕項，即可插入一個標準的 XY 散佈圖。可先將圖表區中預設的「圖表標題」和「圖例」刪掉，再拖曳調整大小及放置的位置。

2）　按下圖表右上方的「＋」圖示鈕，勾選「座標軸標題」。然後將水平軸改成「訂貨批量」；將垂直軸改成「存貨總成本」。使用者還可按自己的意願再修改美化圖表，例如連按二下剛才改的垂直軸標題，將其文字方向改成「垂直」。單折扣點時的全額累進折扣經濟訂貨量模型的最終介面如圖 4-83 所示。

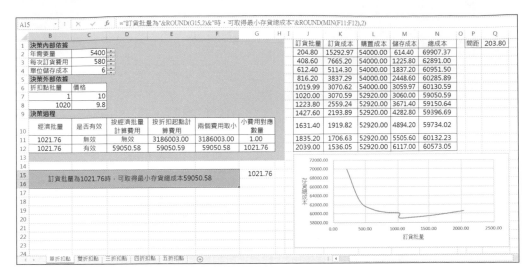

圖 4-83　單折扣點時的全額累進折扣經濟訂貨量模型

「雙折扣點」工作表

圖表生成過程，本工作表與「單折扣點」工作表相同。雙折扣點時的全額累進折扣經濟訂貨量模型的最終介面如圖 4-84 所示。

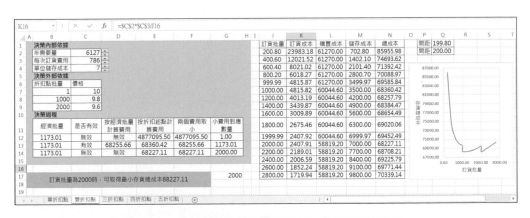

圖 4-84　雙折扣點時的全額累進折扣經濟訂貨量模型

「三折扣點」工作表

圖表生成過程，本工作表與「單折扣點」工作表相同。三折扣點時的全額累進折扣經濟訂貨量模型的最終介面如圖 4-85 所示。

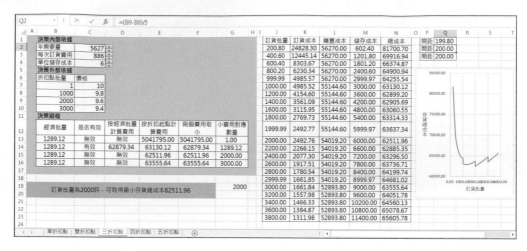

圖 4-85　三折扣點時的全額累進折扣經濟訂貨量模型

「四折扣點」工作表

圖表生成過程，本工作表與「單折扣點」工作表相同。四折扣點時的全額累進折扣經濟訂貨量模型的最終介面如圖 4-86 所示。

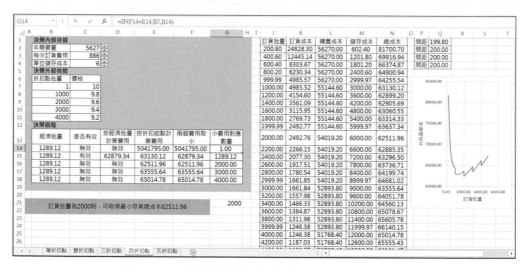

圖 4-86　四折扣點時的全額累進折扣經濟訂貨量模型

「五折扣點」工作表

圖表生成過程，本工作表與「單折扣點」工作表相同。五折扣點時的全額累進折扣經濟訂貨量模型的最終介面如圖 4-87 所示。

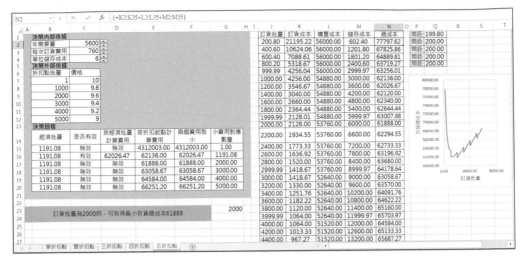

圖 4-87　五折扣點時的全額累進折扣經濟訂貨量模型

操作說明

■ 使用者在輸入「折扣點批量」時，應按由小到大的順序輸入，模型支援輸入 5 個不同的折扣點批量。

■ 使用者在輸入「價格」時，應注意：折扣點批量越大，價格應越小。

■ 在「單折扣點」、「雙折扣點」、「三折扣點」、「四折扣點」、「五折扣點」等工作表中調節「年需要量」、「每次訂貨費用」、「單位儲存成本」等變數的微調項，或輸入「折扣點批量」、「價格」等變數時，模型的計算結果、表格及圖表都將隨之變化，文字描述將隨之變化。

▌超額累進折扣的經濟訂貨量模型

應用場景

CEO：什麼是超額累進折扣？

CFO：例如，供應商的折扣政策規定：標準價格為 10 元；訂貨量達到 2000 及以上的，價格為 9 元。如果訂貨量 2400，其中 2000 適用 10 元的價格，400 適用 9 元的價格，則是超額累進折扣。

CEO：在超額累進折扣的情況下，如何計算經濟訂貨量？

CFO：計算經濟訂貨量，超額累進與全額累進的步驟是不一樣的。超額累進折扣，價格呈階梯狀，購置成本需分段累計；需要在每個折扣點批量區間分別計算訂貨批量；在每個折扣點批量區間分別計算訂貨批量時，採購價格的不同，將轉化為每次訂貨費用的不同。計算步驟如下：

1） 按經濟訂貨量基本模型計算出每個折扣點批量區間的訂貨批量，在相應的折扣點批量區間範圍內的，為有效訂貨批量。

2） 按供應商提供的折扣點批量和價格，分段計算出訂貨批量的購置成本，並計算平均採購價格；

3） 計算各訂貨批量對應的存貨相關總成本。

4） 比較各存貨相關總成本，最低的為最優解。最優解對應的訂貨批量，就是折扣條件下的經濟訂貨量。

基本理論

見前面「營運資本投資模型→累進折扣的經濟訂貨量模型→全額累進折扣的經濟訂貨量模型→基本理論」的相關介紹。

模型建立

📂……\chapter04\07\全額累進折扣的經濟訂貨量模型.xlsx

輸入

新建活頁簿。活頁簿包含以下工作表：單折扣點、雙折扣點、三折扣點、四折扣點、五折扣點。

「單折扣點」工作表

1） 在工作表中輸入文字資料，並進行格式化。如合併儲存格、調整列高欄寬、套入框線、選取填滿色彩、設定字型大小等。

2） 在 D2~D4 新增微調按鈕。按一下「開發人員」標籤，選取「插入→表單控制項 →微調按鈕」按鈕，在對應的儲存格拖曳拉出適當大小的微調按鈕。接著對該 微調按鈕按下滑鼠右鍵，選取「控制項格式」指令，對其屬性設定儲存格連 結、目前值、最小值、最大值等。其他詳細的設定值則請參考下載的本節 Excel 範例檔。初步完成的模型如圖 4-88 所示。

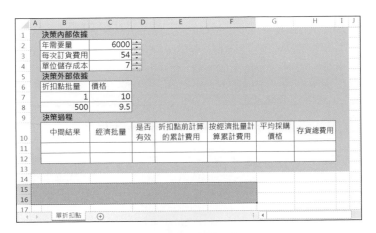

圖 4-88　初步完成「單折扣點」的模型

「雙折扣點」工作表

1） 可按住 Ctrl 鍵再對「單折扣點」工作表標籤拖曳複製其工作表，再將工作表的 「單折扣點(2)」標籤改成「雙折扣點」。

2） 在剛才複製好的「雙折扣點」工作表中，在決策外部依據表格下方新增一列， 同樣在決策過程表格下方也新增一列。如圖 4-89 所示。

「三折扣點」工作表

1） 可按住 Ctrl 鍵再對「雙折扣點」工作表標籤拖曳複製其工作表，再將工作表的 「雙折扣點(2)」標籤改成「三折扣點」。

2） 在剛才複製好的「三折扣點」工作表中，在決策外部依據表格下方新增一列， 同樣在決策過程表格下方也新增一列。如圖 4-90 所示。

圖 4-89 初步完成「雙折扣點」的模型

圖 4-90 初步完成「三折扣點」的模型

「四折扣點」工作表

1) 可按住 Ctrl 鍵再對「三折扣點」工作表標籤拖曳複製其工作表，再將工作表的「三折扣點(2)」標籤改成「四折扣點」。

2) 在剛才複製好的「四折扣點」工作表中，在決策外部依據表格下方新增一列，同樣在決策過程表格下方也新增一列。如圖 4-91 所示。

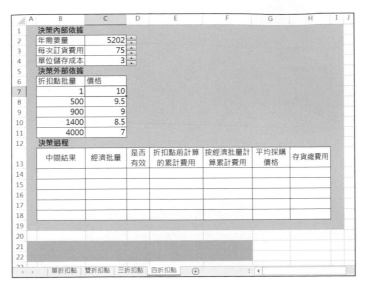

圖 4-91　初步完成「四折扣點」的模型

「五折扣點」工作表

1）　可按住 Ctrl 鍵再對「四折扣點」工作表標籤拖曳複製其工作表，再將工作表的「四折扣點(2)」標籤改成「五折扣點」。

2）　在剛才複製好的「五折扣點」工作表中，在決策外部依據表格下方新增一列，同樣在決策過程表格下方也新增一列。如圖 4-92 所示。

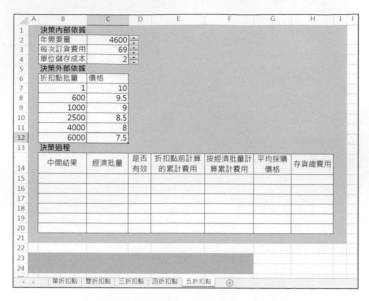

圖 4-92　初步完成「五折扣點」的模型

加工

在工作表儲存格中輸入公式：

「單折扣點」工作表

B11：=0

B12：=B11+(B8-1)*(C7-C8)

C11：=SQRT(2*$C$2*($C$3+B11)/$C$4)

選取 C11，按住右下角的控點向下拖曳填滿至 C12 儲存格。

D11：=IF(AND(C11>=B7,C11<B8),"有效","無效")

D12：=IF(C12>=B8,"有效","無效")

E11：=0

E12：=E11+(B8-B7)*C7

F11：=IF(D11="有效",E11+(C11-(B7-1))*C7,"無效")

G11：=IF(D11="有效",F11/C11,"無效")

H11：=IF(D11="有效",G11*$C$2+$C$2*$C$3/C11+C11*$C$4/2,"無效")

選取 F11：H11 區域，按住右下角的控點向下拖曳填滿至 F12：H12 區域。

G15：=INDEX(C11:C12,MATCH(MIN(H11:H12),H11:H12,0))

A15：="訂貨批量為"&ROUND(G15,2)&"時，可取得最小存貨總成本"&ROUND(MIN(H11:H12),2)

「雙折扣點」工作表

B12：=0

B13：=B12+(B8-1)*(C7-C8)

選取 B13，按住右下角的控點向下拖曳填滿至 B14 儲存格。

C12：=SQRT(2*$C$2*($C$3+B12)/$C$4)

選取 C12，按住右下角的控點向下拖曳填滿至 C14 儲存格。

D12：=IF(AND(C12>=B7,C12<B8),"有效","無效")

選取 D12，按住右下角的控點向下拖曳填滿至 D13 儲存格。

D14：=IF(C14>=B9,"有效","無效")

E12：=0

E13：=E12+(B8-B7)*C7

選取 E13，按住右下角的控點向下拖曳填滿至 E14 儲存格。

F12：=IF(D12="有效",E12+(C12-(B7-1))*C7,"無效")

G12：=IF(D12="有效",F12/C12,"無效")

H12：=IF(D12="有效",G12*$C$2+$C$2*$C$3/C12+C12*$C$4/2,"無效")

選取 F12：H12 區域，按住右下角的控點向下拖曳填滿至 F14：H14 區域。

G17：=INDEX(C12:C14,MATCH(MIN(H12:H14),H12:H14,0))

A17：="訂貨批量為"&ROUND(G17,2)&"時，可取得最小存貨總成本"&ROUND(MIN(H12:H14),2)

「三折扣點」工作表

B13：=0

B14：=B13+(B8-1)*(C7-C8)

選取 B14，按住右下角的控點向下拖曳填滿至 B16 儲存格。

C13：=SQRT(2*$C$2*($C$3+B13)/$C$4)

選取 C13，按住右下角的控點向下拖曳填滿至 C16 儲存格。

D13：=IF(AND(C13>=B7,C13<B8),"有效","無效")

選取 D13，按住右下角的控點向下拖曳填滿至 D15 儲存格。

D16：=IF(C16>=B10,"有效","無效")

E13：=0

E14：=E13+(B8-B7)*C7

選取 E14，按住右下角的控點向下拖曳填滿至 E16 儲存格。

F13：=IF(D13="有效",E13+(C13-(B7-1))*C7,"無效")

G13：=IF(D13="有效",F13/C13,"無效")

H13：=IF(D13="有效",G13*$C$2+$C$2*$C$3/C13+C13*$C$4/2,"無效")

選取 F13：H13 區域，按住右下角的控點向下拖曳填滿至 F16：H16 區域。

G19：=INDEX(C13:C16,MATCH(MIN(H13:H16),H13:H16,0))

A19：="訂貨批量為"&ROUND(G19,2)&"時，可取得最小存貨總成本"&ROUND(MIN(H13:H16),2)

「四折扣點」工作表

B14：=0

B15：=B14+(B8-1)*(C7-C8)

選取 B15，按住右下角的控點向下拖曳填滿至 B18 儲存格。

C14：=SQRT(2*$C$2*($C$3+B14)/$C$4)

選取 C14，按住右下角的控點向下拖曳填滿至 C18 儲存格。

D14：=IF(AND(C14>=B7,C14<B8),"有效","無效")

選取 D14，按住右下角的控點向下拖曳填滿至 D17 儲存格。

D18：=IF(C18>=B11,"有效","無效")

E14：=0

E15：=E14+(B8-B7)*C7

選取 E15，按住右下角的控點向下拖曳填滿至 E18 儲存格。

F14：=IF(D14="有效",E14+(C14-(B7-1))*C7,"無效")

G14：=IF(D14="有效",F14/C14,"無效")

H14：=IF(D14="有效",G14*$C$2+$C$2*$C$3/C14+C14*$C$4/2,"無效")

選取 F14：H14 區域，按住右下角的控點向下拖曳填滿至 F18：H18 區域。

G21：=INDEX(C14:C18,MATCH(MIN(H14:H18),H14:H18,0))

A21：="訂貨批量為"&ROUND(G21,2)&"時，可取得最小存貨總成本"&ROUND(MIN(H14:H18),2)

「五折扣點」工作表

B15：=0

B16：=B15+(B8-1)*(C7-C8)

選取 B16，按住右下角的控點向下拖曳填滿至 B20 儲存格。

C15：=SQRT(2*$C$2*($C$3+B15)/$C$4)

選取 C15，按住右下角的控點向下拖曳填滿至 C20 儲存格。

D15：=IF(AND(C15>=B7,C15<B8),"有效","無效")

選取 D15，按住右下角的控點向下拖曳填滿至 D19 儲存格。

D20：=IF(C20>=B12,"有效","無效")

E15：=0

E16：=E15+(B8-B7)*C7

選取 E16，按住右下角的控點向下拖曳填滿至 E20 儲存格。

F15：=IF(D15="有效",E15+(C15-(B7-1))*C7,"無效")

G15：=IF(D15="有效",F15/C15,"無效")

H15：=IF(D15="有效",G15*$C$2+$C$2*$C$3/C15+C15*$C$4/2,"無效")

選取 F15：H15 區域，按住右下角的控點向下拖曳填滿至 F20：H20 區域。

G23：=INDEX(C15:C20，MATCH(MIN(H15:H20),H15:H20,0))

A23：="訂貨批量為"&ROUND(G23,2)&"時，可取得最小存貨總成本"&ROUND(MIN(H15:H20),2)

輸出

「單折扣點」工作表，如圖 4-93 所示。

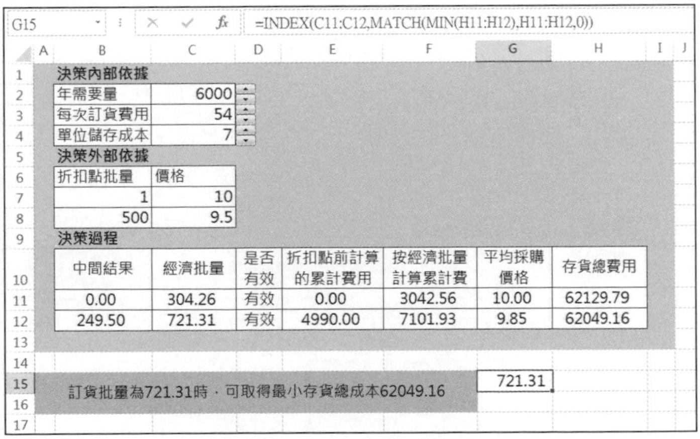

G15　=INDEX(C11:C12,MATCH(MIN(H11:H12),H11:H12,0))

	B	C	D	E	F	G	H
1	決策內部依據						
2	年需要量	6000					
3	每次訂貨費用	54					
4	單位儲存成本	7					
5	決策外部依據						
6	折扣點批量	價格					
7	1	10					
8	500	9.5					
9	決策過程						
10	中間結果	經濟批量	是否有效	折扣點前計算的累計費用	按經濟批量計算累計費	平均採購價格	存貨總費用
11	0.00	304.26	有效	0.00	3042.56	10.00	62129.79
12	249.50	721.31	有效	4990.00	7101.93	9.85	62049.16
15	訂貨批量為721.31時，可取得最小存貨總成本62049.16					721.31	

圖 4-93　單折扣點的經濟批量

「雙折扣點」工作表，如圖 4-94 所示。

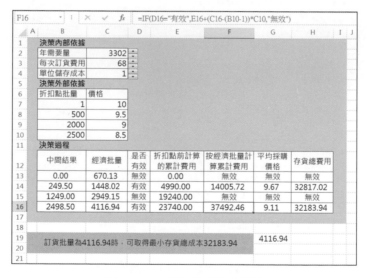

圖 4-94　雙折扣點的經濟批量

「三折扣點」工作表，如圖 4-95 所示。

圖 4-95　三折扣點的經濟批量

「四折扣點」工作表，如圖 4-96 所示。

H16　　=IF(D16="有效",G16*$C$2+$C$2*$C$3/C16+C16*$C$4/2,"無效")

	A	B	C	D	E	F	G	H	I	J
1	決策內部依據									
2	年需要量		5202							
3	每次訂貨費用		75							
4	單位儲存成本		3							
5	決策外部依據									
6	折扣點批量	價格								
7	1	10								
8	500	9.5								
9	900	9								
10	1400	8.5								
11	4000	7								
12	決策過程									
13	中間結果	經濟批量	是否有效	折扣點前計算的累計費用	按經濟批量計算累計費用	平均採購價格	存貨總費用			
14	0.00	510.00	無效	0.00	無效	無效	無效			
15	249.50	1060.83	無效	4990.00	無效	無效	無效			
16	699.00	1638.36	無效	8790.00	無效	無效	無效			
17	1398.50	2260.55	有效	13290.00	20613.20	9.12	50998.66			
18	7397.00	5090.47	有效	35390.00	43030.30	8.45	51685.41			
19										
20										
21	訂貨批量為2260.55時，可取得最小存貨總成本50998.66						2260.55			
22										
23										
24										

單折扣點　雙折扣點　三折扣點　四折扣點　五折扣點

圖 4-96　四折扣點的經濟批量

「五折扣點」工作表，如圖 4-97 所示。

G23　　=INDEX(C15:C20,MATCH(MIN(H15:H20),H15:H20,0))

	A	B	C	D	E	F	G	H	I	J
1	決策內部依據									
2	年需要量		4600							
3	每次訂貨費用		69							
4	單位儲存成本		2							
5	決策外部依據									
6	折扣點批量	價格								
7	1	10								
8	600	9.5								
9	1000	9								
10	2500	8.5								
11	4000	8								
12	6000	7.5								
13	決策過程									
14	中間結果	經濟批量	是否有效	折扣點前計算的累計費用	按經濟批量計算累計費用	平均採購價格	存貨總費用			
15	0.00	563.38	有效	0.00	5633.83	10.00	47126.77			
16	299.50	1301.96	無效	5990.00	無效	無效	無效			
17	799.00	1998.20	有效	9790.00	18782.79	9.40	45396.40			
18	2048.50	3120.98	有效	23290.00	28576.81	9.16	45341.95			
19	4048.00	4351.80	有效	36040.00	38862.43	8.93	45503.61			
20	7047.50	5721.53	無效	52040.00	無效	無效	無效			
21										
22										
23	訂貨批量為3120.98時，可取得最小存貨總成本45341.95						3120.98			
24										

單折扣點　雙折扣點　三折扣點　四折扣點　五折扣點

圖 4-97　五折扣點的經濟批量

表格製作

輸入

在「單折扣點」工作表中輸入資料，如圖 4-98 所示。

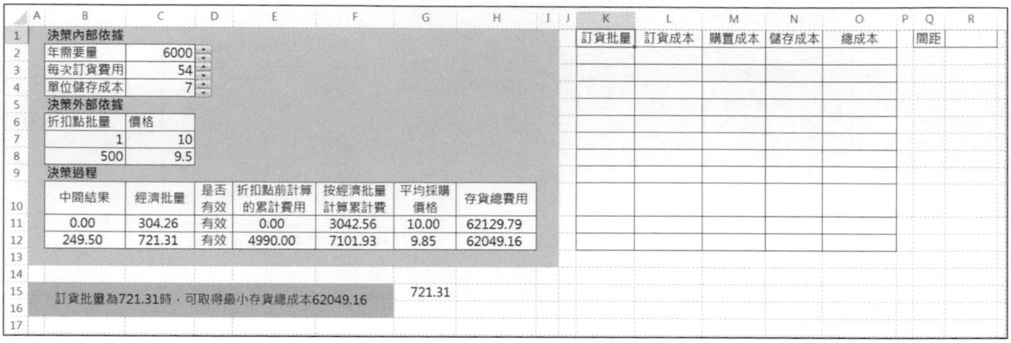

圖 4-98　在「單折扣點」工作表中輸入資料

在「雙折扣點」工作表中輸入資料，如圖 4-99 所示。

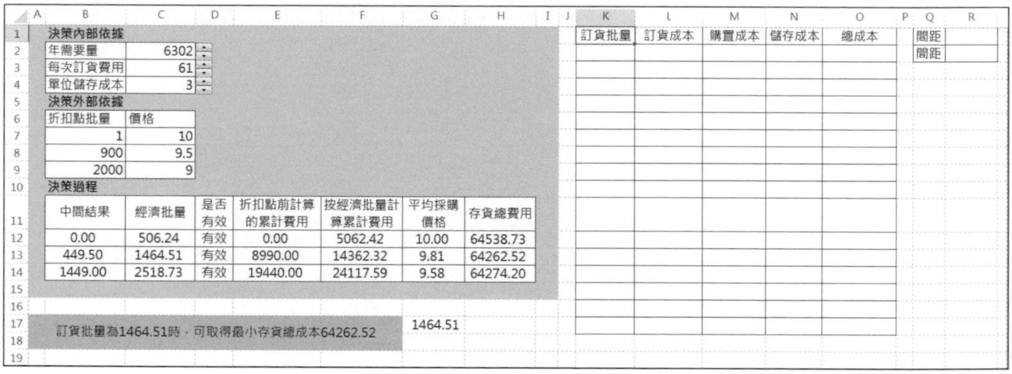

圖 4-99　在「雙折扣點」工作表中輸入資料

在「三折扣點」在工作表中輸入資料，如圖 4-100 所示。

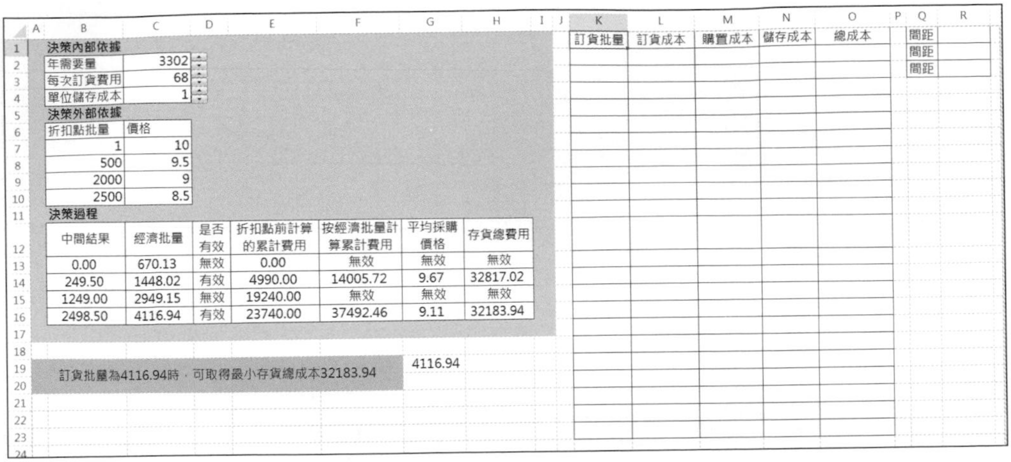

圖 4-100　在「三折扣點」工作表中輸入資料

在「四折扣點」在工作表中輸入資料，如圖 4-101 所示。

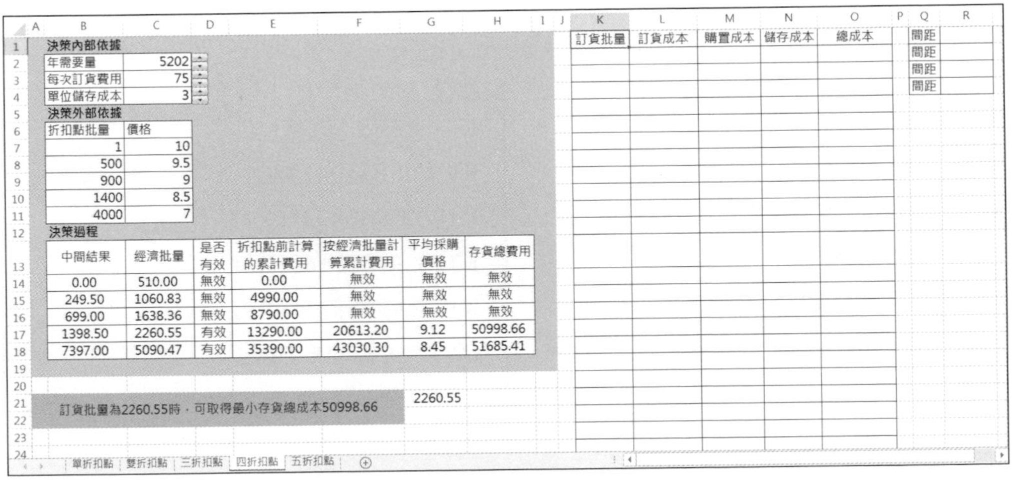

圖 4-101　在「四折扣點」工作表中輸入資料

在「五折扣點」在工作表中輸入資料，如圖 4-102 所示。

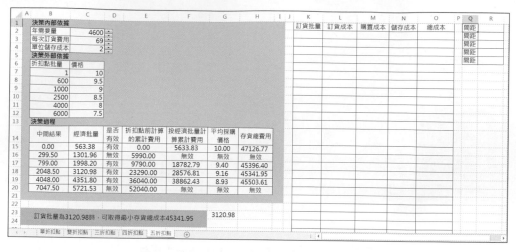

圖 4-102　在「五折扣點」工作表中輸入資料

加工

在工作表儲存格中輸入公式：

「單折扣點」工作表

R1：=(B8-B7)/5

K2：=$B$7+$R$1

K3：=$B$7+2*$R$1

K4：=$B$7+3*$R$1

K5：=$B$7+4*$R$1

K6：=B8-0.01

K7：=B8

K8：=$B$8+$R$1

K9：=$B$8+2*$R$1

K10：=$B$8+3*$R$1

K11：=$B$8+4*$R$1

K12：=$B$8+5*$R$1

L2：=$C$2*$C$3/K2

選取 L2 儲存格，按住右下角的控點向下拖曳填滿至 L12 儲存格。

M2：M6 區域：選取 M2：M6 區域，輸入「=$C$2*$C$7」公式後，按 Ctrl+Shift+Enter 複合鍵。

M7：=($B$8*$C$7+(K7-$B$8)*$C$8)*$C$2/K7

選取 M7 儲存格，按住右下角的控點向下拖曳填滿至 M12 儲存格。

N2：=K2*$C$4/2

選取 N2 儲存格，按住右下角的控點向下拖曳填滿至 N12 儲存格。

O2：O12 區域：選取 O2：O12 區域，輸入「=L2:L12+M2:M12+N2:N12」公式後，按 Ctrl+Shift+Enter 複合鍵。

「雙折扣點」工作表

R1：=(B8-B7)/5

R2：=(B9-B8)/5

K2：=$B$7+$R$1

K3：=$B$7+2*$R$1

K4：=$B$7+3*$R$1

K5：=$B$7+4*$R$1

K6：=B8-0.01

K7：=B8

K8：=$B$8+$R$2

K9：=$B$8+2*$R$2

K10：=$B$8+3*$R$2

K11：=$B$8+4*$R$2

K12：=B9-0.01

K13：=B9

K14：=$B$9+$R$2

K15：=$B$9+2*$R$2

K16：=$B$9+3*$R$2

K17：=$B$9+4*$R$2

L2：=$C$2*$C$3/K2

選取 L2 儲存格，按住右下角的控點向下拖曳填滿至 L17 儲存格。

M2：M6 區域：選取 M2：M6 區域，輸入「=$C$2*$C$7」公式後，按 Ctrl+Shift+Enter 複合鍵。

M7：=($B$8*$C$7+(K7-$B$8)*$C$8)*$C$2/K7

選取 M7 儲存格，按住右下角的控點向下拖曳填滿至 M12 儲存格。

M13：=($B$8*$C$7+($B$9-$B$8)*$C$8+(K13-$B$9)*$C$9)*$C$2/K13

選取 M13 儲存格，按住右下角的控點向下拖曳填滿至 M17 儲存格。

N2：=K2*$C$4/2

選取 N2 儲存格，按住右下角的控點向下拖曳填滿至 N17 儲存格。

O2：O17 區域：選取 O2：O17 區域，輸入「=L2:L17+M2:M17+N2:N17」公式後，按 Ctrl+Shift+Enter 複合鍵。

「三折扣點」工作表

R1：=(B8-B7)/5

R2：=(B9-B8)/5

R3：=(B10-B9)/5

K2：=$B$7+$R$1

K3：=$B$7+2*$R$1

K4：=$B$7+3*$R$1

K5：=$B$7+4*$R$1

K6：=B8-0.01

K7：=B8

K8：=$B$8+$R$2

K9：=$B$8+2*$R$2

K10：=$B$8+3*$R$2

K11：=$B$8+4*$R$2

K12：=B9-0.01

K13：=B9

K14：=$B$9+$R$3

K15：=$B$9+2*$R$3

K16：=$B$9+3*$R$3

K17：=$B$9+4*$R$3

K18：=B10-0.01

K19：=B10

K20：=$B$10+$R$3

K21：=$B$10+2*$R$3

K22：=$B$10+3*$R$3

K23：=$B$10+4*$R$3

L2：=$C$2*$C$3/K2

選取 L2 儲存格，按住右下角的控點向下拖曳填滿至 L23 儲存格。

M2：M6 區域：選取 M2：M6 區域，輸入「=$C$2*$C$7」公式後，按 Ctrl+Shift+Enter 複合鍵。

M7：=($B$8*$C$7+(K7-$B$8)*$C$8)*$C$2/K7

選取 M7 儲存格，按住右下角的控點向下拖曳填滿至 M12 儲存格。

M13：=($B$8*$C$7+($B$9-$B$8)*$C$8+(K13-$B$9)*$C$9)*$C$2/K13

選取 M13 儲存格，按住右下角的控點向下拖曳填滿至 M18 儲存格。

M19：=($B$8*$C$7+($B$9-$B$8)*$C$8+($B$10-$B$9)*$C$9+(K19-$B$10)*$C$10)*$C$2/K19

選取 M19 儲存格，按住右下角的控點向下拖曳填滿至 M23 儲存格。

N2：=K2*$C$4/2

選取 N2 儲存格，按住右下角的控點向下拖曳填滿至 N23 儲存格。

O2：O23 區域：選取 O2：O23 區域，輸入「=L2:L23+M2:M23+N2:N23」公式後，按 Ctrl+Shift+Enter 複合鍵。

「四折扣點」工作表

R1：=(B8-B7)/5

R2：=(B9-B8)/5

R3：=(B10-B9)/5

R4：=(B11-B10)/5

K2：=$B$7+$R$1

K3：=$B$7+2*$R$1

K4：=$B$7+3*$R$1

K5：=$B$7+4*$R$1

K6：=B8-0.01

K7：=B8

K8：=$B$8+$R$2

K9：=$B$8+2*$R$2

K10：=$B$8+3*$R$2

K11：=$B$8+4*$R$2

K12：=B9-0.01

K13：=B9

K14：=$B$9+$R$3

K15：=$B$9+2*$R$3

K16：=$B$9+3*$R$3

K17：=$B$9+4*$R$3

K18：=B10-0.01

K19：=B10

K20：=$B$10+$R$4

K21：=$B$10+2*$R$4

K22：=$B$10+3*$R$4

K23：=$B$10+4*$R$4

K24：=B11-0.01

K25：=B11

K26：=$B$11+$R$4

K27：=$B$11+2*$R$4

K28：=$B$11+3*$R$4

K29：=$B$11+4*$R$4

L2：=$C$2*$C$3/K2

選取 L2 儲存格，按住右下角的控點向下拖曳填滿至 L29 儲存格。

M2：M6 區域：選取 M2：M6 區域，輸入「=$C$2*$C$7」公式後，按 Ctrl+Shift+Enter 複合鍵。

M7：=($B$8*$C$7+(K7-$B$8)*$C$8)*$C$2/K7

選取 M7 儲存格，按住右下角的控點向下拖曳填滿至 M12 儲存格。

M13：=($B$8*$C$7+($B$9-$B$8)*$C$8+(K13-$B$9)*$C$9)*$C$2/K13

選取 M13 儲存格，按住右下角的控點向下拖曳填滿至 M18 儲存格。

M19：=($B$8*$C$7+($B$9-$B$8)*$C$8+($B$10-$B$9)*$C$9+(K19-$B$10)*$C$10)*$C$2/ K19

選取 M19 儲存格，按住右下角的控點向下拖曳填滿至 M24 儲存格。

M25：=($B$8*$C$7+($B$9-$B$8)*$C$8+($B$10-$B$9)*$C$9+($B$11-$B$10)*$C$10+(K25- $B$11)*$C$11)*$C$2/K25

選取 M25 儲存格，按住右下角的控點向下拖曳填滿至 M29 儲存格。

N2：=K2*$C$4/2

選取 N2 儲存格，按住右下角的控點向下拖曳填滿至 N29 儲存格。

O2：O29 區域：選取 O2：O29 區域，輸入「=L2:L29+M2:M29+N2:N29」公式後，按 Ctrl+Shift+Enter 複合鍵。

「五折扣點」工作表

R1：=(B8-B7)/5

R2：=(B9-B8)/5

R3：=(B10-B9)/5

R4：=(B11-B10)/5

R5：=(B12-B11)/5

K2：=$B$7+$R$1

K3：=$B$7+2*$R$1

K4：=$B$7+3*$R$1

K5：=$B$7+4*$R$1

K6：=B8-0.01

K7：=B8

K8：=$B$8+$R$2

K9：=$B$8+2*$R$2

K10：=$B$8+3*$R$2

K11：=$B$8+4*$R$2

K12：=B9-0.01

K13：=B9

K14：=$B$9+$R$3

K15：=$B$9+2*$R$3

K16：=$B$9+3*$R$3

K17：=$B$9+4*$R$3

K18：=B10-0.01

K19：=B10

K20：=$B$10+$R$4

K21：=$B$10+2*$R$4

K22：=$B$10+3*$R$4

K23：=$B$10+4*$R$4

K24：=B11-0.01

K25：=B11

K26：=$B$11+$R$5

K27：=$B$11+2*$R$5

K28：=$B$11+3*$R$5

K29：=$B$11+4*$R$5

K30：=B12-0.01

K31：=B12

K32：=$B$12+$R$5

K33：=$B$12+2*$R$5

K34：=$B$12+3*$R$5

K35：=$B$12+4*$R$5

L2：=$C$2*$C$3/K2

選取 L2 儲存格，按住右下角的控點向下拖曳填滿至 L35 儲存格。

M2：M6 區域：選取 M2：M6 區域，輸入「=$C$2*$C$7」公式後，按 Ctrl+Shift+ Enter 複合鍵。

M7：=($B$8*$C$7+(K7-$B$8)*$C$8)*$C$2/K7

選取 M7 儲存格，按住右下角的控點向下拖曳填滿至 M12 儲存格。

M13：=($B$8*$C$7+($B$9-$B$8)*$C$8+(K13-$B$9)*$C$9)*$C$2/K13

選取 M13 儲存格，按住右下角的控點向下拖曳填滿至 M18 儲存格。

M19：=($B$8*$C$7+($B$9-$B$8)*$C$8+($B$10-$B$9)*$C$9+(K19-$B$10)*$C$10)* $C$2/K19

選取 M19 儲存格，按住右下角的控點向下拖曳填滿至 M24 儲存格。

M25：=($B$8*$C$7+($B$9-$B$8)*$C$8+($B$10-$B$9)*$C$9+($B$11-$B$10)*$C$10+ (K25- $B$11)*$C$11)*$C$2/K25

選取 M25 儲存格，按住右下角的控點向下拖曳填滿至 M30 儲存格。

M31：=($B$8*$C$7+($B$9-$B$8)*$C$8+($B$10-$B$9)*$C$9+($B$11-$B$10)*$C$10+ ($B$12-$B$11)*$C$11+(K31-$B$12)*$C$12)*$C$2/K31

選取 M31 儲存格，按住右下角的控點向下拖曳填滿至 M35 儲存格。

N2：=K2*$C$4/2

選取 N2 儲存格，按住右下角的控點向下拖曳填滿至 N35 儲存格。

O2：O35 區域：選取 O2：O35 區域，輸入「=L2:L35+M2:M35+N2:N35」公式後，按 Ctrl+Shift+Enter 複合鍵。

輸出

「單折扣點」工作表，如圖 4-103 所示。

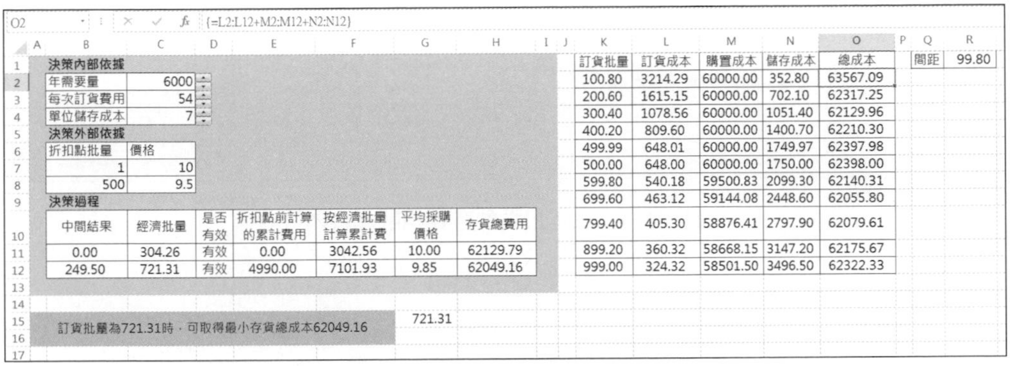

O2　{=L2:L12+M2:M12+N2:N12}

決策內部依據

年需要量	6000
每次訂貨費用	54
單位儲存成本	7

決策外部依據

折扣點批量	價格
1	10
500	9.5

決策過程

中間結果	經濟批量	是否有效	折扣點前計算的累計費用	按經濟批量計算累計費	平均採購價格	存貨總費用
0.00	304.26	有效	0.00	3042.56	10.00	62129.79
249.50	721.31	有效	4990.00	7101.93	9.85	62049.16

訂貨批量為721.31時，可取得最小存貨總成本62049.16

721.31

訂貨批量	訂貨成本	購置成本	儲存成本	總成本
100.80	3214.29	60000.00	352.80	63567.09
200.60	1615.15	60000.00	702.10	62317.25
300.40	1078.56	60000.00	1051.40	62129.96
400.20	809.60	60000.00	1400.70	62210.30
499.99	648.01	60000.00	1749.97	62397.98
500.00	648.00	60000.00	1750.00	62398.00
599.80	540.18	59500.83	2099.30	62140.31
699.60	463.12	59144.08	2448.60	62055.80
799.40	405.30	58876.41	2797.90	62079.61
899.20	360.32	58668.15	3147.20	62175.67
999.00	324.32	58501.50	3496.50	62322.33

間距	99.80

圖 4-103　單折扣點的存貨相關總成本

「雙折扣點」工作表，如圖 4-104 所示。

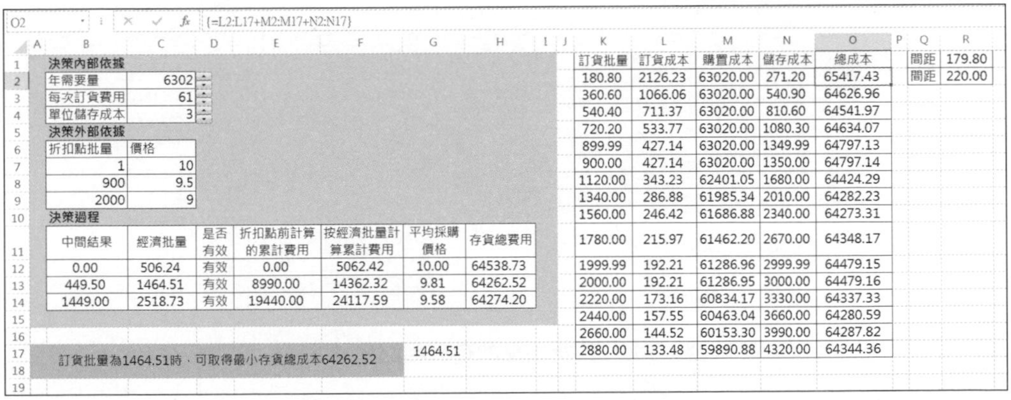

O2　{=L2:L17+M2:M17+N2:N17}

決策內部依據

年需要量	6302
每次訂貨費用	61
單位儲存成本	3

決策外部依據

折扣點批量	價格
1	10
900	9.5
2000	9

決策過程

中間結果	經濟批量	是否有效	折扣點前計算的累計費用	按經濟批量計算累計費用	平均採購價格	存貨總費用
0.00	506.24	有效	0.00	5062.42	10.00	64538.73
449.50	1464.51	有效	8990.00	14362.32	9.81	64262.52
1449.00	2518.73	有效	19440.00	24117.59	9.58	64274.20

訂貨批量為1464.51時，可取得最小存貨總成本64262.52

1464.51

訂貨批量	訂貨成本	購置成本	儲存成本	總成本
180.80	2126.23	63020.00	271.20	65417.43
360.60	1066.06	63020.00	540.90	64626.96
540.40	711.37	63020.00	810.60	64541.97
720.20	533.77	63020.00	1080.30	64634.07
899.99	427.14	63020.00	1349.99	64797.13
900.00	427.14	63020.00	1350.00	64797.14
1120.00	343.23	62401.05	1680.00	64424.29
1340.00	286.88	61985.34	2010.00	64282.23
1560.00	246.42	61686.88	2340.00	64273.31
1780.00	215.97	61462.20	2670.00	64348.17
1999.99	192.21	61286.96	2999.99	64479.15
2000.00	192.21	61286.95	3000.00	64479.16
2220.00	173.16	60834.17	3330.00	64337.33
2440.00	157.55	60463.04	3660.00	64280.59
2660.00	144.52	60153.30	3990.00	64287.82
2880.00	133.48	59890.88	4320.00	64344.36

間距	179.80
間距	220.00

圖 4-104　雙折扣點的存貨相關總成本

「三折扣點」工作表，如圖 4-105 所示。

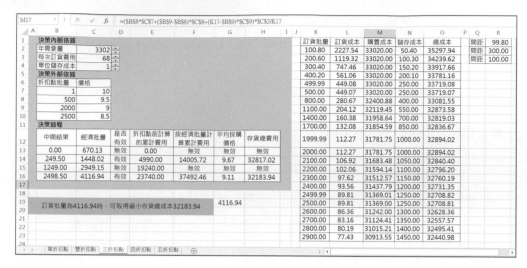

圖 4-105　三折扣點的存貨相關總成本

「四折扣點」工作表，如圖 4-106 所示。

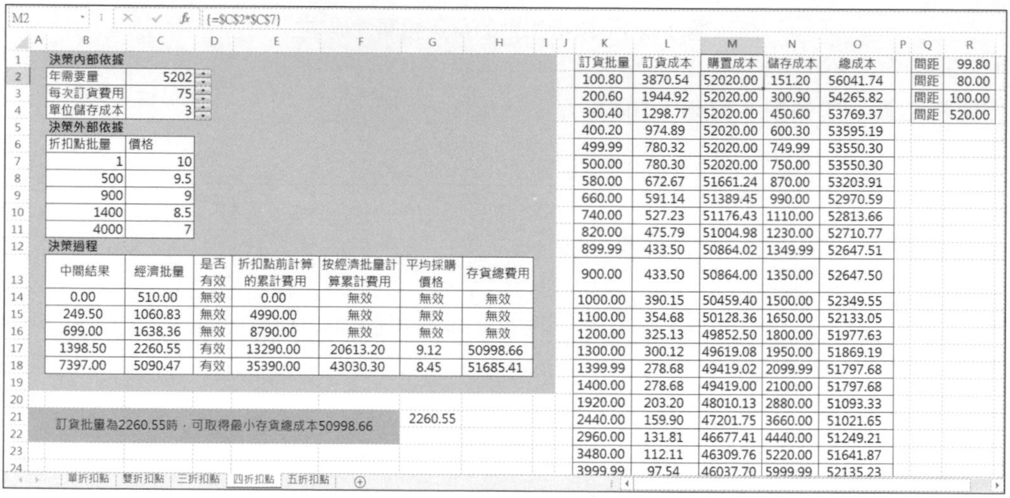

圖 4-106　四折扣點的存貨相關總成本

「五折扣點」工作表，如圖 4-107 所示。

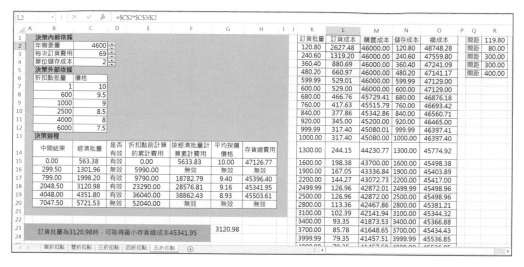

圖 4-107　五折扣點的存貨相關總成本

圖表生成

「單折扣點」工作表

1）　選取工作表中 K2：K12，再按住 Ctrl 鍵不放，選取 O2：O12 區域，按下「插入」標籤，選取「圖表→插入 XY 散佈圖或泡泡圖→帶有平滑線的 XY 散佈圖」按鈕項，即可插入一個標準的 XY 散佈圖。可先將圖表區中預設的「圖表標題」和「圖例」刪掉，再拖曳調整大小及放置的位置。

2）　按下圖表右上方的「＋」圖示鈕，勾選「座標軸標題」。然後將水平軸改成「訂貨批量」；將垂直軸改成「存貨總成本」。使用者還可按自己的意願再修改美化圖表，例如連按二下剛才改的垂直軸標題，將其文字方向改成「垂直」。單折扣點時的超額累進折扣經濟訂貨量模型的最終介面如圖 4-108 所示。

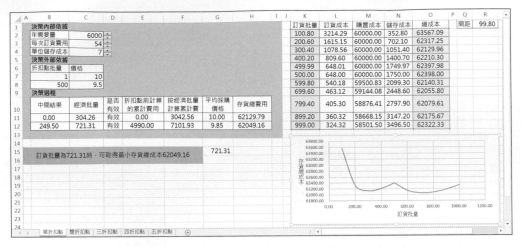

圖 4-108　單折扣點時的超額累進折扣經濟訂貨量模型

「雙折扣點」工作表

本工作表的圖表生成過程與「單折扣點」工作表相同。雙折扣點時的超額累進折扣經濟訂貨量模型的最終介面如圖 4-109 所示。

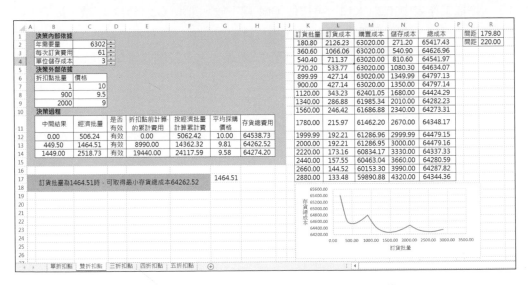

圖 4-109　雙折扣點時的超額累進折扣經濟訂貨量模型

「三折扣點」工作表

圖表生成過程，本工作表與「單折扣點」工作表相同。三折扣點時的超額累進折扣
經濟訂貨量模型的最終介面如圖 4-110 所示。

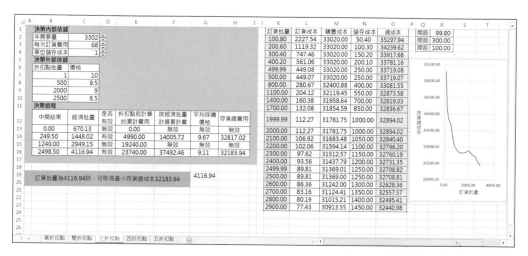

圖 4-110　三折扣點時的超額累進折扣經濟訂貨量模型

「四折扣點」工作表

本工作表的圖表生成過程與「單折扣點」工作表相同。四折扣點時的超額累進折扣
經濟訂貨量模型的最終介面如圖 4-111 所示。

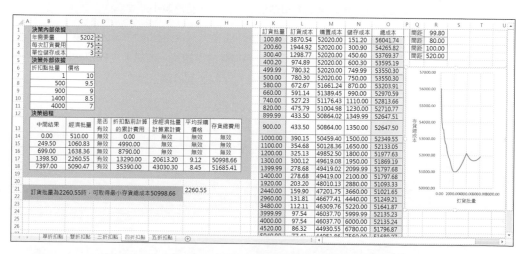

圖 4-111　四折扣點時的超額累進折扣經濟訂貨量模型

「五折扣點」工作表

圖表生成過程，本工作表與「單折扣點」工作表相同。五折扣點時的超額累進折扣經濟訂貨量模型的最終介面如圖 4-112 所示。

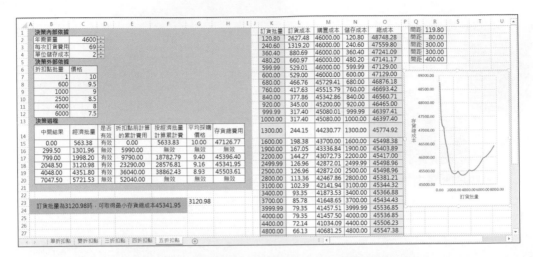

圖 4-112　五折扣點時的超額累進折扣經濟訂貨量模型

操作說明

■ 使用者在輸入「折扣點批量」時，應依照由小到大的順序輸入，模型支援輸入 5 個不同的折扣點批量。

■ 使用者在輸入「價格」時，應注意：折扣點批量越大，價格應越小。

■ 在「單折扣點」、「雙折扣點」、「三折扣點」、「四折扣點」、「五折扣點」等工作表，調節「年需要量」、「每次訂貨費用」、「單位儲存成本」等變數的微調項，或輸入「折扣點批量」、「價格」等變數時，模型的計算結果、表格、圖表及文字描述都將隨之變化。

第 5 章
存貨決策應用模型

CEO：在營運資本投資模型中，我們討論了存貨基本模型，以及在供應、全額累進折扣、超額累進折扣等不同條件下的經濟訂貨量。知道經濟訂貨量後，提前期也就自然知道了。然後，就可以輸入進 ERP 存貨檔案的 MRP 屬性中，作為 MRP 執行的依據之一了。也就是說，可以用作企畫部門做計畫的依據了。

CFO：是的。這是存貨經濟訂貨量的基本用途。另外，在財務管理具備相當水準的企業，存貨經濟訂貨量還可用於可接受折扣決策、自製或外購決策、安全儲備量決策。存貨經濟訂貨量的制定思考方式，還可用於不確定條件下的存貨組合模擬。

CEO：可接受折扣決策、自製或外購決策、安全儲備量決策，這些都是財務部門的職責嗎？

CFO：由於具備合適環境的企業極少，具備合適能力的財務極少，所以，在實務中，這些決策是業務部門站在部門角度做出的。理論上，做這些決策應是財務部門的職責，也只有財務部門能站在全局的角度，用經濟的眼光來做這些決策。目前，很少有企業認為這些是財務部門的職責，連財務部門自己都快忘了。

5.1　可接受折扣決策模型

應用場景

CEO：在經濟訂貨量基本模型中，我們做了很多基本假
設。例如，假設存貨單價不變。而事實上，供應
商提供折扣，採購到了一定批量就打折，批量越
大，打折越多的情況，是比較普遍的。

例如，供應商出於自身的庫存和資金考慮，制定
了新的銷售政策，即向我們這些客戶提供了折扣
政策。規定標準價格為 10 元；訂貨量達到 2000
及以上的，價格為 9 元。

此時，我們就會陷入矛盾之中，面對供應商提供的有條件的肥肉，我們要不要
接受？

CFO：這就是可接受折扣決策。相對於累進折扣的經濟訂貨量模型，可接受折扣決策
模型要簡單得多。可接受折扣決策模型，只考慮全額累進折扣的情況，只考慮
單折扣點的情況，只考慮供應商提供的折扣點大於經濟訂貨量的情況。這也是
實務中比較常見的情況。

CEO：在這種情況下，一般人的想法，這便宜不佔白不佔呀。原來 10 元的東西，現在
只賣 9 元，趕緊買呀。

CFO：現在做決策，更要慎重比較。是堅持自己的原則，不為肥肉所動，仍按經濟訂
貨量來訂貨，還是放棄自己的原則，奔肥肉而去，按供應商提供的折扣點來訂
貨。

具體地說，就是比較接受折扣和不接受折扣這兩種情況下，包括訂貨成本、購
置成本和儲存成本的存貨相關總成本，孰大孰小。與經濟訂貨量基本模型不
同，此時的存貨相關總成本包括購置成本。

CEO：這是經濟訂貨量與供應商折扣點發生衝突的情況。如果經濟訂貨量與供應商折
扣點沒有衝突，例如，計算出的經濟訂貨量是 2001，那不是很好嗎？

CFO：一般來說，經濟訂貨量是小於供應商折扣點的，享受折扣一般是要付出數量代價的。當然也有可能，經濟訂貨量大於供應商折扣點。

我們這裡的可接受折扣決策模型，只考慮經濟訂貨量小於供應商折扣點的情況。經濟訂貨量可能小於、等於、大於供應商折扣點的不同情況，在累進折扣的經濟訂貨量模型中考慮。

CEO：可接受折扣決策模型，通俗的業務含義是什麼呢？

CFO：我們可以把經濟訂貨量當成自己的小原則。如果供應商條件不離譜，即折扣點並不很高，且利益足夠大，即提供的折扣較大，就可以放棄小原則，選擇接受供應商折扣。畢竟，存貨相關總成本最小，才是我們最大的原則。

基本理論

存貨相關總成本

取得成本＝訂貨成本＋購置成本

訂貨成本＝訂貨的固定成本＋存貨年需要量÷每次進貨量×每次訂貨的變動成本

購置成本＝年需要量×單價

儲存成本＝儲存固定成本＋儲存變動成本＝儲存固定成本＋每次進貨量÷2
　　　　　×單位儲存變動成本

存貨總成本＝訂貨固定成本＋存貨年需要量÷每次進貨量×每次訂貨的變動成本
　　　　　　＋購置成本＋儲存固定成本＋每次進貨量÷2×單位儲存變動成本
　　　　　　＋缺貨成本

訂貨固定成本、儲存固定成本、缺貨成本為存貨決策非相關成本。

存貨相關總成本＝存貨年需要量÷每次進貨量×每次訂貨的變動成本＋年需要量
　　　　　　　　×單價＋每次進貨量÷2×單位儲存變動成本

模型建立

📂……\chapter05\01\可接受折扣決策模型.xlsx

輸入

1） 在工作表中輸入文字資料，並進行格式化。如合併儲存格、調整列高欄寬、套入框線、選取填滿色彩、設定字型大小等。

2） 在 D2~D7 新增捲軸。按一下「開發人員」標籤，選取「插入→表單控制項→捲軸」按鈕，在對應的儲存格拖曳拉出適當大小的橫式捲軸。接著對該捲軸按下滑鼠右鍵，選取「控制項格式」指令，對其屬性設定儲存格連結、目前值、最小值、最大值等。詳細設定值可參考下載的本節 Excel 範例檔。

3） 在工作表中的 C3 儲存格輸入「=F3/100」公式。初步完成的模型如圖 5-1 所示。

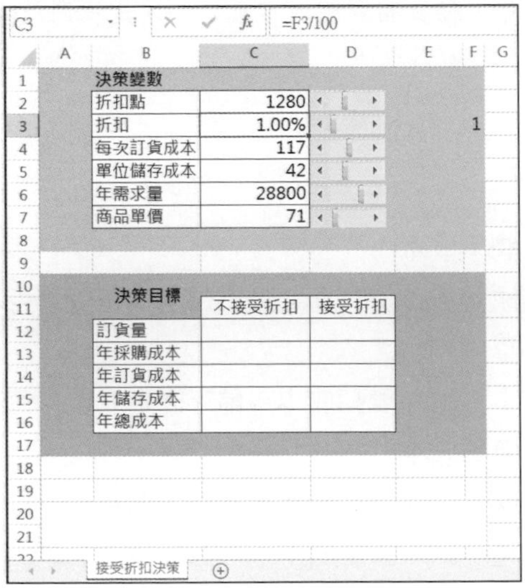

圖 5-1　初步完成的模型

加工

在工作表儲存格中輸入公式：

C12：=SQRT(2*C4*C6/C5)

C13：=C6*C7

C14：=C4*C6/C12

C15：=C5*C12/2

C16：=C13+C14+C15

D12：=C2

D13：=C6*L1

D14：=C4*C6/D12

D15：=C5*D12/2

D16：=D13+D14+D15

A20： =IF(C16<=D16,"建議不接受折扣","建議接受折扣")

輸出

此時，工作表如圖 5-2 所示。

圖 5-2　存貨相關總成本

表格製作

輸入

在工作表中輸入資料，如圖 5-3 所示。

圖 5-3　在工作表中輸入資料

加工

在工作表儲存格中輸入公式：

H2：=0.1*$C$2

H3：=0.2*$C$2

……

H9：=0.8*$C$2

H10：=0.9*$C$2

H11：=C2-0.001

H12：=C2

H13：=1.1*$C$2

H14：=1.2*$C$2

……

H19：=1.7*$C$2

H20：=1.8*$C$2

I2：I20 區域：選取 I2：I20 區域，輸入「=$C$16」後，按 Ctrl+Shift+Enter 複合鍵。

J22：=C7*(1-C3)

J2：=$C$6*$C$7+$C$4*$C$6/H2+$C$5*H2/2

選取 J2 儲存格，按住右下角的控點向下拖曳填滿至 J11 儲存格。

J12：=$C$6*$J$22+$C$4*$C$6/H12+$C$5*H12/2

選取 J12 儲存格，按住右下角的控點向下拖曳填滿至 J20 儲存格。

輸出

此時，工作表如圖 5-4 所示。

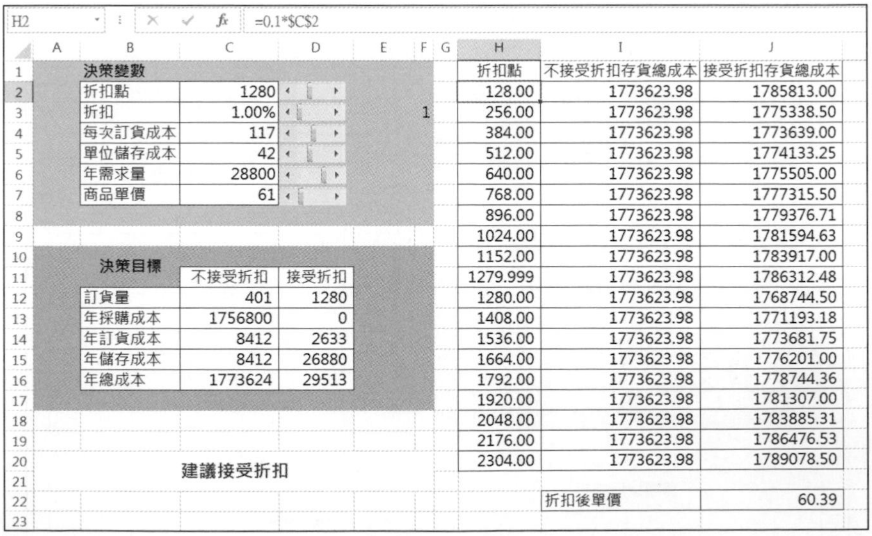

H2 =0.1*$C$2

決策變數		
折扣點	1280	
折扣	1.00%	1
每次訂貨成本	117	
單位儲存成本	42	
年需求量	28800	
商品單價	61	

決策目標	不接受折扣	接受折扣
訂貨量	401	1280
年採購成本	1756800	0
年訂貨成本	8412	2633
年儲存成本	8412	26880
年總成本	1773624	29513

建議接受折扣

折扣點	不接受折扣存貨總成本	接受折扣存貨總成本
128.00	1773623.98	1785813.00
256.00	1773623.98	1775338.50
384.00	1773623.98	1773639.00
512.00	1773623.98	1774133.25
640.00	1773623.98	1775505.00
768.00	1773623.98	1777315.50
896.00	1773623.98	1779376.71
1024.00	1773623.98	1781594.63
1152.00	1773623.98	1783917.00
1279.999	1773623.98	1786312.48
1280.00	1773623.98	1768744.50
1408.00	1773623.98	1771193.18
1536.00	1773623.98	1773681.75
1664.00	1773623.98	1776201.00
1792.00	1773623.98	1778744.36
1920.00	1773623.98	1781307.00
2048.00	1773623.98	1783885.31
2176.00	1773623.98	1786476.53
2304.00	1773623.98	1789078.50
	折扣後單價	60.39

圖 5-4　存貨相關總成本

圖表生成

1）　選取工作表中 H2：H20 區域，按住 Ctrl 鍵不放再加選 J2：J20 區域，然後按下「插入」標籤，選取「圖表→插入 XY 散佈圖或泡泡圖→帶有平滑線的 XY 散佈圖」按鈕項，即可插入一個標準的 XY 散佈圖。可先將圖表區中預設的「圖表標題」刪掉，再拖曳調整大小及放置的位置。

2）　在圖表區按下滑鼠右鍵，在展開的功能表中選取「選取資料來源…」指令。此時已有 1 條數列。按一下「新增」按鈕，新增如下數列 2，如圖 5-5 所示：

數列 2：

X 值：=(接受折扣決策!$H$2,接受折扣決策!$H$20)

Y 值：=(接受折扣決策!$C$16,接受折扣決策!$C$16)

圖 5-5　新增數列

3）　按下圖表右上方的「＋」圖示鈕，勾選「座標軸標題」。然後將水平軸改成「訂貨批量」；將垂直軸改成「存貨總成本」。使用者還可按自己的意願再修改美化圖表，例如連按二下剛才改的垂直軸標題，將其文字方向改成「垂直」。如圖 5-6 所示。

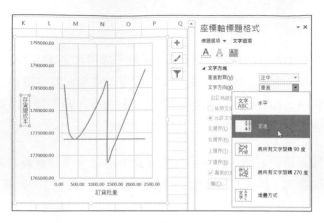

圖 5-6　設定座標軸標題

4)　先選取圖表區再按下「圖表工具→格式」標籤，按下「插入圖案→文字方塊」
鈕，在圖表區中加入三個文字方塊，分別輸入「接受折扣」、「不接受折扣」和
「折扣點」，用來標示圖表中二條數列和一個轉折點，完成如圖 5-7 所示的可接
受折扣決策模型的最終介面。

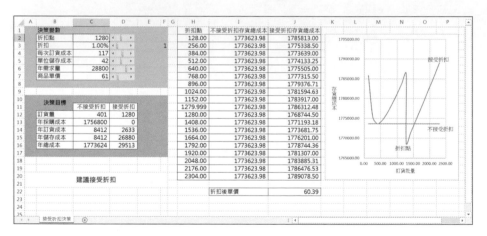

圖 5-7　可接受折扣決策模型

操作說明

■　在本模型的應用場景中，供應商提供的「折扣點」，應明顯大於經濟訂貨量。

■　調節「折扣點」、「折扣」、「每次訂貨成本」、「單位儲存成本」、「年需求量」、「商品單價」等
變數的微調項時，模型的計算結果、表格、圖表及文字描述都將隨之變化。

5.2　存貨組合模擬模型

應用場景

CEO：無論是陸續供應還是供應商折扣，存貨經濟訂貨量決策都是在確定條件下進行的。但在很多情況下，我們並不能給予變數確定的唯一一個值，而是每個變數都有多種可能。

例如，由於市場和生產等原因，存貨每日的需求量是不確定的，存貨的提前期也是不確定的。存貨每日需求量有多種可能值，每種可能值有相應的機率；存貨提前期也有多種可能值，每種可能值有相應的機率，在這種情況下，應如何進行存貨決策呢？

CFO：在這種情況下，我們需要進行亂數取數，根據需求邏輯對全年 360 天的庫存量和缺貨量進行模擬，進而模擬存貨的訂貨成本、儲存成本和缺貨成本，進而模擬存貨總成本，這種模擬就是蒙地卡羅模擬。

CEO：什麼是蒙地卡羅模擬？

CFO：蒙地卡羅模擬的名字來源於摩納哥的一個城市蒙地卡羅，該城市以賭博業聞名。蒙地卡羅模擬的特點是：萬次情景模擬模擬，隨機變數全值估計，機率結果完全涵蓋，預測風險精確度量。它在工程、計量、經濟學等眾多領域有著極其廣泛的應用。

CEO：模擬出存貨總成本，然後呢？

CFO：我們可設定不同的訂貨點（什麼時候訂貨）和訂貨批量（訂多少貨），模擬出不同的存貨總成本結果。然後對不同結果進行比較，以確定存貨總成本相對較小的訂貨點和訂貨批量。

基本理論

蒙地卡羅模擬

見前面「資本預算模型→不確定條件下的投資預測模型→基本理論」的相關介紹。

存貨相關總成本

存貨相關總成本＝儲存成本+缺貨成本+訂貨成本

儲存成本＝庫存量×單位儲存成本

缺貨成本＝缺貨量×單位缺貨成本

訂貨成本＝訂貨次數×每次訂貨成本

關於數學模型的說明

B 欄：時間。有 360 天，即對 1 年的存貨相關總成本進行模擬。

C 欄：每日需求量亂數。按每日需求量的可能值的機率進行亂數取數。

D 欄：需求量。對應每日需求量亂數取數，取對應的每日需求量的可能值。

E 欄：庫存量。

■ 上日庫存量＞本日需求量時，本日庫存量＝上日庫存量 - 本日需求量 + 本日到貨量。

■ 上日庫存量＜＝本日需求量時：

◆ 如果本日到貨量為 0，則本日庫存量＝0；

◆ 如果本日到貨量不為 0，則本日庫存量＝上日庫存量 - 本日需求量 + 本日到貨量。

F 欄：訂貨批量。上日庫存量＞訂貨點，且（上日庫存量－本日需求量）＜＝訂貨點時，說明本日需要訂貨；否則不需要訂貨。

G 欄：提前期亂數。

■ （上日庫存量 - 本日需求量）＞訂貨點時，不考慮提前期。

■ （上日庫存量 - 本日需求量）＜＝訂貨點時：

◆ 上日庫存量＞訂貨點，要考慮提前期，即按提前期的可能值的機率，進行亂數取數。

◆ 上日庫存量＜＝訂貨點，不考慮提前期。

可以理解為：上日庫存量很大時，不考慮提前期；上日庫存量不大不小時，要考慮提前期；上日庫存量很小時，不考慮提前期，因為已經考慮過了。

H 欄：提前期。當訂貨批量＞0 時，即本日訂貨時，對應提前期亂數取數，取相應的提前期的可能值。

I 欄：到貨量。如果時間等於控制值截止目前的最大值，則說明本日到貨。到貨量＝訂貨批量。控制值，相當於一個過渡計算。

J 欄：控制值。如果本日訂貨，則控制值＝目前時間＋提前期；如果本日不訂貨，則控制值＝0。例如，目前時間是 7，提前期是 2，則控制值為 9，說明第 9 天將到貨。時間為 9 時，到貨量將為訂貨批量。

K 欄：訂貨次數。如果訂貨批量＞0，即本日訂貨時，訂貨次數＝1；如果訂貨批量＝0，即本日不訂貨時，訂貨次數＝0。

L 欄：儲存成本。儲存成本＝本日庫存量×單位儲存成本。

M 欄：缺貨次數。

- 如果本日庫存量＜＞零，則缺貨次數＝0；

- 如果本日庫存量＝零：

  ◆ （上日庫存量 - 本日需求量）＝0，則缺貨次數＝0。

  ◆ （上日庫存量 - 本日需求量）＜＞0，則缺貨次數＝1。

N 欄：缺貨量。

- 如果本日庫存量＝0，則缺貨量＝需求量 - 上日庫存量。

- 如果本日庫存量＜＞0，則缺貨量＝0。

缺貨次數與缺貨量沒有計算關係，但可看出，缺貨次數為 0，則缺貨量為 0；缺貨次數不為 0，則缺貨量不為 0。

O 欄：缺貨成本。缺貨成本＝缺貨量×單位缺貨成本。

P 欄：訂貨成本。訂貨成本＝訂貨次數×每次訂貨成本

Q 欄：相關總成本。相關總成本＝儲存成本＋缺貨成本＋訂貨成本

模型建立

📁……\chapter05\02\存貨組合模擬模型.xlsx

輸入

1) 在工作表中輸入文字資料，並進行格式化。如合併儲存格、調整列高欄寬、套入框線、選取填滿色彩、設定字型大小等。初步完成的模型如圖 5-8 所示。

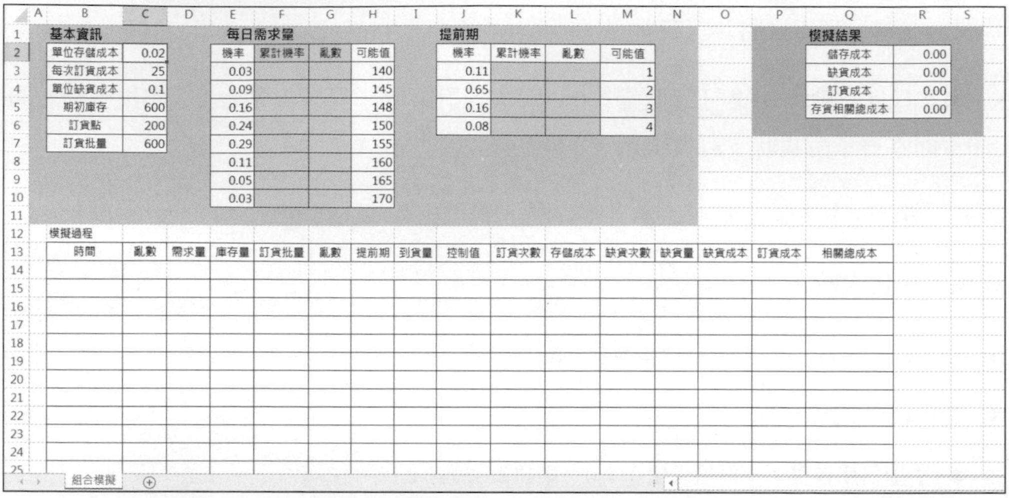

圖 5-8　在工作表中完成初步的模型

加工

在工作表儲存格中輸入公式：

1) 累計機率及亂數公式

F3：=E3

G3：=0

F4：=E4+F3

G4：=F3*100

選取 F4：G4 區域，按住右下角的控點向下拖曳填滿至 F10：G10 區域

K3：=J3

L3：=0

K4：=J4+K3

L4：=K3*100

選取 K4：L4 區域，按住右下角的控點向下拖曳填滿至 K6：L6 區域

2） 模擬過程公式

B14：=0

E14：=600

B15：=1

C15：=RAND()*99

D15：=VLOOKUP(C15,$G$3:$H$10,2)

E15：=IF(E14-D15>0,E14-D15+I15,IF(I15=0,0,E14-D15+I15))

F15：=IF(AND(E14>$C$6,E14-D15<=$C$6),$C$7,0)

G15：=IF(E14-D15>$C$6,0,IF(E14>$C$6,RAND()*99,0))

H15：=IF(F15>0,VLOOKUP(G15,$L$3:$M$10,2),0)

I15：=IF(B15=MAX($J$15:J15),$C$7,0)

J15：=IF(H15>0,B15+H15,0)

K15：=IF(F15>0,1,0)

L15：=E15*$C$2

M15：=IF(E15<>0,0,IF(E14-D15=0,0,1))

N15：=IF(E15=0,D15-E14,0)

O15：=N15*$C$4

P15：=K15*$C$3

Q15：=L15+O15+P15

選取 B15：Q15 區域，按住右下角的控點向下拖曳填滿至 B374：Q374 區域。

3） 模擬結果公式

R2：=SUM(L15:L374)

R3：=SUM(O15:O374)

R4：=SUM(P15:P374)

R5：=SUM(Q15:Q374)

輸出

此時，工作表如圖 5-9 所示。

R2		▾	:	×	✓	fx	=SUM(L15:L374)										

	A	B	C	D	E	F	G	H	I	J	K	L	M	N	O	P	Q	R	S
1		基本資訊			每日需求量					提前期							模擬結果		
2		單位存儲成本	0.02		機率	累計機率	亂數	可能值		機率	累計機率	亂數	可能值				儲存成本	1578.58	
3		每次訂貨成本	25		0.03	0.03	0	140		0.11	0.11	0	1				缺貨成本	444.00	
4		單位缺貨成本	0.1		0.09	0.12	3	145		0.65	0.76	11	2				訂貨成本	2100.00	
5		期初庫存	600		0.16	0.28	12	148		0.16	0.92	76	3				存貨相關總成本	4122.58	
6		訂貨點	200		0.24	0.52	28	150		0.08	1	92	4						
7		訂貨批量	600		0.29	0.81	52	155											
8					0.11	0.92	81	160											
9					0.05	0.97	92	165											
10					0.03	1	97	170											
11																			
12		模擬過程																	
13		時間	亂數	需求量	庫存量	訂貨批量	亂數	提前期	到貨量	控制值	訂貨次數	存儲成本	缺貨次數	缺貨量	缺貨成本	訂貨成本	相關總成本		
14		0			600														
15		1	90	160	440	0	0	0	0	0	0	8.8	0	0	0	0	8.8		
16		2	1	140	300	0	0	0	0	0	0	6	0	0	0	0	6		
17		3	45	150	150	600	17	2	0	5	1	3	0	0	0	25	28		
18		4	20	148	2	0	0	0	0	0	0	0.04	0	0	0	0	0.04		
19		5	47	150	452	0	0	0	600	0	0	9.04	0	0	0	0	9.04		
20		6	49	150	302	0	0	0	0	0	0	6.04	0	0	0	0	6.04		
21		7	69	155	147	600	54	2	0	9	1	2.94	0	0	0	25	27.94		
22		8	88	160	0	0	0	0	0	0	0	0	1	13	1.3	0	1.3		
23		9	57	155	445	0	0	0	600	0	0	8.9	0	0	0	0	8.9		
24		10	15	148	297	0	0	0	0	0	0	5.94	0	0	0	0	5.94		
25		11	63	155	142	600	65	2	0	13	1	2.84	0	0	0	25	27.84		

組合模擬

圖 5-9　存貨相關總成本模擬

圖表生成

庫存量模擬圖表

1）　選取工作表中 B14：B374 區域，再按住 Ctrl 鍵不放拖曳加選 E14：E374 區域，按下「插入」標籤，選取「圖表→插入折線圖→其他折線圖」按鈕項，即可插入一個標準的折線圖，拖曳調整大小及放置的位置。

2）　可先將預設的「圖表標題」標題改成「庫存量模擬」，按下圖表右上方的「＋」圖示鈕，勾選「座標軸標題」。然後選取垂直軸標題按下 Del 鍵刪除；將水平軸標題改成「時間」。

3）　使用者還可按自己的意願修改圖表。最後完成存貨組合模擬模型的庫存量模擬圖表。

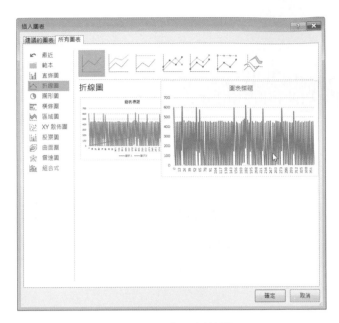

圖 5-10a　插入折線圖

缺貨量模擬圖表

1） 選取工作表中 B14：B374 區域，再按住 Ctrl 鍵不放拖曳加選 E14：E374 區域，按下「插入」標籤，選取「圖表→插入折線圖→其他折線圖」按鈕項，即可插入一個標準的折線圖，拖曳調整大小及放置的位置。

2） 可先將預設的「圖表標題」標題改成「庫存量模擬」，按下圖表右上方的「＋」圖示鈕，勾選「座標軸標題」。然後選取垂直軸標題按下 Del 鍵刪除；將水平軸標題改成「時間」。

3） 使用者還可按自己的意願修改圖表。最後存貨組合模擬模型的介面如圖 5-10b 所示。

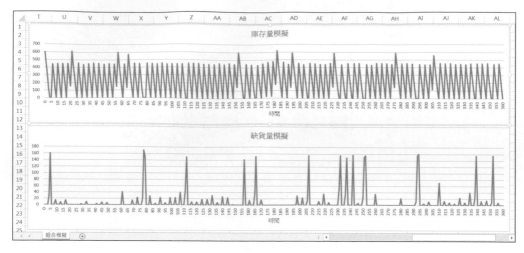

圖 5-10b　存貨組合模擬模型的圖表

操作說明

- 使用者在輸入「每日需求量」、「提前期」的可能值和機率時，應分別使各可能值的機率之和等於 1。對「每日需求量」，本模型支援 8 種可能值；對「提前期」，本模型支援 4 種可能值。

- 使用者按 F9 鍵，360 行模擬資料會全部重新模擬；使用者反覆按 F9 鍵，360 行模擬資料會全部反覆重新模擬。可以發現，儘管存貨總成本的計算結果、表格、圖表會有變化，但變化比較小。也就是說，在各變數的機率分佈已經明確的情況下，存貨總成本的計算結果是可以明確的。

- 當使用者輸入「單位儲存成本」、「每次訂貨成本」、「單位缺貨成本」、「期初庫存」等變數時，或調節「訂貨點」、「訂貨批量」等變數時，或改變「每日需求量」、「提前期」等變數的可能值或機率時，模型的計算結果、表格及圖表都將隨之變化。

5.3　自製或外購決策模型

應用場景

CEO：在陸續供應的存貨經濟訂貨量模型中，我們已經討論過「陸續入庫」的應用場景。即：陸續入庫包括陸續採購入庫，也包括陸續生產入庫。「入庫」可以是產品成品完工入庫，也可以是在產品工序轉移。如果研究陸續生產入庫，可以派上什麼用場呢？

CFO：如果研究陸續生產入庫，那麼，陸續供應的經濟訂貨量模型，就可以用於自製或外購的決策了。

CEO：我們經常面臨這樣的問題：有的零組件，外面有廠商生產，自己也可以生產。一般情況下，是自製還是外購，是生產部門根據產能等資源負荷情況決定的。優先自製，只在資源超負荷時才外購。難道不應該這樣嗎？難道自製或外購的決策，應由財務部門來做嗎？

CFO：是的，應該由財務部門來進行自製或外購決策。產能等資源負荷情況，並不能做為自製或外購決策的主要依據。如果自製的成本比外購還高，我們為什麼要自己生產？這不符合產業分工原則、規模化效益原則。

CEO：那資源閒置，不是更大的浪費嗎？

CFO：這些資源在我們這裡生產出來的產品成本，比同樣資源在別人那裡生產出來的產品成本要高，本身就說明我們並不擅長使用這些資源，我們並不合適佔有這些資源，不應該佔有這些資源。這些資源應該到它們最能發揮作用的地方去。而我們，只做我們最擅長的事情。

CEO：有道理。自製或外購決策的依據，不應該考慮其他的，就是比成本了？

CFO：是的。採用自製方式，生產成本可能比採購單價要低，但每批產品投產的生產準備成本可能比採購的訂貨成本要高。要在自製或外購之間作出選擇，只要衡量它們各自的總成本，就能得出結論。

CEO：這和作業外包有區別嗎？

CFO：有區別。自製或外購決策，是產品層面的事情；而作業外包，是作業層面的事情，要細得多。

例如，某零件我們的自製成本是 10 元，外購成本是 8 元，我們可能就放棄自製轉外購了。但仔細分析，發現自製成本 10 元中，工序 1 是 6 元，工序 2 是 4 元。而外部廠商的工序成本，工序 1 是 7 元，工序 2 是 1 元。

可以看到，在產品的工序 1 環節，我們還是有優勢的，這個優勢應該保留，我們可以僅將產品的工序 2 外包。這就是作業外包，或者說工序外包。

基本理論

見前面「營運資本投資模型→存貨經濟訂貨量模型→陸續供應的經濟訂貨量模型→
基本理論」的相關介紹。

模型建立

🗁 ……\chapter05\03\自製或外購決策模型.xlsx

輸入

1) 在工作表中輸入文字資料，並進行格式化。如合併儲存格、調整列高欄寬、套入框線、選取填滿色彩、設定字型大小等。

2) 在 C4~C6 和 E3~E6 新增微調按鈕。按一下「開發人員」標籤，選取「插入→表單控制項→微調按鈕」按鈕，在對應的儲存格拖曳拉出適當大小的微調按鈕。接著對該微調按鈕按下滑鼠右鍵，選取「控制項格式」指令，對其屬性設定儲存格連結、目前值、最小值、最大值等。例如，C4 儲存格的微調按鈕設定，如圖 5-11 所示。其他詳細的設定值則請參考下載的本節 Excel 範例檔。

圖 5-11　設定微調按鈕

3） 初步完成的模型如圖 5-12 所示。

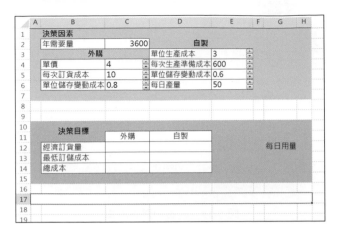

圖 5-12　初步完成的模型

加工

在工作表儲存格中輸入公式：

H12：=C2/360

C12：=(2*C2*C5/C6)^(1/2)

C13：=(2*C2*C5*C6)^(1/2)

C14：=C13+C2*C4

D12：=(2*C2*E4*E6/E5/(E6-H12))^(1/2)

D13：=(2*C2*E4*E5*(E6-H12)/E6)^(1/2)

D14：=C2*E3+D13

A17：=IF(C14>D14,"建議自製","建議外購")

輸出

此時，工作表如圖 5-13 所示。

圖 5-13　存貨相關總成本

表格製作

輸入

在工作表中輸入資料，如圖 5-14 所示。

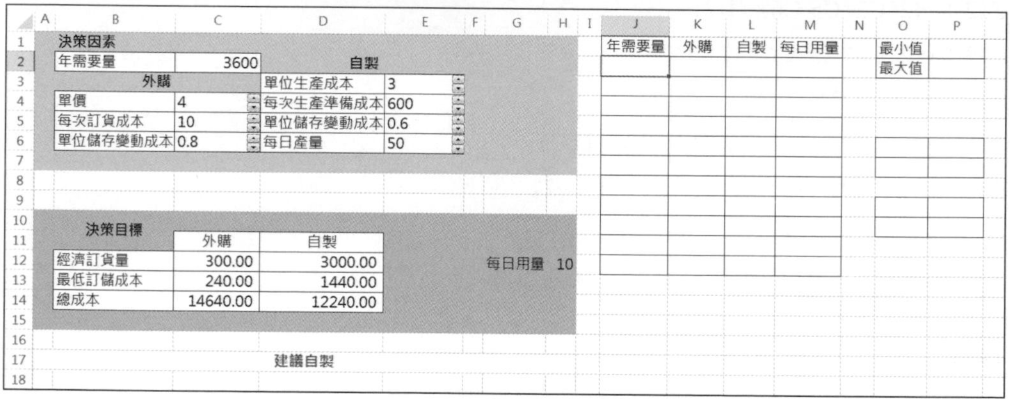

圖 5-14　在工作表中輸入資料

加工

在工作表儲存格中輸入公式：

J2：=0.5*$C$2

J3：=0.6*$C$2

......

J11：=1.4*$C$2

J12：=1.5*$C$2

M2：=J2/360

K2：=(2*J2*$C$5*$C$6)^(1/2)+J2*$C$4

L2：=J2*$E$3+(2*J2*$E$4*$E$5*($E$6-M2)/$E$6)^(1/2)

選取 K2：M2 區域，按住右下角的控點向下拖曳填滿至 K12：M12 區域。

P1：=MIN(K2:L12)

P2：=MAX(K2:L12)

O6：=0

O7：=C2

P6：=C14

P7：=C14

O9：=0

O10：=C2

P9：=D14

P10：=D14

輸出

此時，工作表如圖 5-15 所示。

	A	B	C	D	E	F	G	H	I	J	K	L	M	N	O	P
1		決策因素								年需要量	外購	自製	每日用量		最小值	6480
2		年需要量	3600	自製						1800	7370	6480	5.00		最大值	21894
3		外購		單位生產成本	3					2160	8826	7650	6.00			
4		單價	4	每次生產準備成本	600					2520	10281	8809	7.00			
5		每次訂貨成本	10	單位儲存變動成本	0.6					2880	11735	9960	8.00			
6		單位儲存變動成本	0.8	每日產量	50					3240	13188	11103	9.00		0	14640
7										3600	14640	12240	10.00		3600	14640
8										3960	16092	13371	11.00			
9										4320	17543	14497	12.00		0	12240
10		決策目標								4680	18994	15619	13.00		3600	12240
11			外購	自製						5040	20444	16736	14.00			
12		經濟訂貨量	300.00	3000.00		每日用量	10			5400	21894	17850	15.00			
13		最低訂儲成本	240.00	1440.00												
14		總成本	14640.00	12240.00												
15																
16																
17			建議自製													
18																

圖 5-15　存貨相關總成本

圖表生成

1） 選取工作表中 J2：L12 區域，然後按下「插入」標籤，選取「圖表→插入 XY 散佈圖或泡泡圖→帶有平滑線的 XY 散佈圖」按鈕項，即可插入一個標準的 XY 散佈圖。可先將圖表區中預設的「圖表標題」和「圖例」刪掉，再拖曳調整大小及放置的位置。

2） 在圖表區按下滑鼠右鍵，在展開的功能表中選取「選取資料來源…」指令。此時已有 2 條數列。按一下「新增」按鈕，新增如下 5 條數列：

數列 3：

X 值：=自製或外購決策!$C$2

Y 值：=自製或外購決策!$C$14

數列 4：

X 值：=自製或外購決策!$C$2

Y 值：=自製或外購決策!$D$14

數列 5：

X 值：=自製或外購決策!$O$6:$O$7

Y 值：=自製或外購決策!$P$6:$P$7

數列 6：

X 值：=自製或外購決策!$O$9:$O$10

Y 值：=自製或外購決策!$P$9:$P$10

數列 7：

X 值：=(自製或外購決策!$C$2,自製或外購決策!$C$2)

Y 值：=(自製或外購決策!$P$1,自製或外購決策!$P$2)

3） 按下「圖表工具→格式」標籤展開工具列，再從「圖表項目」下拉方塊中選取「數列 3」項，如此即可選取數列 3 的「點」，再按下「格式化選取範圍」鈕，然後在展開的「資料數列格式」面板中點按「標記」，並在「標記選項」中點選「內建」，有需要可在「類型」和「大小」下拉方塊中選擇想要的形式，以同一方法再設定「數列 4」，如圖 5-16 所示。

4） 按下「圖表工具→格式」標籤展開工具列，再從「圖表項目」下拉方塊中選取「數列 5」項，如此即可選取數列 5，再按下「格式化選取範圍」鈕，然後在展開的「資料數列格式」面板中點按「線條」，並在「線條」中點選「虛線類型」下拉方塊中「方點」，以同一方法再設定「數列 6」如圖 5-17 所示。

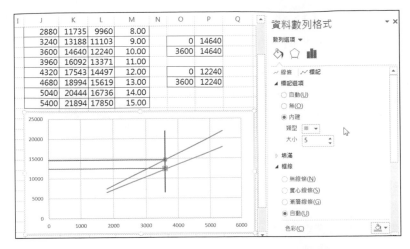

圖 5-16　「資料數列格式」面板中設定「標記選項」

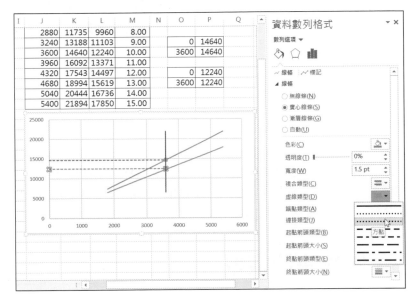

圖 5-17　「資料數列格式」面板中設定「線條」的虛線類型為「方點」

5）　按下圖表右上方的「＋」圖示鈕，勾選「座標軸標題」。然後將水平軸改成「年需要量」；將垂直軸改成「總成本」。使用者還可按自己的意願再修改美化圖表，例如連按二下剛才改的垂直軸標題，將其文字方向改成「垂直」。

6）　先選取圖表區再按下「圖表工具→格式」標籤，按下「插入圖案→文字方塊」鈕，在圖表區中加入四個文字方塊，分別輸入「外購總成本」、「自製總成

本」、「14640」和「12240」，用來標示圖表中二條數列和二個點，完成如圖 5-18 所示的自製或外購決策模型的最終介面。

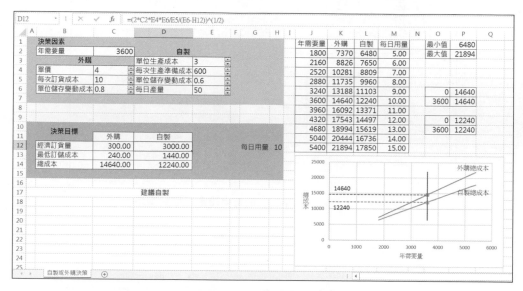

圖 5-18　自製或外購決策模型

操作說明

■ 調節外購的「單價」、「每次訂貨成本」、「單位儲存變動成本」等變數的微調項，或調節自製的「單位生產成本」、「每次生產準備成本」、「單位儲存變動成本」、「每日產量」等變數的微調項，或輸入「年需要量」變數時，模型的計算結果、表格、圖表及文字描述都將隨之變化。

5.4　安全儲備決策模型

應用場景

CEO：存貨經濟訂貨量的基本模型，假設條件包括：企業能夠及時補充存貨；不允許缺貨，即無缺貨成本；需求量穩定，並且能預測；所需存貨市場供應充足，不會因買不到需要的存貨而影響其他。但實際上，企業存貨的每日需求量可能變化，交貨時間也可能變化。按照某一訂貨批量和再訂貨點發出訂單後，如果需求增大或送貨延遲，就會發生缺貨或供貨中斷。這種問題如何解決？

CFO：這需要透過設定安全儲備量來解決。

CEO：安全儲備量，與財務部門有關係嗎？這不是企畫部門或倉庫設定的嗎？

CFO：企畫部門執行 MRP，會把安全儲備量做為需求考慮。設定安全儲備量，不是倉庫的職責，是財務的職責。

CEO：企畫部門執行 MRP 時，安全儲備量應該是供應呀，怎麼會是需求？

CFO：我們要把安全儲備量的實物與概念區分一下。安全儲備量的實物，反映的是供應，是現存量的一部分，現存量已經作為供應考慮了。安全儲備量的概念，反映的是需求。

　　例如，安全儲備量設定是 50，現存量是 50，不考慮其他供應或需求，那麼供需就是平衡的；如果安全儲備量設定是 80，現存量是 50，不考慮其他供應或需求，那麼淨需求就是 80-50=30。

CEO：財務部門設定安全儲備量的原理是什麼？

CFO：安全儲備量越大，企業因缺貨或供應中斷造成的損失就越小，但存貨平均儲備量會越大，從而使儲備成本升高；安全儲備量越小，企業因缺貨或供應中斷造成的損失就越大，但存貨平均儲備量會越小，從而使儲備成本減小。研究安全儲備量的目的，就是要找出合理的安全儲備量，使缺貨或供應中斷損失和儲備成本之和最小。

CEO：儲存成本是安全儲備量的函數，短缺成本是安全儲備量的函數嗎？函數關係是怎樣的？

CFO：短缺成本是短缺量的函數，短缺量是安全儲備量、交貨期缺貨量及對應機率的邏輯函數而非數學函數。

CEO：那比較麻煩。安全儲備量的求解，看來只能透過「if－then」機制，設定不同的安全儲備，然後比較存貨相關總成本，尋找一個較優解。

CFO：我們也可以透過建立決策模型，利用規劃求解，算出存貨相關總成本最低時的安全儲備。「if－then」機制是一種試錯法，透過不斷地試驗，得出一個較優

解。規範求解是透過設定決策目標、決策變數和決策限制，直接求出存貨相關總成本最低時的安全儲備，得出的是最優解而不僅僅是較優解。

CEO：邏輯函數也可以透過數學運算解決嗎？

CFO：可以的。這樣，透過安全儲備模型，我們就解決了需求量變化引起的缺貨問題；另外，由於延遲交貨引起的缺貨，可以轉換為由於需求量變化引起的缺貨，同樣可以透過安全儲備量模型進行決策。

CEO：最優規劃的應用，最早可以追溯到田忌賽馬的故事吧？

CFO：是的。最優規劃目前應用相當廣泛，包括智慧城市的建設等。我們可以看 IBM 做的公交優化的一個案例。

西非國家象牙海岸的首都阿必尚，有 539 輛大型公車，5000 輛小型公車，11000 輛計程車。2013 年，政府部門聘請 IBM 公司和電信運營商 Orange 公司，說明制定優化城市交通系統的決策，以改善城市交通狀況。

Orange 公司提供了 500 萬手機使用者 2011 年 12 月~2012 年 4 月的 2.5 億條通話記錄，以及地圖應用程式獲取的擁有 GPS 功能的智慧手機使用者的位置資料。

IBM 公司基於這些資料，查詢出與乘公車上下班有關的 50 多萬條電話記錄，並對此進行研究。當使用者使用手機通話或發簡訊時，即可被定位於某個基站覆蓋範圍內的確定位置；當呼叫所在基站發生變化時，即可被定位於新的位置。這樣，使用者的移動軌跡以及相應的時間資訊即可描繪出來。

IBM 將這些資料登錄 AllAboard 模型，從多個可選分析藍本中選出最優藍本：新增兩條線路，延長一條線路。

分析藍本付諸實施後，為首都乘客節省了 10%的出行時間。

基本理論

存貨相關總成本

存貨相關總成本＝缺貨成本＋安全儲備儲存成本
安全儲備儲存成本＝安全儲備量×單位儲存成本
缺貨成本＝單位缺貨成本×一次訂貨缺貨量×年訂貨次數

一次訂貨缺貨量的計算過程

1） 計算再訂貨點，再訂貨點＝年需要量÷360×提前期。

2） 根據交貨期存貨需要量及其機率，以及再訂貨點，計算出交貨期存貨缺貨量及機率。

例如，存貨數量到達再訂貨點 100 時，開始訂貨。

- 交貨期 10 天的存貨需要量在 100 以內，機率為 75%，則交貨期存貨缺貨量為 0，機率為 75%。

- 交貨期 10 天的存貨需要量是 110，機率為 20%，則交貨期存貨缺貨量為 2 - 100 = 10，機率為 20%。

- 交貨期 10 天的存貨需要量在 120，機率為 4%，則交貨期存貨缺貨量為 120 - 110 = 20，機率為 4%。

- 交貨期 10 天的存貨需要量是 130，機率為 1%，則交貨期存貨缺貨量為 130 - 100 = 30，機率為 1%。

3） 計算設定了安全儲備量時，一次訂貨的缺貨量。

- 安全儲備量為 30 及以上時，一次訂貨缺貨量為 0。

- 安全儲備量為 20 至 30 之間時，一次訂貨缺貨量為（30 - 安全儲備量）×1%。

- 安全儲備量為 10 至 20 之間時，一次訂貨缺貨量為（30 - 安全儲備量）×1% +（20 - 安全儲備量）×4%。

- 安全儲備量為 0 至 10 之間時，一次訂貨缺貨量為（30 - 安全儲備量）×1% +（20 - 安全儲備量）×4% +（1 - 安全儲備量）×20%。

模型建立

📂 ……\chapter05\04\安全儲備決策模型.xlsx

輸入

1） 在工作表中輸入文字資料，並進行格式化。如合併儲存格、調整列高欄寬、套入框線、選取填滿色彩、設定字型大小等。

2） 在 D14~C17 新增捲軸。按一下「開發人員」標籤，選取「插入→表單控制項→
捲軸」按鈕，在對應的儲存格拖曳拉出適當大小的橫式捲軸。接著對該捲軸按
下滑鼠右鍵，選取「控制項格式」指令，對其屬性設定儲存格連結、目前值、
最小值、最大值等。舉例來說，D17 的捲軸的控制項格式設定如圖 5-19 所示。
其他的詳細設定值可參考下載的本節 Excel 範例檔。

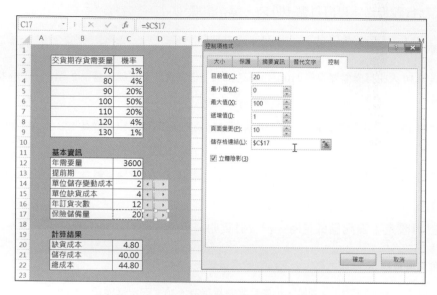

圖 5-19　D17 的捲軸的控制項格式設定

3） 初步完成的模型如圖 5-20 所示。

圖 5-20　初步完成的模型

加工

在工作表儲存格中輸入公式：

H13：=C13*C12/360

J17：=IF(AND(C17>=G4,C17<G5),(G11-C17)*H11+(G10-C17)*H10+(G9-C17)*H9 + (G8-C17)*H8+(G7-C17)*H7+(G6-C17)*H6+(G5-C17)*H5,IF(AND(C17>=G3, C17<G4),(G11-C17)*H11+(G10-C17)*H10+(G9-C17)*H9+ (G8-C17)*H8+(G7-17)*H7+(G6-C17)*H6+(G5-C17)*H5+(G4-C17)*H4,IF(AND(C17>=G2,C17<G3), (G11-C17)* H11+(G10-C17)*H10+(G9-C17)*H9+(G8-C17)*H8+ (G7-C17)*H7+ G6-C17)*H6+(G5-C17)*H5+(G4-C17)*H4+(G3-C17)*H3,0)))

I17：=IF(AND(C17>=G7,C17<G8),(G11-C17)*H11+(G10-C17)*H10+(G9-C17)*H9+ (G8-C17)*H8,IF(AND(C17>=G6,C17<G7),(G11-C17)*H11+(G10-C17)*H10+(G9-C17)*H9+(G8-C17)*H8+(G7-C17)*H7,IF(AND(C17>=G5,C17<G6),(G11-C17)* H11+(G10-C17)*H10+(G9-C17)*H9+(G8-C17)*H8+(G7-C17)*H7+(G6-C17)* H6,J17)))

H17：=IF(C17>=G11,0,IF(AND(C17>=G10,C17<G11),(G11-C17)*H11,IF(AND(C17>=G9, C17<G10),(G10-C17)*H10+(G11-C17)*H11,IF(AND(C17>=G8,C17<G9),(G9-C17)*H9+(G10-C17)*H10+(G11-C17)*H11,I17))))

C20：=C16*H17*C15

C21：=C17*C14

C22：=C20+C21

輸出

1） 根據已知的交貨期存貨需要量及其機率，結合再訂貨點，手工計算得到交貨期缺貨量及其機率。

2） 計算缺貨成本、儲存成本和總成本，此時，工作表如圖 5-21 所示。

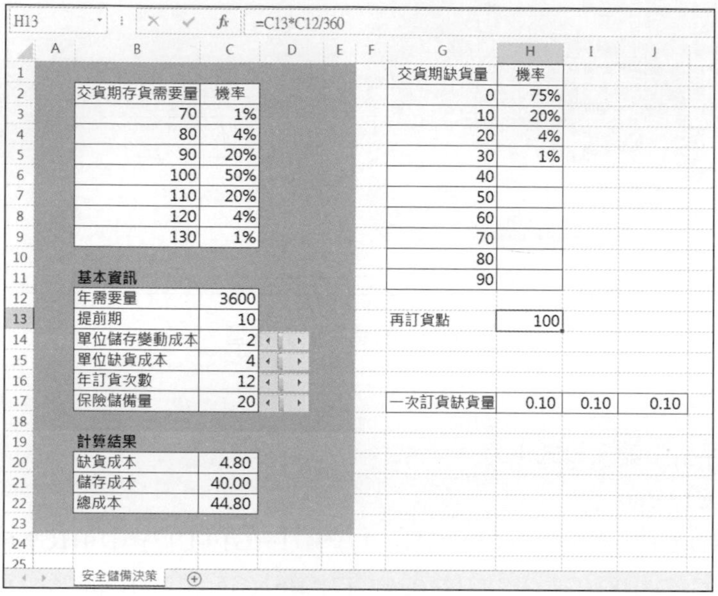
H13 =C13*C12/360

交貨期存貨需要量	機率
70	1%
80	4%
90	20%
100	50%
110	20%
120	4%
130	1%

基本資訊

年需要量	3600
提前期	10
單位儲存變動成本	2
單位缺貨成本	4
年訂貨次數	12
保險儲備量	20

計算結果

缺貨成本	4.80
儲存成本	40.00
總成本	44.80

交貨期缺貨量	機率
0	75%
10	20%
20	4%
30	1%
40	
50	
60	
70	
80	
90	

再訂貨點	100		
一次訂貨缺貨量	0.10	0.10	0.10

安全儲備決策

圖 5-21　存貨相關總成本

3） 規劃求解。

按下「資料」標籤下的「規劃求解」指令鈕（如果您的 Excel 中沒有此指令鈕，請到「開發人員」標籤中按下增益集，勾選規劃求解增益集），彈出介面如圖 5-22 所示。

設定目標式、變數儲存格和限制式如下：

設定目標式：$C$22

至：最小

藉由變更變數儲存格：$C$17

設定限制式：$C$17>=0

按一下「求解」按鈕。此時，求解出保險儲備量，可取得最小總成本。

圖 5-22　規劃求解

表格製作

輸入

在工作表中輸入資料及套入框線，如圖 5-23 所示。

	A	B	C	D	E	F	G	H	I	J	K	L	M	N	O	P	Q	R
1							交貨期缺貨量	機率				保險儲備量	缺貨量	缺貨量2	缺貨量3	缺貨成本	儲存成本	總成本
2		交貨期存貨需要量	機率				0	75%										
3		70	1%				10	20%										
4		80	4%				20	4%										
5		90	20%				30	1%										
6		100	50%				40											
7		110	20%				50											
8		120	4%				60											
9		130	1%				70											
10							80											
11		基本資訊					90											
12		年需要量	3600															
13		提前期	10				再訂貨點	100										
14		單位儲存變動成本	2															
15		單位缺貨成本	4									最小值						
16		年訂貨次數	12									最大值						
17		保險儲備量	20				一次訂貨缺貨量	0.10	0.10	0.10								
18																		
19		計算結果																
20		缺貨成本	4.80															
21		儲存成本	40.00															
22		總成本	44.80															
23																		
24																		
25																		

安全儲備決策

圖 5-23　在工作表中輸入資料及套入框線

加工

在工作表儲存格中輸入公式：

L2：=0.5*$C$17

L3：=0.6*$C$17

……

L11：=1.4*$C$17

L12：=1.5*$C$17

O2：=IF(AND(L2>=$G$4,L2<$G$5),($G$11-L2)*$H$11+($G$10-L2)*$H$10+($G$9-
L2)*$H$9+($G$8-L2)*$H$8+($G$7-L2)*$H$7+($G$6-L2)*$H$6+($G$5-
L2)*$H$5,IF(AND(L2>=$G$3,L2<$G$4),($G$11-L2)*$H$11+($G$10-
L2)*$H$10+($G$9-L2)*$H$9+($G$8-L2)*$H$8+($G$7-L2)*$H$7+($G$6-
L2)*$H$6+($G$5-L2)*$H$5+($G$4-L2)*$H$4,IF(AND(L2>=$G$2,
L2<$G$3),($G$11-L2)*$H$11+($G$10-L2)*$H$10+($G$9-L2)*$H$9+($G$8-
L2)*$H$8+($G$7-L2)*$H$7+($G$6-L2)*$H$6+($G$5-L2)*$H$5+($G$4-
L2)*$H$4+($G$3-L2)*$H$3,0)))

N2：=IF(AND(L2>=$G$7,L2<$G$8),($G$11-L2)*$H$11+($G$10-L2)*$H$10+($G$9-
L2)*$H$9+($G$8-L2)*$H$8,IF(AND(L2>=$G$6,L2<$G$7),($G$11-
L2)*$H$11+($G$10-L2)*$H$10+($G$9-L2)*$H$9+($G$8-L2)*$H$8+($G$7-
L2)*$H$7,IF(AND(L2>=$G$5,L2<$G$6),($G$11-L2)*$H$11+($G$10-
L2)*$H$10+($G$9-L2)*$H$9+($G$8-L2)*$H$8+($G$7-L2)*$H$7+($G$6-
L2)*$H$6,O2)))

M2：=IF(L2>=$G$11,0,IF(AND(L2>=$G$10,L2<$G$11),($G$11-
L2)*$H$11,IF(AND(L2>=$G$9,L2<$G$10),($G$10-L2)*$H$10+($G$11-
L2)*$H$11,IF(AND(L2>=$G$8,L2<$G$9),($G$9-L2)*$H$9+($G$10-
L2)*$H$10+($G$11-L2)*$H$11,N2))))

P2：=$C$16*$C$15*M2

Q2：=$C$14*L2

R2：=P2+Q2

選取 M2：R2 區域，按住右下角的控點向下拖曳填滿至 M12：R12 區域。

M15：=MIN(R2:R12)

M16：=MAX(R2:R12)

輸出

此時，工作表如圖 5-24 所示。

圖 5-24　存貨相關總成本

圖表生成

1）　選取工作表中 L2：L12，按住 Ctrl 鍵不放再選取 R2：R12 區域，然後按下「插入」標籤，選取「圖表→插入XY散佈圖或泡泡圖→帶有平滑線的XY散佈圖」按鈕項，即可插入一個標準的 XY 散佈圖。可先將圖表區中預設的「圖表標題」刪掉，再拖曳調整大小及放置的位置。

2）　在圖表區按下滑鼠右鍵，在展開的功能表中選取「選取資料來源…」指令。此時已有 1 條數列。按一下「新增」按鈕，新增如下 2 條數列，如圖 5-25 所示：

數列 2：

X 值：=安全儲備決策!$C$17

Y 值：=安全儲備決策!$C$22

數列 3：

X 值：=(安全儲備決策!$C$17,安全儲備決策!$C$17)

Y 值：=(安全儲備決策!$M$15,安全儲備決策!$M$16)

圖 5-25　新增 2 條數列

3)　按下「圖表工具→格式」標籤展開工具列，再從「圖表項目」下拉方塊中選取
「數列 2」項，如此即可選取數列 2 的「點」，再按下「格式化選取範圍」鈕，
然後在展開的「資料數列格式」面板中點按「標記」，並在「標記選項」中點
選「內建」，有需要可在「類型」和「大小」下拉方塊中選擇想要的形式，如
圖 5-26 所示。

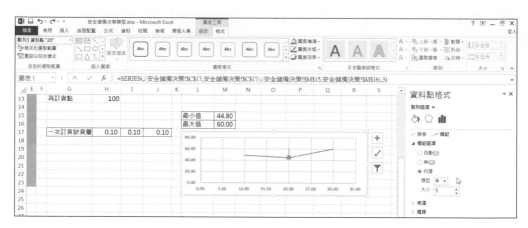

圖 5-26　「資料數列格式」面板中設定「標記選項」

4)　按下圖表右上方的「＋」圖示鈕，勾選「座標軸標題」。然後將水平軸改成
「保險儲備量」；將垂直軸改成「存貨總成本」。使用者還可按自己的意願再修
改美化圖表，例如連按二下剛才改的垂直軸標題，將其文字方向改成「垂
直」。完成的安全儲備量決策模型，如圖 5-27 所示。

圖 5-27　安全儲備量決策模型

操作說明

- 交貨期缺貨量及其機率，需根據交貨期存貨需要量及其機率手工計算得出。

- 使用者可直接輸入交貨期缺貨量及其機率。模型支援 10 種可能的交貨期缺貨量及其機率。

- Excel 2003 版時的 If 函數，只支援 7 層巢狀嵌套；Excel 2007 版以後的 If 函數，可支援 64 層巢狀嵌套。

- 模型中一次訂貨缺貨量的公式，一方面由於 Excel 2003 版的 If 函數功能受限，另一方面由於公式過於繁雜，所以 If 嵌套函數是分缺貨量、缺貨量 2、缺貨量 3 等三段設計的。例如：缺貨量的 If 函數，只考慮安全儲備量與交貨期缺貨量的關係 4 種可能，其餘則可能指向缺貨量 2；缺貨量 2 的 If 函數，接著考慮安全儲備量與交貨期缺貨量關係的 3 種可能，其餘可能則指向缺貨量 3；缺貨量 3 的 If 函數，接著考慮安全儲備量與交貨期缺貨量關係剩下的 3 種可能性。

- 至此，安全儲備量與交貨期缺貨量的關係的 10 種可能全部考慮完畢。

- 調節「單位儲存變動成本」、「單位缺貨成本」、「年訂貨次數」、「保險儲備量」等變數的微調項，或輸入「年需要量」、「提前期」等變數時，模型的計算結果、表格及圖表都將隨之變化。

第 6 章
營運資本籌資模型

CEO：公司的基本活動可以分為投資活動、籌資活動和營業活動三個方面；相對的，財務管理的內容也分為投資管理、籌資管理和營業管理三個方面了？

CFO：不是，財務管理的內容，與公司的活動內容，在分類上並不一致。營業管理可以分為營業資本投資和營業資本籌資，從而分別歸類為投資管理和籌資管理。

也就是說，財務管理的內容，主要就是投資管理和籌資管理。投資可以分為長期投資和短期投資，籌資可以分為長期籌資和短期籌資。

這樣，財務管理的內容可以分為 4 個部分：長期投資、長期籌資、短期投資、短期籌資。短期投資就是營運資本投資，短期籌資就是營運資本籌資。

CEO：也就是說，財務管理內容的分類隊形，從 1-3，變成了 1-2-4。長期投資和長期籌資，儘管影響重大，但並不是日常工作，並不是每天都要上馬新項目或發行新債券的。財務管理工作的大部分時間和精力，是營運資本的管理，包括營運資本投資管理和營運資本籌資管理。營運資本籌資管理的主要內容是什麼？

CFO：營運資本籌資管理，主要是制定營運資本籌資政策，決定籌資的來源結構，確定流動資產所需資金中短期資本和長期資本的比例。

CEO：營運資本籌資有哪幾種政策，各有何利弊？

CFO：營運資本籌資政策包括適中型、保守型和激進型。

適中的營運資本籌資政策，特點是盡可能貫徹籌資的匹配原則，即長期投資由長期資金支持，短期投資由短期資金支持。

保守的營運資本籌資政策，特點是短期金融負債只支援部分波動性流動資產的資金需要，另一部分波動性流動資產和全部穩定性流動資產，則由長期資金支持。極端保守的籌資政策，完全不使用短期借款，全部資金來源於長期資金。它的收益性和風險性均較低。

激進的營運資本籌資政策，特點是短期金融負債不但支援臨時性流動資產的資金需要，還支援部分長期資產的資金需要。極端激進的籌資政策，全部穩定性流動資產都採用短期借款，它的收益性和風險性均較高。

6.1 應付帳款模型

應用場景

CEO：我們在討論應收帳款政策模型時，依據的原理是：相關淨收益＝相關收益－應收款佔用資金應計利息－年收帳費用－年壞帳損失－現金折扣。現在討論應付帳款政策模型，依據的原理是什麼？

CFO：應付帳款政策與應收帳款政策不同，只有成本，沒有收益。原理比較簡單，就是考慮信用期、折扣期和折扣，計算放棄現金折扣的成本。

CEO：那應付政策模型，比應收政策模型簡單多了。

CFO：是的。應付帳款和應收帳款，都是商業信用，概念有很多相同的地方。從信用的時間來劃分，可分為折扣期內，折扣期外信用期內和信用期外。

折扣期內的稱為免費信用，即買方企業在規定的折扣期內享受折扣而獲得的信用；折扣期外信用期內的稱為有代價信用，即買方企業放棄折扣而獲得的信用；信用期外的稱為展期信用，即買方企業超過規定的信用期付款而強制獲得的信用。

另外，和應收帳款的折扣分銷售折扣和現金折扣一樣，應付帳款的折扣也分供應商的銷售折扣和現金折扣。供應商的銷售折扣，在討論存貨經濟訂貨量時，已經討論過了。這裡我們討論的是供應商的現金折扣。

CEO：我們在實務中，如何應用應付政策模型呢？

CFO：最簡單的用法就是在供應商提供現金折扣的時候，計算放棄現金折扣的成本。如果高於公司收益率，那麼就不要放棄；如果低於公司收益率，那麼就放棄。還有用法，就是主動討要折扣。

例如，在公司資金比較寬裕時，可以主動提前付款，但要求打折；在公司資金比較緊張時，可以要求推遲付款，甚至考慮主動加息以維護和供應商的商業關係。

基本理論

放棄現金折扣的成本

放棄現金折扣成本＝折扣百分比÷（1－折扣百分比）×360÷（信用期－折扣期）

模型建立

📂 ……\chapter06\01\應付帳款模型.xlsx

輸入

1) 在工作表中輸入文字資料，並進行格式化。如合併儲存格、調整列高欄寬、套入框線、選取填滿色彩、設定字型大小等。

2) 在 D2~D4 新增微調按鈕。按一下「開發人員」標籤，選取「插入→表單控制項→微調按鈕」按鈕，在對應的儲存格拖曳拉出適當大小的微調按鈕。接著對該微調按鈕按下滑鼠右鍵，選取「控制項格式」指令，對其屬性設定儲存格連結、目前值、最小值、最大值等。例如，D2 儲存格的微調按鈕設定，如圖 6-1 所示。其他詳細的設定值則請參考下載的本節 Excel 範例檔。

圖 6-1　設定微調項

3) 在 C3 儲存格輸入「=E3/100」公式。初步完成的模型如圖 6-2 所示。

圖 6-2　初步完成的模型

加工

在工作表儲存格中輸入公式：

C7：=C3/(1-C3)*360/(C4-C2)

輸出

此時，工作表如圖 6-3 所示。

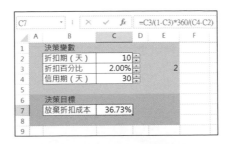

圖 6-3　應付帳款政策

表格製作

輸入

在工作表中輸入資料及套入框線，如圖 6-4 所示。

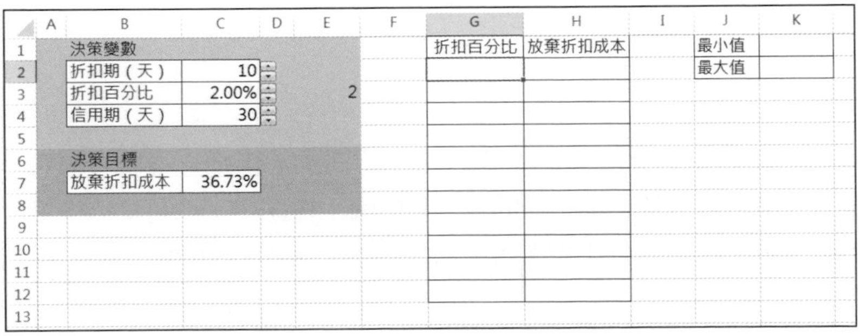

圖 6-4　在工作表中輸入資料及套入框線

加工

在工作表儲存格中輸入公式：

G2：=0.5*$C$3

G3：=0.6*$C$3

......

G11：=1.4*$C$3

G12：=1.5*$C$3

H2：=G2/(1-G2)*360/($C$4-$C$2)

選取 H2 儲存格，按住右下角的控點向下拖曳填滿至 H12 儲存格。

K1：=MIN(H2:H12)

K2：=MAX(H2:H12)

輸出

此時，工作表如圖 6-5 所示。

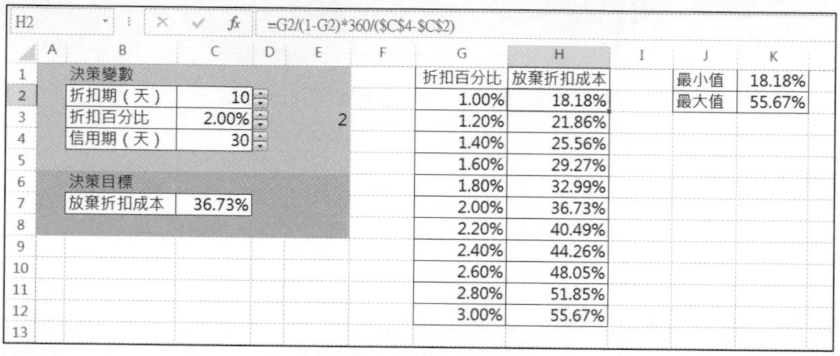

H2 =G2/(1-G2)*360/($C$4-$C$2)

決策變數		
折扣期（天）	10	
折扣百分比	2.00%	2
信用期（天）	30	
決策目標		
放棄折扣成本	36.73%	

折扣百分比	放棄折扣成本
1.00%	18.18%
1.20%	21.86%
1.40%	25.56%
1.60%	29.27%
1.80%	32.99%
2.00%	36.73%
2.20%	40.49%
2.40%	44.26%
2.60%	48.05%
2.80%	51.85%
3.00%	55.67%

最小值	18.18%
最大值	55.67%

圖 6-5　應付帳款政策

圖表生成

1）選取工作表中 G1：H12 區域，然後按下「插入」標籤，選取「圖表→插入 XY 散佈圖或泡泡圖→帶有平滑線的 XY 散佈圖」按鈕項，即可插入一個標準的 XY 散佈圖。可先將圖表區中預設的「圖表標題」刪掉，再拖曳調整大小及放置的位置。

2）在圖表區按下滑鼠右鍵，在展開的功能表中選取「選取資料來源⋯」指令。此時已有 1 條數列。按一下「新增」按鈕，新增如下 2 條數列，如圖 6-6 所示：

數列 2：

X 值：=應付政策制定模型!$C$3

Y 值：=應付政策制定模型!$C$7

數列 3：

X 值：=(應付政策制定模型!$C$3,應付政策制定模型!$C$3)

Y 值：=(應付政策制定模型!$K$1,應付政策制定模型!$K$2)

圖 6-6　新增 2 條數列

3）　按下「圖表工具→格式」標籤展開工具列，再從「圖表項目」下拉方塊中選取「數列 2」項，如此即可選取數列 2 的「點」，再按下「格式化選取範圍」鈕，然後在展開的「資料數列格式」面板中點按「標記」，並在「標記選項」中點選「內建」，有需要可在「類型」和「大小」下拉方塊中選擇想要的形式，如圖 6-7 所示。

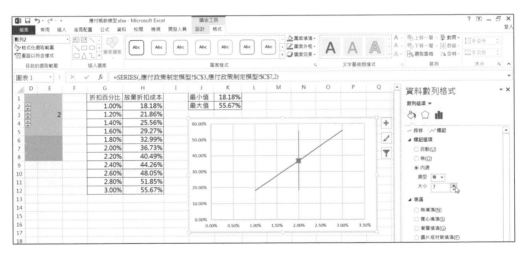

圖 6-7　「資料數列格式」面板中設定「標記選項」

4）　按下圖表右上方的「＋」圖示鈕，勾選「座標軸標題」。然後將水平軸改成「折扣」；將垂直軸改成「放棄折扣成本」。使用者還可按自己的意願再修改美化圖表，例如連按二下剛才改的垂直軸標題，將其文字方向改成「垂直」。完成的應付政策制定模型，如圖 6-8 所示。

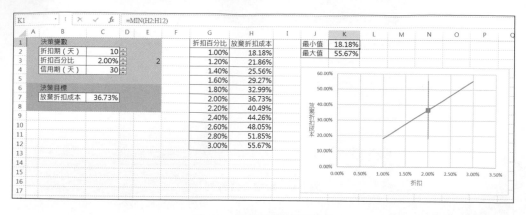

圖 6-8　應付帳款政策模型

操作說明

- 使用者在輸入「信用期」和「折扣期」時，應使信用期大於折扣期。

- 使用者在輸入「折扣百分比」時，應使折扣百分比小於等於 1。

- 調節「折扣期」、「折扣百分比」、「信用期」等變數的微調項時，模型的計算結果、表格及圖表都將隨之變化。

6.2　短期借款模型

應用場景

CEO：有時資金臨時周轉困難，就找朋友商借，這就是短期借款吧？

CFO：財務上，短期借款有特定含義，就是指向金融機構借入的期限在 1 年以內的借款。而和朋友之間的資金往來，則是其他應收款或其他應付款。

CEO：找金融機構短期借款，有時附加條件多，而且短期內要歸還，風險比較大。

CFO：是的。短期借款的信用條件比較多，如抵押、周轉信貸協定、信貸限額和補償性餘額。補償性餘額，是銀行要求借款企業在銀行保持的最低存款餘額，金額

按貸款限額的一定百分比計算。對銀行來說，補償性餘額可降低貸款風險，補償遭受的貸款損失；對企業來說，則實際提高了借款的有效年利率。

CEO：借款利息如何支付？

CFO：一般是借款到期時向銀行支付。但也有貼現法，即銀行向企業發放貸款時，先從本金中扣除利息；還有加息法，即分期等額償還貸款。在這種情況下，企業實際只使用了貸款本金的半數，卻要支付全額利息。

基本理論

有效年利率

補償性餘額的有效年利率＝年利息÷借款金額（1－補償性餘額比例）

　　　　　　　　　　　　＝年利率÷（1－補償性餘額比例）

貼現法有效年利率＝年利息÷（借款金額－（借款金額×（1＋年利率）^期數

　　　　　　　　　　－借款金額））

　　　　　　　　　＝年利率÷（2－（1＋年利率）^期限）

加息法有效年利率＝年利息÷借款金額÷2

　　　　　　　　　＝2×年利率

模型建立

……\chapter06\02\短期借款模型.xlsx

輸入

新建一 Excel 活頁簿，活頁簿包括以下工作表：補償性餘額、貼現法、加息法。

「補償性餘額」工作表

1)　在工作表中輸入文字資料，並進行格式化。如合併儲存格、調整列高欄寬、套入框線、選取填滿色彩、設定字型大小等。

2)　在 D2~D4 新增微調按鈕。按一下「開發人員」標籤，選取「插入→表單控制項→微調按鈕」按鈕，在對應的儲存格拖曳拉出適當大小的微調按鈕。接著對該

微調按鈕按下滑鼠右鍵，選取「控制項格式」指令，對其屬性設定儲存格連結、目前值、最小值、最大值等。詳細的設定值則請參考下載的本節 Excel 範例檔。

3） 在 C3 儲存格輸入「=E3/100」公式，在 C4 儲存格輸入「=E4/100」公式。初步完成的模型如圖 6-9 所示。

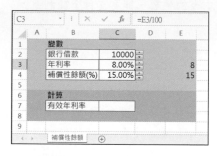

圖 6-9 在「補償性餘額」工作表中初步完成的模型

「貼現法」工作表

依照上述方法完成初步的模型，如圖 6-10 所示。

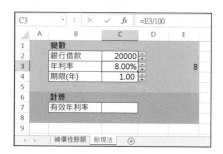

圖 6-10 在「貼現法」工作表中初步完成的模型

「加息法」工作表

依照上述方法完成初步的模型，如圖 6-11 所示。

圖 6-11　在「加息法」工作表中初步完成的模型

加工

在工作表儲存格中輸入公式：

「補償性餘額」工作表

C7：=C2*C3/(C2*(1-C4))

「貼現法」工作表

C7：=C2*C3/(C2-(C2*(1+C3)^C4-C2))

「加息法」工作表

C6：=C2*C3/(C2/2)

輸出

「補償性餘額」工作表，如圖 6-12 所示。

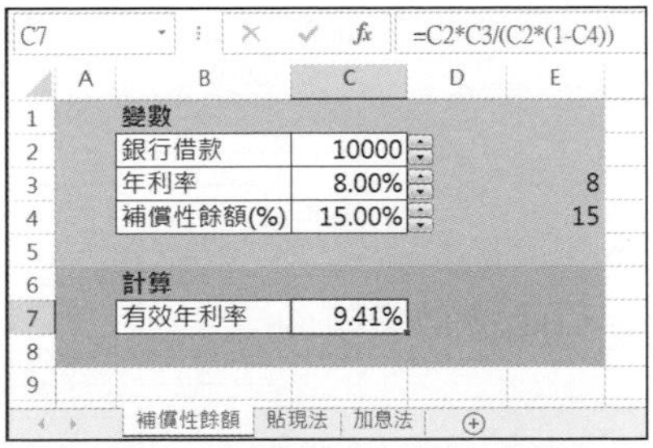

圖 6-12　補償性餘額有效年利率

「貼現法」工作表，如圖 6-13 所示。

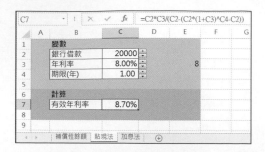

圖 6-13　貼現法有效年利率

「**加息法**」工作表，如圖 6-14 所示。

圖 6-14　加息法有效年利率

表格製作

輸入

在「**補償性餘額**」工作表中輸入資料及套入框線，如圖 6-15 所示。

圖 6-15　在「補償性餘額」工作表中輸入資料及套入框線

在「**貼現法**」工作表中輸入資料及套入框線，如圖 6-16 所示。

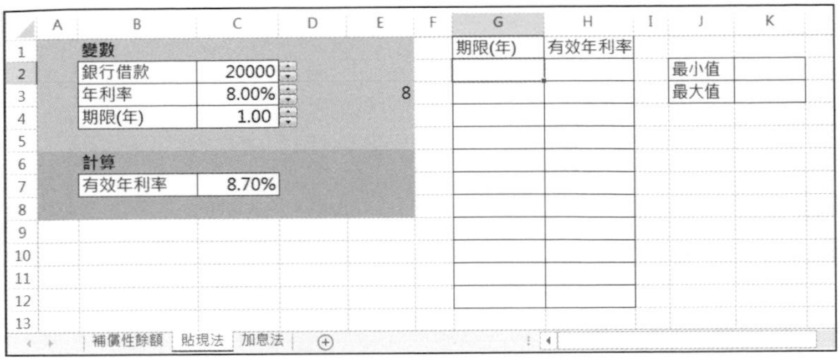

圖 6-16　在「貼現法」工作表中輸入資料及套入框線

在「**加息法**」**工作表**中輸入資料及套入框線，如圖 6-17 所示。

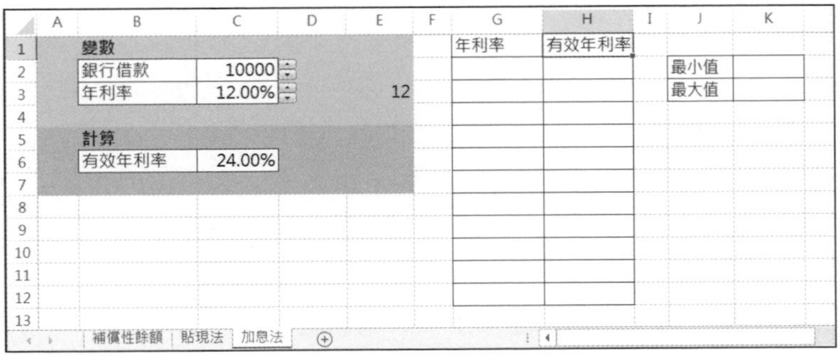

圖 6-17　在「加息法」工作表中輸入資料及套入框線

加工

在工作表儲存格中輸入公式：

「補償性餘額」工作表

G2：=0.5*$C$4

G3：=0.6*$C$4

......

G11：=1.4*$C$4

G12：=1.5*$C$4

H2：=$C$2*$C$3/($C$2*(1-G2))

選取 H2 儲存格，按住右下角的控點向下拖曳填滿至 H12 儲存格。

K2：=MIN(G2:H12)

K3：=MAX (G2:H12)

「貼現法」工作表

G2：=0.5*$C$4

G3：=0.6*$C$4

......

G11：=1.4*$C$4

G12：=1.5*$C$4

H2：=$C$2*$C$3/($C$2-($C$2*(1+$C$3)^G2-$C$2))

選取 H2 儲存格，按住右下角的控點向下拖曳填滿至 H12 儲存格。

K2：=MIN(H2:H12)

K3：=MAX(H2:H12)

「加息法」工作表

G2：=0.5*$C$3

G3：=0.6*$C$3

......

G11：=1.4*$C$3

G12：=1.5*$C$3

H2：=$C$2*G2/($C$2/2)

選取 H2 儲存格，按住右下角的控點向下拖曳填滿至 H12 儲存格。

K2：=MIN(H2:H12)

K3：=MAX(H2:H12)

輸出

「補償性餘額」工作表，如圖 6-18 所示。

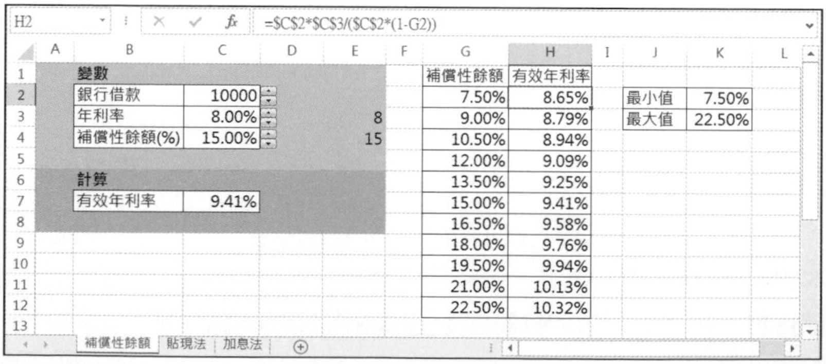

圖 6-18　補償性餘額有效年利率

「貼現法」工作表，如圖 6-19 所示。

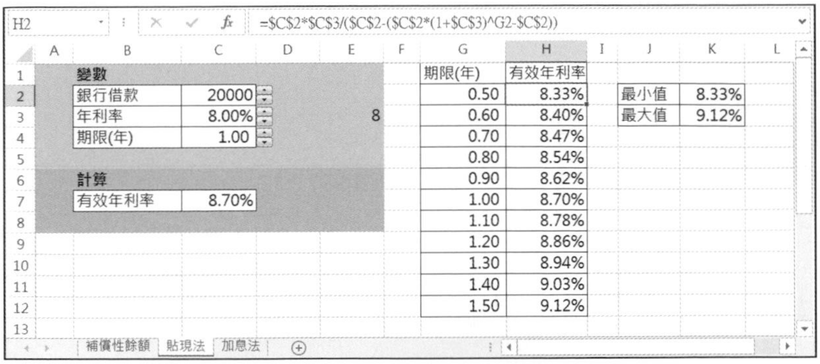
H2　=$C$2*$C$3/($C$2-($C$2*(1+$C$3)^G2-$C$2))

	A	B	C	D	E	F	G	H	I	J	K
1		變數					期限(年)	有效年利率			
2		銀行借款	20000				0.50	8.33%		最小值	8.33%
3		年利率	8.00%		8		0.60	8.40%		最大值	9.12%
4		期限(年)	1.00				0.70	8.47%			
5							0.80	8.54%			
6		計算					0.90	8.62%			
7		有效年利率	8.70%				1.00	8.70%			
8							1.10	8.78%			
9							1.20	8.86%			
10							1.30	8.94%			
11							1.40	9.03%			
12							1.50	9.12%			

補償性餘額　貼現法　加息法

圖 6-19　貼現法有效年利率

「加息法」工作表，如圖 6-20 所示。

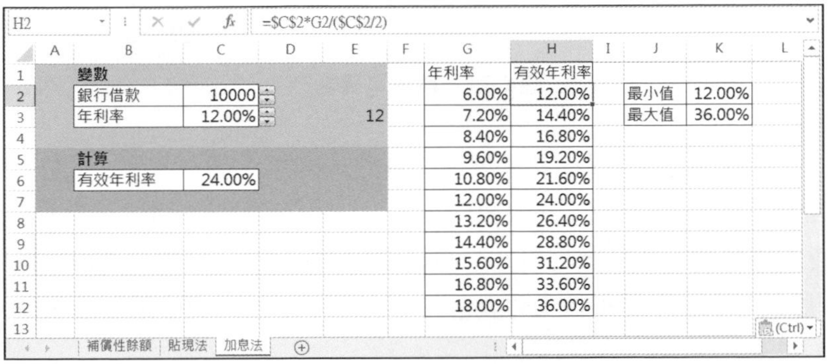
H2　=$C$2*G2/($C$2/2)

	A	B	C	D	E	F	G	H	I	J	K
1		變數					年利率	有效年利率			
2		銀行借款	10000				6.00%	12.00%		最小值	12.00%
3		年利率	12.00%		12		7.20%	14.40%		最大值	36.00%
4							8.40%	16.80%			
5		計算					9.60%	19.20%			
6		有效年利率	24.00%				10.80%	21.60%			
7							12.00%	24.00%			
8							13.20%	26.40%			
9							14.40%	28.80%			
10							15.60%	31.20%			
11							16.80%	33.60%			
12							18.00%	36.00%			

補償性餘額　貼現法　加息法

圖 6-20　加息法有效年利率

圖表生成

「補償性餘額」工作表

1）　選取工作表中 G1：H12 區域，然後按下「插入」標籤，選取「圖表→插入 XY 散佈圖或泡泡圖→帶有平滑線的 XY 散佈圖」按鈕項，即可插入一個標準的 XY 散佈圖。可先將圖表區中預設的「圖表標題」刪掉，再拖曳調整大小及放置的位置。

2）　在圖表區按下滑鼠右鍵，在展開的功能表中選取「選取資料來源…」指令。此時已有 1 條數列。按下「新增」按鈕，新增如下 2 條數列，如圖 6-21 所示：

數列 2：

X 值：=補償性餘額!$C$4

Y 值：=補償性餘額!$C$7

數列 3：

X 值：=(補償性餘額!$C$4,補償性餘額!$C$4)

Y 值：=(補償性餘額!$K$2,補償性餘額!$K$3)

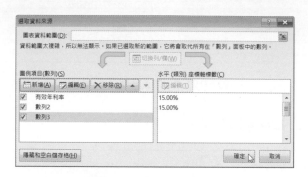

圖 6-21　新增 2 條數列

3）　按下「圖表工具→格式」標籤展開工具列，再從「圖表項目」下拉方塊中選取「數列 2」項，如此即可選取數列 2 的「點」，再按下「格式化選取範圍」鈕，然後在展開的「資料數列格式」面板中點按「標記」，並在「標記選項」中點選「內建」，有需要可在「類型」和「大小」下拉方塊中選擇想要的形式，如圖 6-22 所示。

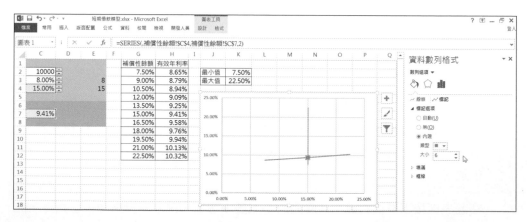

圖 6-22　「資料數列格式」面板設定「標記選項」

4） 按下圖表右上方的「＋」圖示鈕，勾選「座標軸標題」。然後將水平軸改成「補償性餘額」；將垂直軸改成「有效年利率」。使用者還可按自己的意願再修改美化圖表，例如連按二下剛才改的垂直軸標題，將其文字方向改成「垂直」。完成的補償性餘額模型，如圖 6-23 所示。

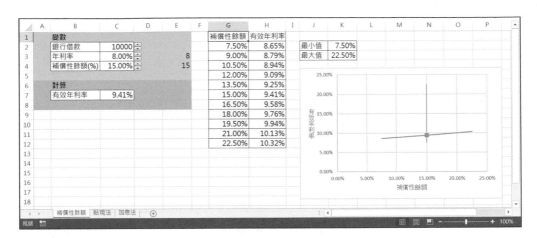

圖 6-23　補償性餘額模型

「貼現法」工作表

圖表生成過程，本工作表與「補償性餘額」工作表相同。貼現法模型的最終介面如圖 6-24 所示。

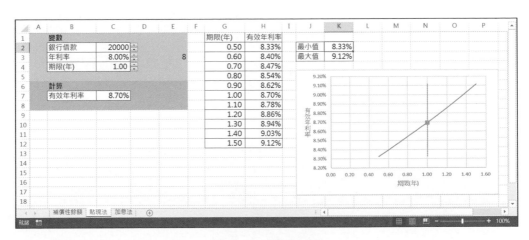

圖 6-24　貼現法模型

「加息法」工作表

圖表生成過程，本工作表與「補償性餘額」工作表相同。加息法模型的最終介面如圖 6-25 所示。

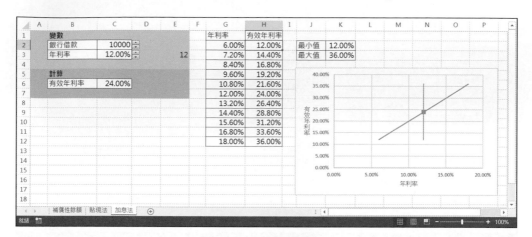

圖 6-25　加息法模型

操作說明

■ 在「補償性餘額」、「貼現法」、「加息法」等工作表，調節各變數的微調項時，模型的計算結果將隨之變化，表格將隨之變化，圖表將隨之變化。另外，透過操作可以看到，無論是補償性餘額，還是貼現法、加息法，有效年利率與銀行借款無關。

第 7 章
本量利分析模型

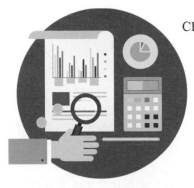

CEO：本量利分析中的「本」，與會計核算成本的「本」，
是一個意思嗎？

CFO：不是。會計核算的成本分為產品成本與期間成
本；本量利分析中的成本分為固定成本和變動
成本。

CEO：會計核算為什麼要將成本分為產品成本與期間
成本？

CFO：因為發生的資源耗費，有的與產品生產有關，作為產品成本；有的與產品生產
無關，作為期間成本。

CEO：本量利分析為什麼要將成本分為固定成本與變動成本？

CFO：因為發生的資源耗費，有的與業務量無關，作為固定成本；有的與業務量有
關，作為變動成本。當然，還有隨業務量增長而增長，但與業務量增長不成正
比例的成本，作為混合成本。混合成本介於固定成本和變動成本之間，可以將
其分解成固定成本和變動成本兩部分。這樣，全部成本都可以分成固定成本和
變動成本兩部分。

CEO：這是固定成本與變動成本的概念。我想知道這種概念產生的原因，或者說，製造這樣的概念，究竟做什麼用途。

CFO：促使人們研究成本、數量和利潤之間關係的動因，是傳統的成本分類不能滿足企業決策、計畫和控制的要求。企業的這些內部經營管理工作，通常以數量為起點，以利潤為目標。企業管理人員在決定生產和銷售數量時，非常想知道它對企業利潤的影響。但是這中間隔著收入和成本。對於收入，他們很容易根據數量和單價來估計，而成本則不然。無論是總成本還是單位成本，他們都感到難以把握。他們不能用單位成本乘以數量來估計總成本，因為數量變化之後，單位成本也會變化。管理人員需要一個數學模型，這個模型應當除了業務量和利潤之外都是常數，使業務量和利潤之間建立起直接的函數關係。

這樣，他們可以利用這個模型在業務量變動時估計其對利潤的影響，或者在目標利潤變動時計算出完成目標所需要的業務量水準。建立這樣一個模型的主要障礙是成本和業務量之間的資料關係不清楚。為此，人們首先研究成本和業務量之間的關係，並確立了成本按性態的分類，即固定成本與變動成本，然後在此基礎上明確成本、數量和利潤之間的相互關係。

CEO：也就是內部管理的需要。這麼說，我們進行本量利分析，首先要進行成本分解。沒有成本分解，就不可能建立本量利分析模型。

CFO：是的。只有進行成本分解，劃分固定成本與變動成本，才能建立本量利分析模型。本量利分析模型建立後，我們才可以用於利潤預測，才可以用於敏感分析，平衡分析。

7.1 成本性態分析模型

CEO：什麼是成本性態分析？

CFO：就是研究成本與業務量之間的關係；研究的方法，就是成本分解；分解的方法，就是擬合迴歸方程式。

CEO：業務量是什麼？是指產銷量嗎？

CFO：可以是產銷量，也可以是其他，如人工工時、機器工時、主要材料處理量、運輸里程、調度次數、服務次數等。這些可以作為業務量大小的標誌。

CEO：在什麼情況下，用什麼作為業務量，能舉例說明嗎？

CFO：傳統的本量利分析，一般用銷量作為業務量。例如，銷量是 100 個，單位變動成本是 10 元/個。基於作業的本量利分析，業務量就可能很多，如人工工時、機器工時、運輸里程、調度次數、服務次數等。例如，運輸作業的作業量是 100 公里，單位變動成本是 10 元/公里；客戶服務作業的作業量是 100 次，單位變動成本是 10 元/次。

CEO：成本按型態可分為三大類：固定成本、變動成本、混合成本。能分別舉例說明其含義嗎？

CFO：固定成本，是指在一定時期和一定業務量範圍內，總額不受業務量變動的影響而保持不變的成本。固定成本一般包括固定性製造費用，如按直線法計算的固定資產折舊費、勞動保護費、辦公費等；固定性銷售費用，如銷售人員工資、廣告費等；固定性管理費用，如租賃費、管理人員的工資、財產保險費等。固定成本總額不受業務量變動的影響而保持不變，單位固定成本隨著業務量的變動而發生反方向變動。

變動成本，是指在一定時期和一定業務量範圍內，總額隨著業務量的變動而發生正比例變動的成本。變動成本一般包括企業生產過程中發生的直接材料、直接人工、製造費用中的產品包裝費、燃料費、動力費等，按銷售量多少支付的推銷傭金、裝運費等。單位變動成本不受業務量變動的影響而保持不變，總的變動成本隨著業務量的變動而成正比。

混合成本，是指成本總額隨著業務量的變動而變動，但不與其成正比變動。如企業的電話費、機器設備的維護保養費等。

單業務成本分解模型

應用場景

CEO：成本分解，與成本分配，有什麼關係嗎？

CFO：完全不同。成本分解，是劃分固定成本與變動成本。成本分配，一般是費用分配後形成成本。費用分配首先要確定成本物件，例如以產品為成本物件。此時發生電話費 100，先向不同部門進行分配，如生產部門分配了 60；再向同一部門不同產品進行分配，如 A 產品分配了 40。

CEO：成本分解的目的是劃分固定成本與變動成本。那麼資產折舊這種固定成本就不用分解了，材料費這種變動成本也不用分解了，電話費這種混合成本才需要分解。如何分解呢？

CFO：我們拿出兩組資料，一組是 x，一組是 y，計算相關係數，擬合迴歸方程式，可得到 y=a+b*x，這是統計學。

　　這時財務人員有個巧妙的構思，賦予了這個公式以業務意義。把銷量資料做為 x，把電話費資料做為 y，這樣可得到電話費=a+b*銷量。a 就是固定成本，無論是否有銷量，無論銷量是多少，均會發生的固定電話費；b 就是單位銷量的變動成本。

基本理論

迴歸方程式法：見前面「財務預測模型→融資需求預測模型→迴歸分析模型→基本理論」的相關介紹。

模型建立

📁 ……\chapter07\01\本量利之單業務成本分解模型.xlsx

輸入

1） 在工作表中輸入文字資料，並進行格式化。如調整列高欄寬、套入框線、選取外框色彩、設定字型大小等。

	A	B	C
1	月份	銷量（X）	成本（Y）
2	1月	46.32	15436.00
3	2月	55.34	16430.00
4	3月	52.38	26512.00
5	4月	57.15	17465.00
6	5月	55.47	16983.00
7	6月	54.64	17427.00
8	7月	63.72	19632.00
9	8月	70.07	23074.00
10	9月	99.62	33653.00
11	10月	103.33	34616.00
12	11月	115.35	35141.00
13	12月	120.45	38427.00
14			
15	單位變動成本		
16	固定成本		
17			
18			

成本分解

圖 7-1　在工作表中輸入資料並進行格式化

加工

在工作表儲存格中輸入公式：

B15：=LINEST(B2:B13,A2:A13)

B16：=INTERCEPT(B2:B13,A2:A13)

輸出

此時，工作表如圖 7-2 所示。

B15　fx　=LINEST(C2:C13,B2:B13)

	A	B	C	D
1	月份	銷量（X）	成本（Y）	
2	1月	46.32	15436.00	
3	2月	55.34	16430.00	
4	3月	52.38	26512.00	
5	4月	57.15	17465.00	
6	5月	55.47	16983.00	
7	6月	54.64	17427.00	
8	7月	63.72	19632.00	
9	8月	70.07	23074.00	
10	9月	99.62	33653.00	
11	10月	103.33	34616.00	
12	11月	115.35	35141.00	
13	12月	120.45	38427.00	
14				
15	單位變動成本	300.03		
16	固定成本	2218.06		
17				
18				

成本分解

圖 7-2　單業務成本分解

操作說明

■ 本模型是用 12 期的資料，對單業務量進行成本分解的示例。

多業務成本分解模型

應用場景

CEO：我們拿出兩組資料，一組是 x，一組是 y，計算相關係數，擬合迴歸方程式，可得到 y=a+b*x。我們如果拿出 6 組資料，分別作為 x1、x2、x3、x4、x5 和 y 計算相關係數，擬合迴歸方程式，可得到 y=a+b*x1+c*x2+d*x3+e*x4+f*x5 了。

CFO：是的。這個時候算出來的相關係數，叫複相關係數；這個時候擬合出的迴歸方程式，叫多元迴歸方程式。

這時財務人員繼續構想，賦予這個函數以業務意義。把產品甲銷量資料作為 x1、產品乙銷量資料作為 x2、產品丙銷量資料作為 x3、產品丁銷量資料做為 x4、產品戊銷量資料作為 x5，把電話費資料作為 y，這樣就可得到：

電話費=a+b*產品甲銷量+c*產品乙銷量+d*產品丙銷量+e*產品丁銷量+f*產品戊銷量。

a 就是無論是否有銷量，無論銷量是多少，均會發生的固定電話費。

b、c、d、e、f 就分別是產品甲、乙、丙、丁、戊的單位銷量的變動成本。

CEO：有沒有可能出現單位變動成本或固定成本為負數的情況？

CFO：有可能的。這說明歷史資料不全面、不準確。另外，多元迴歸前要先進行相關分析，多元迴歸後要做檢驗分析。

CEO：多業務成本分解會在什麼時候用到？

CFO：當企業有多種業務，例如生產多種產品時，就可以進行多業務成本分解，以確定每種產品的單位變動成本和總的固定成本。如果是基於作業而不是基於產品

的本量利分析，那麼即使只生產一種產品，也會有多個作業，也可以進行多業務成本分解，以確定每項作業的單位變動成本和總的固定成本。

也就是說，道理是完全一樣的，無非就是用作業替換了產品，用作業量替換了產量。當然，這使得成本核算與本量利分析精益化了。基於作業的本量利分析，在實務中用途更大。

基本理論

多元迴歸

複相關係數：即多元相關係數，描述一個變數和兩個或多個變數之間的線性相關關係的密切程度。

多業務的成本分解，不是單業務成本分解的簡單相加。

例如：A 產品進行成本分解，計算出了 A 產品的單位變動成本和固定成本；B 產品進行成本分解，計算出了 B 產品的單位變動成本和固定成本。

現在 A 產品和 B 產品同時生產，需要進行多業務成本分解。這時的單位變動成本、固定成本與單業務成本分解計算的單位變動成本、固定成本完全不同了，原因是 A 產品和 B 產品會發生相互影響。

模型建立

📂……\chapter07\01\本量利之多業務成本分解模型.xlsx

輸入

在「二元成本分解」和「多元成本分解」工作表中輸入資料及格式化，如圖 7-3 所示。

月 份	產品A（X1）	產品B（X2）	成本Y
1	46.32	4	15436
2	55.34	5	16430
3	52.38	10	26512
4	57.15	8	17465
5	55.47	8	16983
6	54.64	8	17427
7	63.72	9	19632
8	70.07	12	23074
9	99.62	16	33653
10	103.33	17	34616
11	115.35	20	35141
12	120.45	22	38427

二元成本分解　多元成本分解

月份	業務量X1	業務量X2	業務量X3	業務量X4	業務量X5	成本費用Y
1	46.32	4	1.5	5.1		2423
2	55.34	5	1.55	4.5	1	2580
3	52.38	10	2	2.2	2	2600
4	57.15	8	1.68	4.1	1	2650
5	55.47	8	1.7	3.6	1	2610
6	54.64	8	1.68	3	2	2650
7	63.72	9	1.78	2.8	2	2800
8	70.07	12	1.9	2.7	2	3000
9	99.62	16	2.5	2.65	3	4000
10	103.33	17	2.55	2.6	3	4100
11	115.35	20	2.6	1.5	3	4050
12	120.45	22	2.9	1.2	4	4500

二元成本分解　多元成本分解

圖 7-3　在工作表中輸入資料及格式化

加工

1） 在「二元成本分解」工作表中，按下「資料」標籤下的「分析→資料分析」指令項，並在對話方塊中點選「迴歸」，按下「確定」按鈕，如圖 7-4 所示。

圖 7-4　資料迴歸分析

2） 接著在「迴歸」對話方塊中進行如下的設定，如圖 7-5 所示。

輸入 Y 範圍：$D$2:$D$13。

輸入 X 範圍：$B$2:$C$13。

輸出範圍：$F$1。

3） 按下「確定」按鈕，即可輸出迴歸分析的結果。

圖 7-5　資料迴歸

輸出

1）　此時，工作表如圖 7-6 所示。

	A	B	C	D	E	F	G	H	I	J	K	L	M	N
1	月份	產品A（X1）	產品B（X2）	成本Y		摘要輸出								
2	1	46.32	4	15436										
3	2	55.34	5	16430			迴歸統計							
4	3	52.38	10	26512		R 的倍數	0.9641729							
5	4	57.15	8	17465		R 平方	0.9296293							
6	5	55.47	8	16983		調整的 R 平方	0.9139914							
7	6	54.64	8	17427		標準誤	2541.8653							
8	7	63.72	9	19632		觀察值個數	12							
9	8	70.07	12	23074										
10	9	99.62	16	33653		ANOVA								
11	10	103.33	17	34616			自由度	SS	MS	F	顯著值			
12	11	115.35	20	35141		迴歸	2	768184441.6	384092220.8	59.44707	6.5052E-06			
13	12	120.45	22	38427		殘差	9	58149715.1	6461079.455					
14						總和	11	826334156.7						
15														
16	X1、X2與Y的複相關係數		0.964173				係數	標準誤	t 統計	P-值	下限 95%	上限 95%	下限 95.0%	上限 95.0%
17	產品A單位變動成本		22.48420863			截距	7526.8441	3081.053361	2.442945058	0.037185	557.017152	14496.671	557.01715	14496.671
18	產品B單位變動成本		1326.450259			X 變數 1	22.484209	114.7032679	0.196020646	0.848948	-236.99261	281.96103	-236.99261	281.96103
19	固定成本		7526.844081			X 變數 2	1326.4503	531.2834604	2.496690294	0.034046	124.603573	2528.2969	124.60357	2528.2969
20	二元迴歸方程		Y=22.4842X1+1326.4502*X2+7526.85											

圖 7-6　「二元成本分解」的迴歸統計分析

2）　在「多元成本分解」工作表中也是以相同的方法操作，僅在「迴歸」對話方塊中進行的設定有所不同：

輸入 Y 範圍：$G$2:$G$13。

輸入 X 範圍：$B$2:$F$13。

輸出範圍：$I$1。

	A	B	C	D	E	F	G	H	I	J	K	L	M	N	O	P	Q
1	月份	業務量X1	業務量X2	業務量X3	業務量X4	業務量X5	成本費用Y		摘要輸出								
2	1	46.32	4	1.5	5.1	1	2423										
3	2	55.34	5	1.55	4.5	1	2580		迴歸統計								
4	3	52.38	10	2	2.2	2	2600		R 的倍數	0.998274							
5	4	57.15	8	1.68	4.1	1	2650		R 平方	0.99655							
6	5	55.47	8	1.7	3.6	1	2610		調整的 R 平方	0.993676							
7	6	54.64	8	1.68	3	2	2650		標準誤	60.41214							
8	7	63.72	9	1.78	2.8	2	2800		觀察值個數	12							
9	8	70.07	12	1.9	2.7	2	3000										
10	9	99.62	16	2.5	2.65	3	4000		ANOVA								
11	10	103.33	17	2.55	2.6	3	4100			自由度	SS	MS	F	顯著值			
12	11	115.35	20	2.6	1.5	3	4050		迴歸	5	6325917	1265183	346.661	2.68E-07			
13	12	120.45	22	2.9	1.2	4	4500		殘差	6	21897.76	3649.627					
14									總和	11	6347815						
15																	
16										係數	標準誤	t統計	P-值	下限 95%	上限 95%	下限 95.0%	上限 95.0%
17									截距	5.169524	273.5358	0.018899	0.985535	-664.149	674.48763	-664.14858	674.48763
18									X 變數 1	14.80119	4.672358	3.167819	0.019372	3.368339	26.234037	3.36833852	26.234037
19									X 變數 2	21.83365	35.10927	0.621877	0.556899	-64.0756	107.74292	-64.075629	107.742926
20									X 變數 3	419.0759	259.4106	1.615493	0.157331	-215.679	1053.8307	-215.67888	1053.83069
21									X 變數 4	174.4894	64.31949	2.712854	0.034973	17.10524	331.87347	17.1052352	331.873472
22									X 變數 5	206.5198	76.23067	2.709143	0.035146	19.99009	393.04953	19.9900868	393.049526
23																	

二元成本分解　多元成本分解

圖 7-6a 「多元成本分解」的迴歸統計分析

3) 輸出結果的說明：

R 的倍數：複相關係數。

「係數」欄與「X 變數 1」列的交叉點：業務量 X1 的單位變動成本。

「係數」欄與「X 變數 2」列的交叉點：業務量 X2 的單位變動成本。

「係數」欄與「X 變數 3」列的交叉點：業務量 X3 的單位變動成本。

「係數」欄與「X 變數 4」列的交叉點：業務量 X4 的單位變動成本。

「係數」欄與「X 變數 5」列的交叉點：業務量 X5 的單位變動成本。

「係數」欄與「截距」列的交叉點：固定成本。

這樣，就完成了多業務的成本分解。

操作說明

■ 在「二元成本分解」工作表中，本模型是用 12 期的資料，對兩種業務量進行成本分解的示範；在「多元成本分解」工作表中，本模型是用 12 期的資料，對 5 種業務量進行成本分解的示範。

7.2　本量利分析利潤預測模型

單業務利潤預測模型

應用場景

CEO：進行了單業務成本分解，我們得到了單位變動成
本和固定成本。這樣，我們就可以將銷量、單
價、單位變動成本、固定成本、利潤統一於一個
數學模型，就可以做本量利分析了。

CFO：是的。成本分解相對較難，成本分解後的利潤預測就相對簡單了。它是成本分
解水到渠成的結果。

CEO：就像馬斯洛的需求層次理論，一個人到星級酒店，吃飽了喝足了，就會自然想
搞點別的什麼活動。我們進行了成本分解這麼高難度的工作，就會自然的想派
上更多的用場。

CFO：我們還可以創造新的概念，如「邊際貢獻」，邊際貢獻＝銷售收入-變動成本。邊
際貢獻前還可以加上一些定語，形成產品邊際貢獻、製造邊際貢獻。

　　這些概念前加上「單位」兩字，又可以形成單位邊際貢獻、單位產品邊際貢
獻、單位制造邊際貢獻等。

CEO：它們分別是什麼意思，有什麼意義呢？

CFO：變動成本＝產品變動成本＋期間變動成本。
　　製造邊際貢獻＝銷售收入－產品變動成本。
　　產品邊際貢獻＝製造邊際貢獻－期間變動成本。

　　這些都是管理會計的概念，如果與財務會計強行比對，可以認為，產品變動成
本與產品銷售成本是一個層面的，期間變動成本與期間費用是一個層面的，製
造邊際貢獻與主營業務利潤是一個層面的，產品邊際貢獻與營業利潤是一個層
面的。

CEO：這些概念前加上「單位」兩字，就是除以銷量了？如單位邊際貢獻，就是邊際
貢獻除以銷量。

CFO：是的。或者說，單位邊際貢獻＝單價－單位變動成本，一個意思。另外，還有幾個概念。

CEO：還有？又是拿著什麼和什麼在那加減乘除呢？

CFO：拿著邊際貢獻除以銷售收入，叫邊際貢獻率。拿著變動成本除以銷售收入，叫變動成本率。

CEO：「邊際」這個詞用得好廣，經濟學有個「邊際效益遞減」理論，大概意思就是饅頭是同樣的饅頭，但是吃的第 1 個饅頭，給人的情感體驗是最強的。饅頭吃得越多，情感體驗越差。

CFO：經濟學、社會學、財務學，邊際的意思是一樣的。各行各業都有邊際效應，包括性，適用於所有人，包括和尚。

基本理論

利潤預測

在單一業務量時：

利潤＝銷量×（單價－單位變動成本）－固定成本

可計算銷量、單價、單位變動成本、固定成本變動時的相應利潤。

模型建立

📁 ……\chapter07\02\本量利之單業務利潤預測模型.xlsx

輸入

1）　在工作表中輸入文字資料，並進行格式化。如合併儲存格、調整列高欄寬、套入框線、選取填滿色彩、設定字型大小等。

2）　在 D2~D5 新增捲軸。按下「開發人員」標籤，選取「插入→表單控制項→捲軸」按鈕，在對應的儲存格拖曳拉出適當大小的橫式捲軸。接著對該捲軸按下滑鼠右鍵，選取「控制項格式」指令，對其屬性設定儲存格連結、目前值、最小值、最大值等。D2 儲存格的捲軸設定，如圖 7-8 所示。其他的詳細設定值可參考下載的本節 Excel 範例檔。

圖 7-7　捲軸的控制項格式設定

3）　初步完成的模型如圖 7-8 所示。

圖 7-8　在工作表中初步完成的模型

加工

在工作表儲存格中輸入公式：

C8：=C2*C3-C2*C4-C5

A11：="業務量為"&(ROUND(C2,2))&"時，利潤等於"&(ROUND(C8,2))

輸出

此時，工作表如圖 7-9 所示。

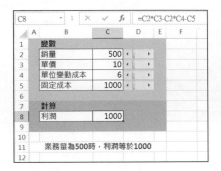

圖 7-9　單業務利潤預測

表格製作

輸入

1）　在工作表中輸入文字資料，並進行格式化。如調整列高欄寬、套入框線、設定
　　字型大小等，如圖 7-10 所示。

圖 7-10　在工作表中輸入資料並進行格式化

加工

在工作表儲存格中輸入公式：

G2：=0.5*C2

G3：=0.6*C2

……

G11：=1.4*C2

G12：=1.5*C2

H2：H12 區域：選取 H2：H12 區域，輸入「=G2:G12*C4」公式後，按 Ctrl+Shift+Enter 複合鍵。

I2：I12 區域：選取 I2：I12 區域，輸入「=C5」公式後，按 Ctrl+Shift+Enter 複合鍵。

J2：J12 區域：選取 J2：J12 區域，輸入「=H2:H12+I2:I12」公式後，按 Ctrl+Shift+Enter 複合鍵。

K2：K12 區域：選取 K2：K12 區域，輸入「=G2:G12*C3」公式後，按 Ctrl+Shift+Enter 複合鍵。

L2：L12 區域：選取 L2：L12 區域，輸入「=K2:K3-J2:J12」公式後，按 Ctrl+Shift+Enter 複合鍵。

O3：=MIN(H2:L12)

O4：=MAX(H2:L12)

輸出

此時，工作表如圖 7-11 所示。

L4　{=K2:K12-J2:J12}

	A	B	C	D	E	F	G	H	I	J	K	L	M	N	O
1		變數					銷量	變動成本	固定成本	總成本	收入	利潤			
2		銷量	500				250	1500	1000	2500	2500	0			
3		單價	10				300	1800	1000	2800	3000	200		最小值	0
4		單位變動成本	6				350	2100	1000	3100	3500	400		最大值	7500
5		固定成本	1000				400	2400	1000	3400	4000	600			
6							450	2700	1000	3700	4500	800			
7		計算					500	3000	1000	4000	5000	1000			
8		利潤	1000				550	3300	1000	4300	5500	1200			
9							600	3600	1000	4600	6000	1400			
10							650	3900	1000	4900	6500	1600			
11		業務量為500時，利潤等於1000					700	4200	1000	5200	7000	1800			
12							750	4500	1000	5500	7500	2000			
13															

圖 7-11　單業務利潤預測

圖表生成

1）　選取工作表中 G1：L12 區域，按下「插入」標籤，選取「圖表→插入 XY 散佈圖或泡泡圖→帶有平滑線的 XY 散佈圖」按鈕項，即可插入一個標準的 XY 散佈圖。可先將圖表區中預設的「圖表標題」刪掉，留下「圖例」，再拖曳調整大小及放置的位置。

2） 在圖表區按下滑鼠右鍵，在展開的功能表中選取「選取資料來源…」指令。此時已有 5 條數列。按一下「新增」按鈕，新增如下數列 6~數列 11，如圖 7-12 所示：

數列 6：

X 值：=單業務量利潤預測!$G$7

Y 值：=單業務量利潤預測!$H$7

數列 7：

X 值：=單業務量利潤預測!$G$7

Y 值：=單業務量利潤預測!$I$7

數列 8：

X 值：=單業務量利潤預測!$G$7

Y 值：=單業務量利潤預測!$J$7

數列 9：

X 值：=單業務量利潤預測!$G$7

Y 值：=單業務量利潤預測!$K$7

數列 10：

X 值：=單業務量利潤預測!$G$7

Y 值：=單業務量利潤預測!$L$7

數列 11：

X 值：=(單業務量利潤預測!$C$2,單業務量利潤預測!$C$2)

Y 值：=(單業務量利潤預測!$O$3,單業務量利潤預測!$O$4)

圖 7-12　新增 6 條數列

3） 按下「圖表工具→格式」標籤展開工具列，再從「圖表項目」下拉方塊中選取「數列 6」項，如此即可選取數列 6 的「點」，再按下「格式化選取範圍」鈕，

然後在展開的「資料數列格式」面板中點按「標記」，並在「標記選項」中點選「內建」，有需要可在「類型」和「大小」下拉方塊中選擇想要的形式，以同一方法再設定「數列 7」、「數列 8」、「數列 9」、「數列 10」，如圖 7-13 所示。

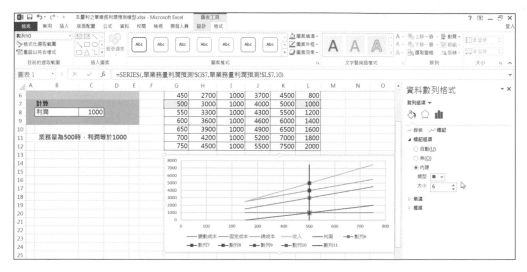

圖 7-13　將數列 6~數列 10 設定標記選項

4）　點選圖表內圖例中的「數列 6」圖例項目，然後按下 Del 鍵刪除，再以同樣的方法將數列 7~數列 11 等圖例項目都刪除掉，如圖 7-13a 所示。

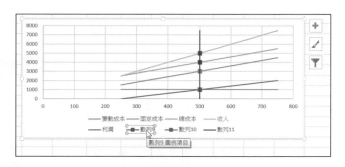

圖 7-13a　將數列 6~數列 11 圖例項目都刪掉

5）　按下圖表右上方的「＋」圖示鈕，勾選「座標軸標題」。然後將水平軸改成「銷量」；將垂直軸改成「金額」。使用者還可按自己的意願再修改美化圖表，例如連按二下剛才改的垂直軸標題，將其文字方向改成「垂直」。單業務利潤預測模型的最終介面如圖 7-14 所示。

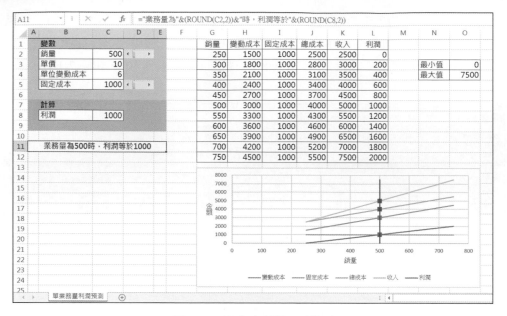

圖 7-14　單業務利潤預測模型

操作說明

■ 拖動「銷量」、「單價」、「單位變動成本」、「固定成本」等變數的捲軸時，模型的計算結果、表格、圖表及文字描述都將隨之變化。

多業務利潤預測模型

應用場景

CEO：進行了多業務成本分解，我們得到了每種業務的單位變動成本和總的固定成本。這樣，我們就可以將業務量 1、業務量 2……單價 1、單價 2……單位變動成本 1、單位變動成本 2……總的固定成本、利潤，統一於一個數學模型，就可以做多業務的本量利分析了。

CFO：是的。多業務的成本分解相對較難，成本分解後的多業務利潤預測就相對簡單了。它是成本分解水到渠成的結果。

CEO：多業務成本分解，與單業務成本分解，結果有什麼關係嗎？例如：

A 產品的單業務成本分解結果：A 成本＝30＋5×A 銷量

B 產品的單業務成本分解結果：B 成本＝70＋6×B 銷量

那麼，A 產品和 B 產品一起，進行多業務成本分解，是不是結果就是：
總成本＝5×A 銷量＋6×B 銷量＋100？

CFO：不是，原因我們很容易倒過來證明。例如，我們先進行了多業務成本分解，得到了：

總成本＝5×A 銷量＋6×B 銷量＋100

這時，我們可以將總成本進行分配。假設總成本的陣列為 {3000，5000，6000…}，我們分為兩組：{2000，4000，1000…}和{1000，1000，5000…}。這兩組資料，分別與 A 產品和 B 產品進行單業務成本分解，結果肯定不會與多業務成本分解時相同。

CEO：那肯定不會，何況總成本的陣列分配方式有無數種呢。不過，這是單業務成本分解與多業務成本分解結果不同的數學證明，業務上似乎很難理解呀。A 產品與 B 產品可能會相互影響，這點我們不考慮，只考慮 A 產品與 B 產品毫無關係的情況。

CFO：有無關係不是用感覺說話，而是用資料說話。我們先看幾個概念：在多業務成本分解時，A 產品、B 產品與總成本的密切程度，是複相關係數；排除 B 產品的影響，A 產品與總成本的密切程度，是 A 產品的偏相關係數；排除 A 產品的影響，B 產品與總成本的密切程度，是 B 產品的偏相關係數；同樣的資料，即總成本不進行分配，進行總成本與 A 產品的單業務成本分解，對應的相關係數是 A 產品的單相關係數；進行總成本與 B 產品的單業務成本分解，對應的相關係數是 B 產品的單相關係數。

可以想像，偏相關係數，是小於單相關係數的。可以理解為：單相關係數包含有其他因素的影響，偏相關係數排除了其他因素的影響。

CEO：相關與迴歸是聯繫在一起的。同樣資料不同的場景，相關性變了，迴歸結果就自然變了。先相關，然後迴歸，再預測。這種思維，除了用於財務上的利潤預測，還有哪些用途？

CFO：用途無處不在。例如紐約的犯罪預測模型，透過犯罪資料分析，警界資料專家從堆積如山的歷史卷宗中，可發現犯罪趨勢，總結犯罪模式，找出案件的相關性和案情的共通處，與其他來源的資料相結合，可成功預測犯罪動向。

為防止性侵害兒童的罪犯，紐約市警察局對著名社交網站的碎片化資訊，如對性情節的吹噓，炫耀性內容、交友中的性挑逗和性誘導、搜索行為中的不正常性偏好等，開展資料相關性分析，鎖定已實施或正準備實施的性犯罪。透過罪犯的社交關係網絡，找出可能的同夥，對其一網打盡；或找出潛在的受害人，對其進行挽救。

CEO：在化工、醫藥等行業，損耗率是階梯形的，例如生產 100 噸，損耗率是 3‰；而生產 300 噸，損耗率是 1‰。類似於這種情況，在本量利分析中也存在嗎？

CFO：存在。超過一定範圍，成本性態發生變化的情況，或超過一定範圍，迴歸方程式中的單位變動成本發生變化的情況，都是有的。例如工資費用是固定成本，而加班工資卻是變動成本；再如運輸費用是變動成本，但單位變動成本隨運輸里程的增加而遞減。

不過，本量利分析是管理會計範疇，不要求資料象財務會計那麼精確。忽略有限的缺陷，不影響資訊的使用，卻可以大大簡化資料加工過程。

基本理論

利潤預測

有多種業務量時，例如同時生產銷售 A 產品和 B 產品：

利潤＝A 銷量×（A 單價－A 單位變動成本）＋B 銷量×（B 單價－
　　　B 單位變動成本）－固定成本

可計算產品 A 和產品 B 在銷量、單價、單位變動成本、固定成本變動時的對應利潤。

模型建立

📁……\chapter07\02\本量利之多業務利潤預測模型.xlsx

輸入

1) 在工作表中輸入文字資料,並進行格式化。如合併儲存格、調整列高欄寬、套入框線、選取填滿色彩、設定字型大小等。

2) 在 D2~D5 新增捲軸。按一下「開發人員」標籤,選取「插入→表單控制項→捲軸」按鈕,在對應的儲存格拖曳拉出適當大小的橫式捲軸。接著對該捲軸按下滑鼠右鍵,選取「控制項格式」指令,對其屬性設定儲存格連結、目前值、最小值、最大值等。詳細設定值可參考下載的本節 Excel 範例檔。初步完成的模型如圖 7-15 所示。

圖 7-15 在工作表中初步完成的模型

加工

在工作表儲存格中輸入公式:

C11:=C2*(C3-C4)+C5*(C6-C7)-C8

A14:="產品 A 銷量為"&(ROUND(C2,2))&"時,利潤等於"&(ROUND(C11,2))

輸出

此時,工作表如圖 7-16 所示。

圖 7-16　多業務利潤預測

表格製作

輸入

1）　在工作表中輸入文字資料，並進行格式化。如調整列高欄寬、套入框線、設定字型大小等，如圖 7-17 所示。

圖 7-17　在工作表中輸入資料

加工

在工作表儲存格中輸入公式：

G2：=0.5*C2

G3：=0.6*C2

……

G11：=1.4*C2

G12：=1.5*C2

H2：H12 區域：選取 H2：H12 區域，輸入「=G2:G12*C4+C5*C7」公式後，按 Ctrl+Shift+Enter 複合鍵。

I2：I12 區域：選取 I2：I12 區域，輸入「=C8」公式後，按 Ctrl+Shift+Enter 複合鍵。

J2：J12 區域：選取 J2：J12 區域，輸入「=H2:H12+I2:I12」公式後，按 Ctrl+Shift+Enter 複合鍵。

K2：K12 區域：選取 K2：K12 區域，輸入「=G2:G12*C3+C5*C6」公式後，按 Ctrl+Shift+Enter 複合鍵。

L2：L12 區域：選取 L2：L12 區域，輸入「=K2:K3-J2:J12」公式後，按 Ctrl+Shift+Enter 複合鍵。

O3：=MIN(H2:L12)

O4：=MAX(H2:L12)

輸出

此時，工作表如圖 7-18 所示。

	變數						產品A銷量	變動成本	固定成本	總成本	收入	利潤			
2	產品A銷量	1692					846	105030	30000	135030	171096	36066			
3	產品A單價	66					1015.2	111798	30000	141798	182263	40465		最小值	30000
4	產品A單位變動成本	40					1184.4	118566	30000	148566	193430	44864		最大值	282768
5	產品B銷量	1695					1353.6	125334	30000	155334	204598	49264			
6	產品B單價	68					1522.8	132102	30000	162102	215765	53663			
7	產品B單位變動成本	42					1692	138870	30000	168870	226932	58062			
8	固定成本	30000					1861.2	145638	30000	175638	238099	62461			
9							2030.4	152406	30000	182406	249266	66860			
10	計算						2199.6	159174	30000	189174	260434	71260			
11	利潤	58062					2368.8	165942	30000	195942	271601	75659			
12							2538	172710	30000	202710	282768	80058			
13															
14	產品A銷量為1692時，利潤等於58062														
15															

圖 7-18　多業務利潤預測

圖表生成

1)　選取工作表中 G1：L12 區域，按下「插入」標籤，選取「圖表→插入 XY 散佈圖或泡泡圖→帶有平滑線的 XY 散佈圖」按鈕項，即可插入一個標準的 XY 散佈圖。可先將圖表區中預設的「圖表標題」刪掉，留下「圖例」，再拖曳調整大小及放置的位置。

2）　在圖表區按下滑鼠右鍵，在展開的功能表中選取「選取資料來源…」指令。此時已有 5 條數列：變動成本、固定成本、總成本、收入、利潤。按一下「新增」按鈕，新增如下數列 6~數列 11，如圖 7-19 所示：

數列 6：

X 值：=多業務量利潤預測!$G$7

Y 值：=多業務量利潤預測!$H$7

數列 7：

X 值：=多業務量利潤預測!$G$7

Y 值：=多業務量利潤預測!$I$7

數列 8：

X 值：=多業務量利潤預測!$G$7

Y 值：=多業務量利潤預測!$J$7

數列 9：

X 值：=多業務量利潤預測!$G$7

Y 值：=多業務量利潤預測!$K$7

數列 10：

X 值：=多業務量利潤預測!$G$7

Y 值：=多業務量利潤預測!$L$7

數列 11：

X 值：=(多業務量利潤預測!$C$2,多業務量利潤預測!$C$2)

Y 值：=(多業務量利潤預測!$O$3,多業務量利潤預測!$O$4)

圖 7-19　新增 6 條數列

3）　按下「圖表工具→格式」標籤展開工具列，再從「圖表項目」下拉方塊中選取「數列 6」項，如此即可選取數列 6 的「點」，再按下「格式化選取範圍」鈕，

然後在展開的「資料數列格式」面板中點按「標記」，並在「標記選項」中點選「內建」，有需要可在「類型」和「大小」下拉方塊中選擇想要的形式，以同一方法再設定「數列 7」、「數列 8」、「數列 9」、「數列 10」，如圖 7-20 所示。

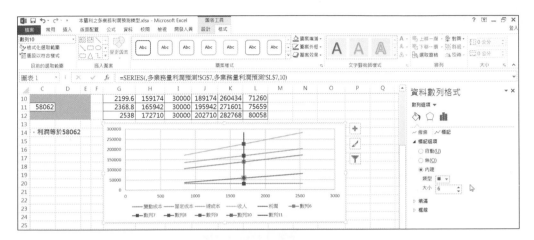

圖 7-20　「資料數列格式」面板設定「標記選項」

4）　點選圖表內圖例中的「數列 6」圖例項目，然後按下 Del 鍵刪除，再以同樣的方法將數列 7~數列 11 等圖例項目都刪除掉，如圖 7-20a 所示。

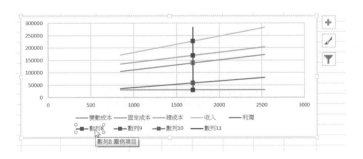

圖 7-20a　將數列 6~數列 11 圖例項目都刪掉

5）　按下圖表右上方的「＋」圖示鈕，勾選「座標軸標題」。然後將水平軸改成「產品 A 銷量」；將垂直軸改成「金額」。使用者還可按自己的意願再修改美化圖表，例如連按二下剛才改的垂直軸標題，將其文字方向改成「垂直」。多業務利潤預測模型的最終介面如圖 7-21 所示。

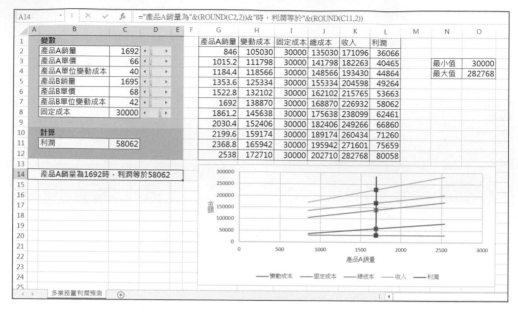

圖 7-21 多業務利潤預測模型

操作說明

■ 拖動「產品 A 銷量」、「產品 A 單價」、「產品 A 單位變動成本」、「產品 B 銷量」、「產品 B 單價」、「產品 B 單位變動成本」、「固定成本」等變數的捲軸時，模型的計算結果、表格、圖表及文字描述都將隨之變化。

7.3 不確定條件下的利潤預測模型

應用場景

CEO：進行本量利利潤預測，在更多的情況下，我們並不能給予變數確定的唯一一個值，而是每個變數都有多種可能。在這種情況下，應如何預測呢？

CFO：那就需要進行機率模擬，如蒙地卡羅模擬。

CEO：什麼是蒙地卡羅模擬？

CFO：蒙地卡羅模擬的名字來源於摩納哥的一個城市蒙地卡羅，該城市以賭博業聞名。蒙地卡羅模擬的特點是：萬次情景模擬模擬，隨機變數全值估計，機率結果完全涵蓋，預測風險精確度量。它在工程、計量、經濟學等眾多領域，有著極其廣泛的應用。

CEO：如果銷量、單價、單位變動成本和固定成本，各有 10 種可能，那麼就會有 10 的 4 次方，即 10000 種結果了？

CFO：是的。需要注意的是，銷量、單價、單位變動成本和固定成本等變數，它們之間的關係必須是獨立的。如果彼此之間不是獨立變數，就不能應用蒙地卡羅模擬。

CEO：那又該如何？

CFO：那就應採用聯合機率分析。例如，單價有兩種可能，在這兩種可能下，銷量分別又有三種可能。那麼最終就會有 2×3 等於 6 種結果。

CEO：蒙地卡羅模擬在變數較少，且每一變數的可能情況不多的情況下，似乎沒什麼價值。例如，變數有 4 個，每個變數有兩種可能，那麼也就 2 的 4 次方，即 16 種結果。

CFO：是的。另外，它的主要局限性在於變數的機率資訊難以取得，基本靠主觀預測。如果預測很隨意，那模擬結果儘管理論上很吸引人，但實際上毫無用處。

CEO：如果是基於作業的本量利分析，變數就很多了，進行蒙地卡羅模擬的意義，是不是就大多了呢？

CFO：那是自然的。如果一家企業有 30 種作業，那麼以作業為基礎的本量利分析模型就是：

利潤＝銷量×單價－業務量 1×業務量 1 單位變動成本－業務量 2×業務量 2 單位變動成本－業務量 3×業務量 3 單位變動成本－…－固定成本

CEO：基於作業的本量利分析模型，如果要建立，是不是也要先進行成本分解呢？

CFO：是的。而且，這種成本分解，是多業務成本分解，先計算複相關係數，確定相關性；然後進行迴歸，擬合出多元迴歸方程式，從而確定每種業務量的單位變動成本和整體的固定成本。

CEO：如果有 30 種作業，銷量、單價、單位變動成本、固定成本均不變，業務量作為變數彼此獨立且各有 3 種可能，那麼就有 3 的 30 次方，即 200 多萬億種結果。

CFO：是的，這種資料量超出了人的理解能力，人的思維在這種大資料面前是麻木的，必須借助統計學的機率技術來描述。這樣，蒙地卡羅模擬就可以大顯身手了。

基本理論

蒙地卡羅模擬

見前面「資本預算模型→不確定條件下的投資預測模型→基本理論」的相關介紹。

利潤預測

利潤＝銷量×（單價－單位變動成本）－固定成本

模型建立

📁……\chapter07\03\不確定條件下的利潤預測模型.xlsx

輸入

1） 在工作表中輸入文字資料，並進行格式化。如合併儲存格、調整列高欄寬、套入框線、選取填滿色彩、設定字型大小等，如圖 7-22 所示。

銷量				單價				單位變動成本				固定成本			
機率	累計機率	對應亂數	可能值	機率	累計機率	對應亂數	可能值	機率	累計機率	對應亂數	可能值	機率	累計機率	對應亂數	可能值
0.06			8000	0.08			20	0.15			13	0.38			95000
0.11			15000	0.19			21	0.21			14	0.26			100000
0.22			20000	0.25			22	0.31			15	0.2			105000
0.28			30000	0.22			24	0.14			16	0.12			108000
0.23			40000	0.14			26	0.1			17	0.04			110000
0.08			50000	0.11			28	0.06			18				
0.02			60000	0.01			30	0.03			19				

圖 7-22　在工作表中輸入資料及格式化

2） 在工作表下方再輸入文字資料，並進行格式化。在工作表下方輸入模擬過程的表頭資料，以及利潤的上下限值，如圖 7-23 所示。

圖 7-23　在工作表中輸入下方輸入模擬過程的資料

加工

在工作表儲存格中輸入以下公式。

1）　在儲存格輸入累計機率公式。

　　　B3：=A3

　　　B4：=B3+A4

　　　選取 B4 儲存格，按住右下角的控點向下拖曳填滿至 B9 儲存格。

　　　G3：=F3

　　　G4：=G3+F4

　　　選取 G4 儲存格，按住右下角的控點向下拖曳填滿至 G9 儲存格。

　　　L3：=K3

　　　L4：=L3+K4

　　　選取 L4 儲存格，按住右下角的控點向下拖曳填滿至 L9 儲存格。

　　　Q3：=P3

　　　Q4：=Q3+P4

　　　選取 Q4 儲存格，按住右下角的控點向下拖曳填滿至 Q7 儲存格。

2）　在儲存格輸入對應亂數公式。

　　　C3：=0

C4：=100*B3

選取 C4 儲存格，按住右下角的控點向下拖曳填滿至 C9 儲存格。

H3：=0

H4：=100*G3

選取 H4 儲存格，按住右下角的控點向下拖曳填滿至 H9 儲存格。

M3：=0

M4：=100*L3

選取 M4 儲存格，按住右下角的控點向下拖曳填滿至 M9 儲存格。

R3：=0

R4：=100*Q3

選取 R4 儲存格，按住右下角的控點向下拖曳填滿至 R7 儲存格。

3） 在儲存格輸入亂數取數公式。

A42：=RAND()*99

C42：=RAND()*99

E42：=RAND()*99

G42：=RAND()*99

4） 在儲存格輸入亂數對應的變數取數公式。

B42：=VLOOKUP(A42,$C$3:$D$9,2)

D42：=VLOOKUP(C42,$H$3:$I$9,2)

F42：=VLOOKUP(E42,$M$3:$N$9,2)

H42：=VLOOKUP(G42,$R$3:$S$9,2)

5） 在儲存格輸入利潤計算公式。

I42：=B42*(D42-F42)-H42

6） 選取 A42：I42 區域按住右下角控點，向下拖曳填滿 5000 列至 A5042：I5042 區域。

7） 在儲存格輸入利潤上下限對應的機率公式及描述語句公式：

N36：N38 區域：選取 N36：N38 區域，輸入「=FREQUENCY(I42:I5042,M36:M38)/5000」公式後，按 Ctrl+Shift+Enter 複合鍵。

A36：="預期利潤在"&(ROUND(M36,2))&"和"&(ROUND(M37,2))&"之間的機率為"&(ROUND(N37*100,2))&"%"

輸出

1）　此時，工作表中各變數的可能值及對應機率如圖 7-24 所示。

B4　=B3+A4

銷量				單價				單位變動成本				固定成本			
機率	累計機率	對應亂數	可能值	機率	累計機率	對應亂數	可能值	機率	累計機率	對應亂數	可能值	機率	累計機率	對應亂數	可能值
0.06	0.06	0	8000	0.08	0.08	0	20	0.15	0.15	0	13	0.38	0.38	0	95000
0.11	0.17	6	15000	0.19	0.27	8	21	0.21	0.36	15	14	0.26	0.64	38	100000
0.22	0.39	17	20000	0.25	0.52	27	22	0.31	0.67	36	15	0.2	0.84	64	105000
0.28	0.67	39	30000	0.22	0.74	52	24	0.14	0.81	67	16	0.12	0.96	84	108000
0.23	0.9	67	40000	0.14	0.88	74	26	0.1	0.91	81	17	0.04	1	96	110000
0.08	0.98	90	50000	0.11	0.99	88	28	0.06	0.97	91	18				
0.02	1	98	60000	0.01	1	99	30	0.03	1	97	19				

圖 7-24　各變數的可能值及對應機率

2）　此時，工作表中模擬過程及區間機率如圖 7-25 所示。

N36　{=FREQUENCY(I42:I5042,M36:M38)/5000}

預期利潤在0和500000之間的機率為84.06%

下限	0	0.1462
上限	500000	0.8406
		0.0134

模擬過程

銷售量模擬		單價模擬		單位變動成本模擬		固定成本模擬		利潤
亂數	銷售量	亂數	單價	亂數	單位變動成本	亂數	固定成本	
18	20000	32	22	49	15	21	95000	45000
73	40000	84	26	88	17	53	100000	260000
7	15000	15	21	21	14	80	105000	0
50	30000	51	22	68	16	58	100000	80000
65	30000	24	21	23	14	1	95000	115000
94	50000	8	20	83	17	28	95000	55000
18	20000	57	24	59	15	82	105000	75000
32	20000	26	21	37	15	62	100000	20000
33	20000	54	24	92	18	27	95000	25000
43	30000	0	20	45	15	35	95000	55000
78	40000	92	28	34	14	7	95000	465000
20	20000	21	21	14	13	8	95000	65000
41	30000	42	22	34	14	70	105000	135000
74	40000	63	24	22	14	79	105000	295000
61	30000	95	28	58	15	26	95000	295000
53	30000	13	21	50	15	44	100000	80000
41	30000	88	26	83	17	7	95000	175000
15	15000	1	20	93	18	41	100000	-70000

蒙地卡羅模擬

圖 7-25　模擬過程及區間機率

表格製作

輸入

1）　在工作表中段輸入資料及套入框線，並格式化，如合併儲存格、調整列高欄寬、設定字體字型大小等。如圖 7-26 所示。

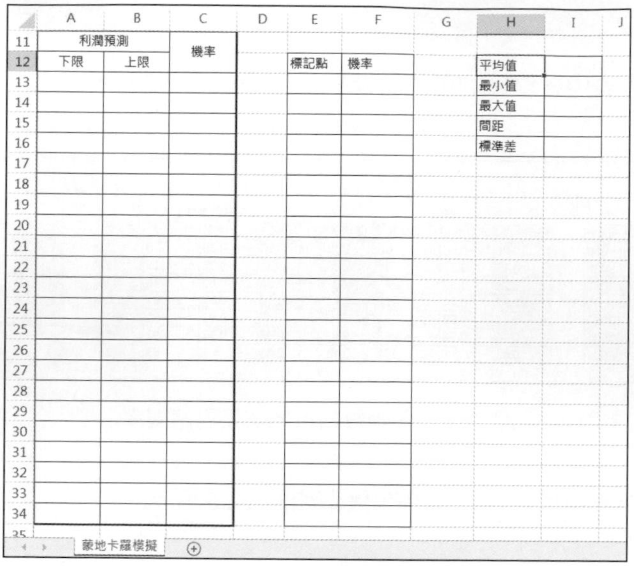

圖 7-26　在工作表中輸入資料

2）　在工作表中段右側再輸入資料及套入框線並格式化，如合併儲存格、調整列高
欄寬、設定字體字型大小等。如圖 7-27 所示。

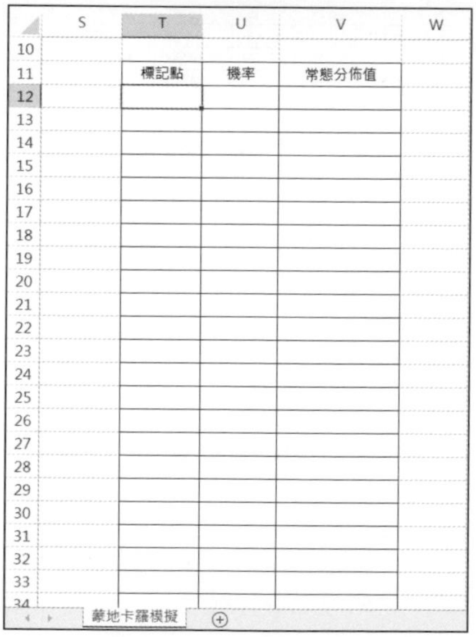

圖 7-27　在工作表中輸入資料

加工

在工作表儲存格中輸入公式：

I12：=AVERAGE(I42:I5042)

I13：=MIN(I42:I5042)

I14：=MAX(I42:I5042)

I15：=(I14-I13)/20

I16：=STDEV(I42:I5042)

E13：=I13

E14：=$I$13+$I$15

E15：=$I$13+2*$I$15

……

E31：=$I$13+18*$I$15

E32：=$I$13+19*$I$15

E33：=I14

F13：F34 區域：選取 F13：F34 區域，輸入「=FREQUENCY(I42:I5042,E13:E34)/5000」公式後，按 Ctrl+Shift+Enter 複合鍵。

A14：A34 區域：選取 A14：A34 區域，輸入「=E13:E33」公式後，按 Ctrl+Shift+Enter 複合鍵。

B13：B33 區域：選取 B13：B33 區域，輸入「=E13:E33」公式後，按 Ctrl+Shift+Enter 複合鍵。

C13：C34 區域：選取 C13：C34 區域，輸入「=F13:F34」公式後，按 Ctrl+Shift+Enter 複合鍵。

T12：=I1

T13：=$I$13+$I$15/3

T14：=$I$13+2*$I$15/3

……

T70：=$I$13+58*$I$15/3

T71：=$I$13+59*$I$15/3

T72：=$I$13+60*$I$15/3

U12：U72 區域：選取 U12：U72 區域，輸入「=FREQUENCY(I42:I5042,T12:T72)/5000」公式後，按 Ctrl+Shift+Enter 複合鍵。

V12：=NORMDIST(T12,$I$12,$I$16,0)

選取 V12 儲存格，按住右下角的控點向下拖曳填滿至 V72 儲存格。

輸出

1） 此時，工作表的利潤區間機率資料如圖 7-28 所示。

F14 {=FREQUENCY(I42:I5042,E13:E34)/5000}

	A	B	C	D	E	F	G	H	I
11	利潤預測		機率						
12	下限	上限			標記點	機率		平均值	139647
13		-94000	0.02%		-94000	0.02%		最小值	-94000
14	-94000	-49050	2.34%		-49050	2.34%		最大值	805000
15	-49050	-4100	9.82%		-4100	9.82%		間距	44950
16	-4100	40850	13.46%		40850	13.46%		標準差	133793
17	40850	85800	15.96%		85800	15.96%			
18	85800	130750	11.76%		130750	11.76%			
19	130750	175700	14.32%		175700	14.32%			
20	175700	220650	8.48%		220650	8.48%			
21	220650	265600	8.78%		265600	8.78%			
22	265600	310550	4.34%		310550	4.34%			
23	310550	355500	4.14%		355500	4.14%			
24	355500	400450	1.36%		400450	1.36%			
25	400450	445400	1.96%		445400	1.96%			
26	445400	490350	1.30%		490350	1.30%			
27	490350	535300	0.78%		535300	0.78%			
28	535300	580250	0.60%		580250	0.60%			
29	580250	625200	0.28%		625200	0.28%			
30	625200	670150	0.24%		670150	0.24%			
31	670150	715100	0.04%		715100	0.04%			
32	715100	760050	0.00%		760050	0.00%			
33	760050	805000	0.04%		805000	0.04%			
34	805000		0.00%			0.00%			

蒙地卡羅模擬

圖 7-28 利潤各區間的機率

2） 此時，工作表的利潤常態分佈模擬資料如圖 7-29 所示。

V12 =NORMDIST(T12,$I$12,$I$16,0)

	S	T	U	V	W	X
10						
11		標記點	機率	常態分佈值		
12		-94000	0.02%	0.00000064900		
13		-79017	0.18%	0.00000078425		
14		-64033	0.64%	0.00000093588		
15		-49050	1.52%	0.00000110291		
16		-34067	2.58%	0.00000128354		
17		-19083	3.18%	0.00000147515		
18		-4100	4.06%	0.00000167423		
19		10883	3.66%	0.00000187649		
20		25867	6.10%	0.00000207698		
21		40850	3.70%	0.00000227023		
22		55833	5.78%	0.00000245054		
23		70817	3.46%	0.00000261220		
24		85800	6.72%	0.00000274982		
25		100783	3.34%	0.00000285861		
26		115767	6.44%	0.00000293468		
27		130750	1.98%	0.00000297521		
28		145733	7.70%	0.00000297871		
29		160717	1.48%	0.00000294505		
30		175700	5.14%	0.00000287548		
31		190683	2.94%	0.00000277256		
32		205667	3.62%	0.00000264001		
33		220650	1.92%	0.00000248246		
34		235633	3.60%	0.00000230523		

蒙地卡羅模擬

圖 7-29 利潤常態分佈模擬

圖表生成

1）　選取工作表中 T12：T72 區域，再按住 Ctrl 鍵不放拖曳加選 V12：V72 區域，按下「插入」標籤，選取「圖表→插入折線圖→其他折線圖」按鈕項，打開對話方塊，點選右側的折線圖表，如圖 7-30 所示，即可插入一個標準的折線圖，可先將預設的「圖表標題」標題刪除，再調整大小及放置的位置。

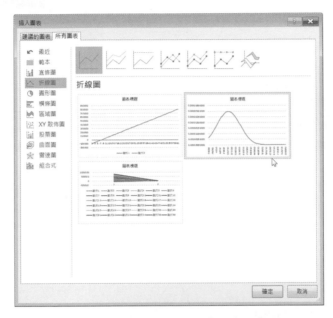

圖 7-30　插入圖表對話方塊中點選想要的折線圖表

2）　按下圖表右上方的「＋」圖示鈕，勾選「座標軸標題」。然後選取垂直軸標題改成「常態分佈值」；將水平軸標題改成「利潤」。然後連按二下垂直軸標題顯示「座標軸標題格式」面板，在其中改變文字方向為「垂直」，結果如圖 7-31所示。

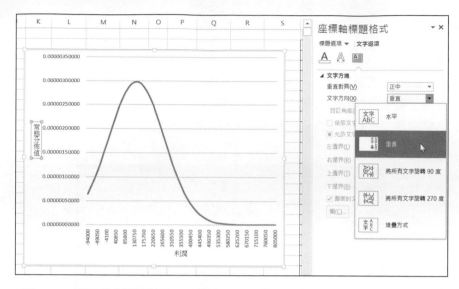

圖 7-31　顯示「座標軸標題」並修改，再由「座標軸標題格式」改變文字方向

3)　　初步的圖表如圖 7-32 所示。

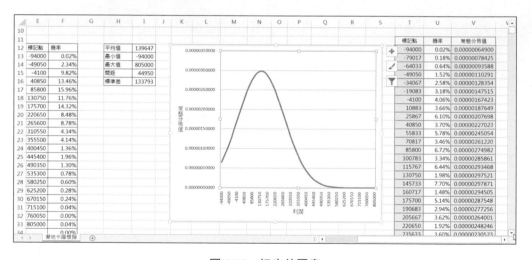

圖 7-32　初步的圖表

4)　　在圖表區按下滑鼠右鍵，在展開的功能表中選取「選取資料來源…」指令。此時已有 1 條數列。按一下「新增」按鈕，新增如下數列 2，接著再按下「水平（類別）座標軸標籤下的「編輯」鈕，如圖 7-33 所示完成設定：

編輯數列：

數列值：=蒙地卡羅模擬!$U$12:$U$72

座標軸標籤：

座標軸標籤範圍：=蒙地卡羅模擬!$T$12:$T$72

圖 7-33　新增數列及編輯水平座標軸標籤

5)　　新增數列 2 的圖表完成如圖 7-34 所示。

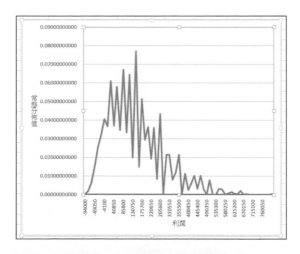

圖 7-34　新增數列 2 的圖表

6)　　在圖表區選取數列 2 並按下滑鼠右鍵，在彈出的快顯功能表上選取「資料數列
格式」指令，在「資料數列格式」面板中點選「副座標軸」，如圖 7-35a 所示。

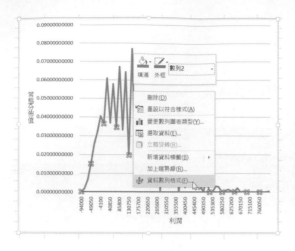

圖 7-35a　在「資料數列格式」面板中點選「副座標軸」

7)　在圖表區選取數列 2 並按下滑鼠右鍵，在彈出的快顯功能表上選取「變更數列圖表類型⋯」指令，在對話方塊下方的「數列 2」下拉方塊中選取「群組直條圖」，如圖 7-35b 所示。

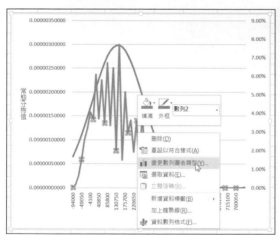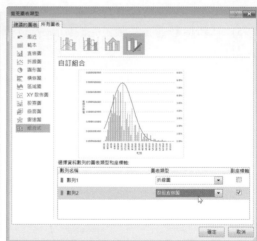

圖 7-35b　變更數列 2 圖表類型為「群組直條圖」

8)　按下圖表右上方的「＋」圖示鈕，勾選「座標軸標題→副垂直」。然後選取垂直軸標題改成「機率」；然後連按二下垂直軸標題顯示「座標軸標題格式」面板，在其中改變文字方向為「垂直」，如此即完成不確定條件下的利潤預測模型的最終介面，如圖 7-36 所示。

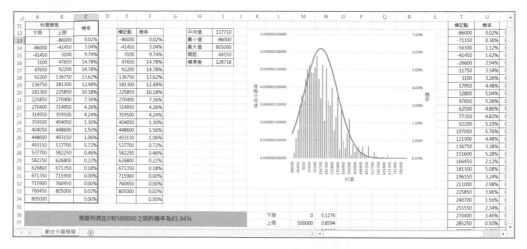

圖 7-36　不確定條件下的利潤預測模型

操作說明

■ 使用者在輸入「銷量」、「單價」、「單位變動成本」、「固定成本」的可能值和機率時，應分別使各可能值的機率之和等於 1。對「銷量」、「單價」、「單位變動成本」，本模型支援 7 種可能值；對「固定成本」，本模型支援 5 種可能值。

■ 使用者按 F9 鍵，5000 列模擬資料會全部重新模擬；使用者反覆按 F9 鍵，5000 列模擬資料會全部反覆重新模擬。可以發現，儘管利潤的分佈結果、表格、圖表會有變化，但變化比較小。也就是說，在各變數的機率分佈已經明確的情況下，利潤的分佈規律是可以明確的。

■ 當使用者改變「銷量」、「單價」、「單位變動成本」、「固定成本」等變數的可能值或機率時，模型的計算結果、表格、圖表及文字描述都將隨之變化。

7.4　敏感分析模型

應用場景

CEO：產品產量、單價、單位變動成本、固定成本，都會影響目標利潤。影響目標利潤的多個因素，我們如何判斷哪個因素重要，哪個因素不重要呢？

CFO：這就要用到敏感分析。敏感分析，就是分析在決策模型中，因某個因素發生變化，而引起決策目標發生變化的敏感程度。敏感分析是一種有廣泛用途的分析方法，其應用領域不僅限於本量利的利潤分析。

CEO：是的，市場或生產領域都會用到。例如，原材料價格、產品價格、供求關係波動帶來了市場變化，原材料消耗、工時消耗水準波動帶來了技術變化。這些變化引起決策模型中的因素發生變化，從而引起決策目標發生變化。

我們做市場或生產決策時，希望事先知道哪一個因素影響小，哪一個因素影響大，影響程度如何。掌握這些資料，使我們在情況發生變化時能及時採取對策，調整企業計畫，控制經營狀態，具有重要的實用意義。

CFO：不管是市場領域、生產領域，還是財務領域，敏感分析的原理是一樣的。

在本量利利潤預測模型中，各因素變化都會引起利潤的變化，但影響程度各不相同。有的因素發生微小變化，就會使利潤發生很大的變化，利潤對這類因素的變化反應十分敏感，稱這類因素為敏感因素。

相反地，有些因素發生很大變化，只是使利潤發生很小的變化，利潤對這類因素的變化反應十分遲鈍，稱這類因素為不敏感因素。

CEO：是否為敏感因素，敏感程度如何，只能用定性的方式衡量嗎？

CFO：我們透過計算敏感係數，識別敏感因素和不敏感因素，對敏感程度進行定量衡量。敏感係數，就是各因素變動百分比與利潤變動百分比之間的比率。

CEO：敏感係數，可以讓我們知道，某因素變動百分之幾，利潤將變動百分之幾。能不能直接告訴我們，某因素變動百分之幾，利潤將變成多少？即，直接顯示變化後利潤的數值，這樣的展現方式，更直觀簡潔。

CFO：可以透過編制敏感分析表，列示各因素變動百分率及相應的利潤。

CEO：列示各因素變動百分率，只能是列舉而不可能窮盡。如何連續表示各因素與決策目標之間的關係呢？

CFO：可以透過編制敏感分析圖，直觀顯示各因素的敏感係數，以及連續表示各因素與決策目標之間的關係。

基本理論

敏感係數

是反映敏感程度的指標。

敏感係數＝目標值變動百分比÷參量值變動百分比

銷量敏感分析

銷量敏感係數＝利潤變動百分比÷銷量變動百分比

利潤變動百分比＝（變動後利潤－變動前利潤）÷變動前利潤

變動後利潤＝〔銷量×（1＋銷量變動百分比）×（單價－單位變動成本）
　　　　　　－固定成本〕

變動前利潤＝銷量×（單價－單位變動成本）－固定成本

單價敏感分析

單價敏感係數＝利潤變動百分比÷單價變動百分比

變動後利潤＝銷量×〔單價×（1＋單價變動百分比）－單位變動成本〕－固定成本

變動前利潤＝銷量×（單價－單位變動成本）－固定成本

單位變動成本敏感分析

單位變動成本敏感係數＝利潤變動百分比÷單位變動成本變動百分比

變動後利潤＝銷量×〔單價－單位變動成本×（1＋單位變動成本變動百分比）〕
　　　　　　－固定成本

變動前利潤＝銷量×（單價－單位變動成本）－固定成本

固定成本敏感分析

固定成本敏感係數＝利潤變動百分比÷固定成本變動百分比

變動後利潤＝銷量×（單價－單位變動成本）－固定成本×
　　　　　　（1＋固定成本變動百分比）

變動前利潤＝銷量×（單價－單位變動成本）－固定成本

模型建立

……\chapter07\04\本利量之敏感分析模型.xlsx

輸入

在 Excel 中新建一個活頁簿。活頁簿包括以下工作表：基本資訊、銷量敏感分析、單價敏感分析、單位變動成本敏感分析、固定成本敏感分析、敏感分析表。

「基本資訊」工作表

1）　在工作表中輸入文字資料，並進行格式化。如合併儲存格、調整列高欄寬、套入框線、選取填滿色彩、設定字型大小等。

2）　在 D2~D5 新增捲軸。按一下「開發人員」標籤，選取「插入→表單控制項→捲軸」按鈕，在對應的儲存格拖曳拉出適當大小的橫式捲軸。接著對該捲軸按下滑鼠右鍵，選取「控制項格式」指令，對其屬性設定儲存格連結、目前值、最小值、最大值等。詳細設定值可參考下載的本節 Excel 範例檔。初步完成的模型如圖 7-37 所示。

圖 7-37　在工作表中輸入資料

「銷量敏感分析」、「單價敏感分析」、「單位變動成本敏感分析」、「固定成本敏感分析」工作表

1）　在工作表中輸入文字資料，並進行格式化。如合併儲存格、調整列高欄寬、套入框線、選取填滿色彩、設定字型大小等。如圖 7-38 所示。（四張工作表內容相似，可以複製的方式製作完作）

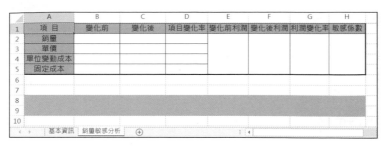

圖 7-38　在工作表中輸入資料，並進行格式化

加工

在工作表儲存格中輸入公式：

「銷量敏感分析」工作表

B2：B5 區域：選取 B2：B5 區域，輸入「=基本資訊!D2:D5」公式後，按 Ctrl+Shift+
Enter 複合鍵。

D3：D5 區域：=0

C2：=B2*(1+D2)

C3：=B3

C4：=B4

C5：=B5

E2：=B2*(B3-B4)-B5

F2：=C2*(B3-B4)-B5

G2：=(F2-E2)/E2

H2：=G2/D2

A8：=IF(OR(D2=0,E2=0),"項目變化率或變化前利潤不可為零，否則「除零」錯誤
"，"銷量的敏感係數為"&ROUND(H2,3)&"。即銷量每變化 1%，利潤將變化
"&ROUND(H2,3)&"%")

加入微調按鈕（按一下「開發人員」標籤，選取「插入→表單控制項→微調按鈕」
按鈕，在對應的儲存格拖曳拉出適當大小的微調按鈕。接著對該微調按鈕按下滑鼠
右鍵，選取「控制項格式」指令，對其屬性設定儲存格連結到$J$2。）

D2：=J2/100

「單價敏感分析」工作表

B2：B5 區域：選取 B2：B5 區域，輸入「=基本資訊!D2:D5」公式後，按 Ctrl+Shift+
Enter 複合鍵。

D2：=0

D4：D5 區域：=0

C2：=B2

C3：=B3*(1+D3)

C4：=B4

C5：=B5

E2：=B2*(B3-B4)-B5

F2：=B2*(C3-B4)-B5

G2：=(F2-E2)/E2

H2：=G2/D3

A8：=IF(OR(D3=0,E2=0),"項目變化率或變化前利潤不可為零，否則「除零」錯誤
"，"單價的敏感係數為"&ROUND(H2,3)&"。即單價每變化 1%，利潤將變化
"&ROUND(H2,3)&"%")

加入微調按鈕（按一下「開發人員」標籤，選取「插入→表單控制項→微調按鈕」
按鈕，在對應的儲存格拖曳拉出適當大小的微調按鈕。接著對該微調按鈕按下滑鼠
右鍵，選取「控制項格式」指令，對其屬性設定儲存格連結到$J$3。）

D3：=J3/100

「單位變動成本敏感分析」工作表

B2：B5 區域：選取 B2：B5 區域，輸入「=基本資訊!D2:D5」公式後，按 Ctrl+Shift+
Enter 複合鍵。

D2：D3 區域：=0

D5：=0

C2：=B2

C3：=B3

C4：=B4*(1+D4)

C5：=B5

E2：=B2*(B3-B4)-B5

F2：=B2*(B3-C4)-B5

G2：=(F2-E2)/E2

H2：=G2/D4

A8：=IF(OR(D4=0,E2=0)，"項目變化率或變化前利潤不可為零，否則「除零」錯誤"，"單位變動成本的敏感係數為"&ROUND(H2,3)&"。即單位變動成本每變化 1%，利潤將變化"&ROUND(H2,3)&"%")

加入微調按鈕（按一下「開發人員」標籤，選取「插入→表單控制項→微調按鈕」按鈕，在對應的儲存格拖曳拉出適當大小的微調按鈕。接著對該微調按鈕按下滑鼠右鍵，選取「控制項格式」指令，對其屬性設定儲存格連結到$J$4。）

D4：=J4/100

「固定成本敏感分析」工作表

B2：B5 區域：=基本資訊!D2：D5

注：選取 B2：B5 區域，輸入「 」公式後，按 Ctrl+Shift+Enter 複合鍵。

D2：D4 區域：=0

C2：=B2

C3：=B3

C4：=B4

C5：=B5*(1+D5)

E2：=B2*(B3-B4)-B5

F2：=B2*(B3-B4)-C5

G2：=(F2-E2)/E2

H2：=G2/D5

A8：=IF(OR(D5=0,E2=0)，"項目變化率或變化前利潤不可為零，否則「除零」錯誤"，"固定成本的敏感係數為"&ROUND(H2,3)&"。即固定成本每變化 1%，利潤將變化"&ROUND(H2,3)&"%")

加入微調按鈕（按一下「開發人員」標籤，選取「插入→表單控制項→微調按鈕」按鈕，在對應的儲存格拖曳拉出適當大小的微調按鈕。接著對該微調按鈕按下滑鼠右鍵，選取「控制項格式」指令，對其屬性設定儲存格連結到$J$5。）

D5：=J5/100

輸出

「銷量敏感分析」工作表，如圖 7-39 所示。

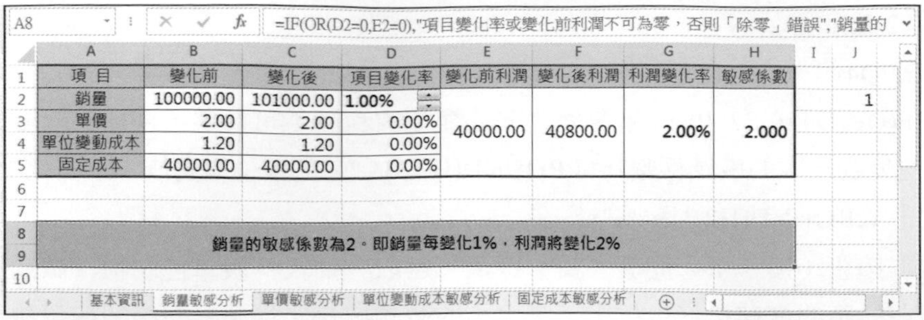

A8 =IF(OR(D2=0,E2=0),"項目變化率或變化前利潤不可為零，否則「除零」錯誤","銷量的

項 目	變化前	變化後	項目變化率	變化前利潤	變化後利潤	利潤變化率	敏感係數		J
銷量	100000.00	101000.00	1.00%						1
單價	2.00	2.00	0.00%	40000.00	40800.00	2.00%	2.000		
單位變動成本	1.20	1.20	0.00%						
固定成本	40000.00	40000.00	0.00%						

銷量的敏感係數為2。即銷量每變化1%，利潤將變化2%

基本資訊 | 銷量敏感分析 | 單價敏感分析 | 單位變動成本敏感分析 | 固定成本敏感分析

圖 7-39　銷量敏感分析

「單價敏感分析」工作表，如圖 7-40 所示。

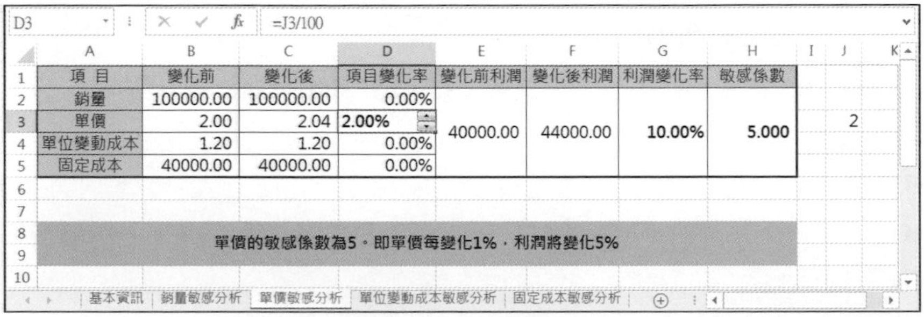

D3 =J3/100

項 目	變化前	變化後	項目變化率	變化前利潤	變化後利潤	利潤變化率	敏感係數		J
銷量	100000.00	100000.00	0.00%						
單價	2.00	2.04	2.00%	40000.00	44000.00	10.00%	5.000		2
單位變動成本	1.20	1.20	0.00%						
固定成本	40000.00	40000.00	0.00%						

單價的敏感係數為5。即單價每變化1%，利潤將變化5%

基本資訊 | 銷量敏感分析 | 單價敏感分析 | 單位變動成本敏感分析 | 固定成本敏感分析

圖 7-40　單價敏感分析

「單位變動成本敏感分析」工作表，如圖 7-41 所示。

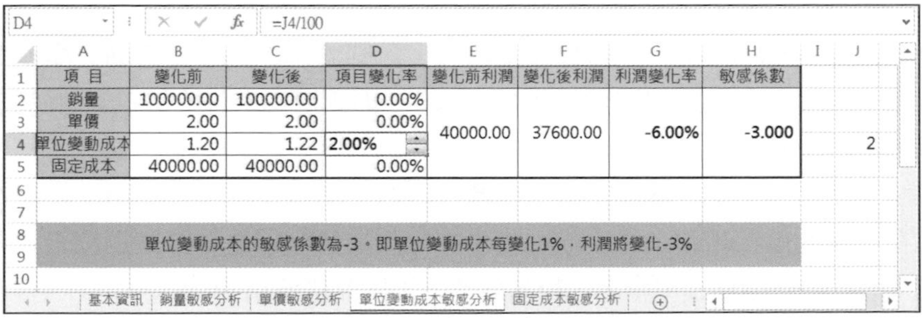

D4 =J4/100

項 目	變化前	變化後	項目變化率	變化前利潤	變化後利潤	利潤變化率	敏感係數		J
銷量	100000.00	100000.00	0.00%						
單價	2.00	2.00	0.00%						
單位變動成本	1.20	1.22	2.00%	40000.00	37600.00	-6.00%	-3.000		2
固定成本	40000.00	40000.00	0.00%						

單位變動成本的敏感係數為-3。即單位變動成本每變化1%，利潤將變化-3%

基本資訊 | 銷量敏感分析 | 單價敏感分析 | 單位變動成本敏感分析 | 固定成本敏感分析

圖 7-41　單位變動成本敏感分析

「固定成本敏感分析」工作表，如圖 7-42 所示。

圖 7-42　固定成本敏感分析

表格製作

輸入

「敏感分析表」工作表

1）　在工作表中輸入文字資料，並進行格式化。如合併儲存格、調整列高欄寬、套入框線、選取填滿色彩、設定字型大小等。如圖 7-43 所示。。

圖 7-43　在工作表中輸入資料

加工

在工作表儲存格中輸入公式：

「敏感分析表」工作表

B4：=(基本資訊!$D$2+基本資訊!$D$2*B1)*(基本資訊!$D$3-基本資訊!$D$4)-基本資

訊!$D$5

B5：=基本資訊!$D$2*(1+B1)*基本資訊!$D$3-基本資訊!$D$2*基本資訊!$D$4-基本資訊!$D$5

B6：=基本資訊!$D$2*基本資訊!$D$3-基本資訊!$D$2*基本資訊!$D$4*(1+B1)-基本資訊!$D$5

B7：=基本資訊!$D$2*(基本資訊!$D$3-基本資訊!$D$4)-基本資訊!$D$5*(1+B1)

選取 B4：B7 區域，按住右下角的控點向右拖曳填滿至 J4：J7 區域。

D10：= -1

E10：= -(H4-F4)/F4/0.1

F10：= -(H5-F5)/F5/0.1

G10：= -(H6-F6)/F6/0.1

H10：= -(H7-F7)/F7/0.1

D11：H11 區域：=0

D12：=1

E12：=(H4-F4)/F4/0.1

F12：=(H5-F5)/F5/0.1

G12：=(H6-F6)/F6/0.1

H12：=(H7-F7)/F7/0.1

B11：=E12

B13：=F12

B15：=G12

B17：=H12

輸出

「敏感分析表」工作表，如圖 7-44 所示。

B4		×	✓	fx	=(基本資訊!$D$2+基本資訊!$D$2*B1)*(基本資訊!$D$3-基本資訊!$D$4)-基本資訊!$D$5				

	A	B	C	D	E	F	G	H	I	J
1	變動百分比									
2	利潤	-20%	-15%	-10%	-5%	0%	5%	10%	15%	20%
3	項目									
4	銷量	24000.00	28000.00	32000.00	36000.00	40000.00	44000.00	48000.00	52000.00	56000.00
5	單價	0.00	10000.00	20000.00	30000.00	40000.00	50000.00	60000.00	70000.00	80000.00
6	單位變動成本	64000.00	58000.00	52000.00	46000.00	40000.00	34000.00	28000.00	22000.00	16000.00
7	固定成本	48000.00	46000.00	44000.00	42000.00	40000.00	38000.00	36000.00	34000.00	32000.00
8										
9	因素	敏感係數			銷量	單價	單位變動成本	固定成本		
10				-1.00	-2.00	-5.00	3.00	1.00		
11	銷量	2.000		0.00	0.00	0.00	0.00	0.00		
12				1.00	2.00	5.00	-3.00	-1.00		
13	單價	5.000								
15	單位變動成本	-3.000								
17	固定成本	-1.000								

圖 7-44　敏感分析表

圖表生成

1）　選取工作表中 D9：H12 區域，按下「插入」標籤，選取「圖表→插入折線圖→其他折線圖」按鈕項，打開對話方塊，點選右側的折線圖表，如圖 7-45 所示，即可插入一個標準的折線圖，可先將預設的「圖表標題」標題刪除，留下「圖例」，再調整大小及放置的位置。

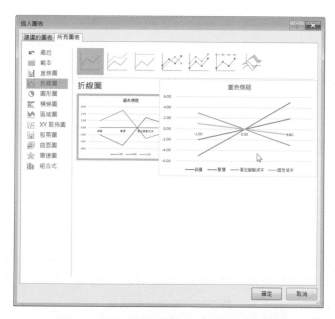

圖 7-45　插入圖表對話方塊中選右側的圖表

2） 按下圖表右上方的「＋」圖示鈕，勾選「座標軸標題」。然後選取垂直軸標題改成「利潤變動百分比」；將水平軸標題改成「參數變動百分比」。然後連按二下垂直軸標題顯示「座標軸標題格式」面板，在其中改變文字方向為「垂直」，將如圖 7-46 所示。

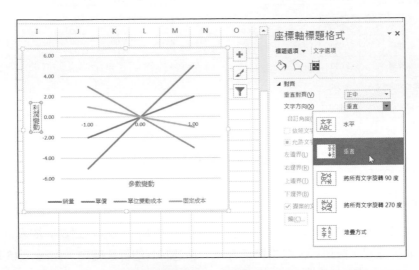

圖 7-46　在「座標軸標題格式」面板改變文字方向為「垂直」

3） 敏感分析表和圖表如圖 7-47 所示。

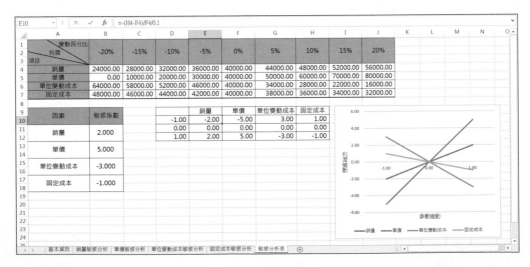

圖 7-47　敏感分析模型

操作說明

- 在「銷量敏感分析」工作表中調節「專案變化率」的微調項，變化後銷量將隨之變化，變化後利潤將隨之變化，利潤變化率將隨之變化，但敏感係數不變，文字描述不變。

- 在「單價敏感分析」工作表中調節「專案變化率」的微調項，變化後單價將隨之變化，變化後利潤將隨之變化，利潤變化率將隨之變化，但敏感係數不變，文字描述不變。

- 在「單位變動成本敏感分析」工作表中調節「專案變化率」的微調項，變化後單位變動成本將隨之變化，變化後利潤將隨之變化，利潤變化率將隨之變化，但敏感係數不變，文字描述不變。

- 在「固定成本敏感分析」工作表中調節「專案變化率」的微調項，變化後固定成本將隨之變化，變化後利潤將隨之變化，利潤變化率將隨之變化，但敏感係數不變，文字描述不變。

- 在圖 7-37 所示的「基本資訊」工作表中拖動「銷量」、「單價」、「單位變動成本」、「固定成本」等變數的捲軸，「銷量敏感分析」、「單價敏感分析」、「單位變動成本敏感分析」、「固定成本敏感分析」等工作表的計算結果將隨之變化，敏感係數將隨之變化，文字描述將隨之變化。

- 在圖 7-37 所示的「基本資訊」工作表中拖動「銷量」、「單價」、「單位變動成本」、「固定成本」等變數的捲軸，「敏感分析表」工作表的表格數值和圖表將隨之變化。

7.5　本量利盈虧平衡分析模型

單業務平衡分析模型

應用場景

CEO：我們在做本量利單業務利潤預測時，一方面，需要根據銷量、單價、單位變動成本、固定成本等變數計算出利潤。另一方面，我們也希望知道，為了達到既定的利潤目標，銷量、單價、單位變動成本、固定成本等變數，應該達到或控制在什麼水準。

CFO：根據既定的利潤目標，反算銷量、單價、單位變動成本、固定成本等變數，應該達到或控制在什麼水準，這就是本量利的平衡分析。

CEO：常說的「盈虧平衡分析」是什麼意思？

CFO：它是平衡分析的特例。以零為利潤目標，反算銷量、單價、單位變動成本、固定成本等變數，就是本量利利潤盈虧的臨界點。

一一一利潤為零時的銷量，就是盈虧平衡銷量；利潤為零時的單價，就是盈虧平衡單價；利潤為零時的單位變動成本，就是盈虧平衡單位變動成本；利潤為零時的固定成本，就是盈虧平衡固定成本。

基本理論

利潤預測公式

當只有一個產品（或一個業務量）時：
利潤＝銷量×（單價－單位變動成本）－固定成本

銷量平衡分析

計算其他因素已知時，對銷量應採取的措施，以取得目標利潤。
銷量＝（利潤＋固定成本）÷（單價－單位變動成本）

單價平衡分析

計算其他因素已知時，對單價應採取的措施，以取得目標利潤。
單價＝（利潤＋固定成本）÷銷量＋單位變動成本

單位變動成本平衡分析

計算其他因素已知時，對單位變動成本應採取的措施，以取得目標利潤。
單位變動成本＝單價－（利潤＋固定成本）÷銷量

固定成本平衡分析

計算其他因素已知時，對固定成本應採取的措施，以取得目標利潤。
固定成本＝銷量×（單價－單位變動成本）－利潤

模型建立

📂……\chapter07\05\本量利之單業務盈虧平衡分析模型.xlsx

輸入

在 Excel 中新建一個活頁簿。活頁簿包括以下工作表：銷量平衡分析、單價平衡分析、單位變動成本平衡分析、固定成本平衡分析。

「銷量平衡分析」工作表

1） 在工作表中輸入文字資料，並進行格式化。如合併儲存格、調整列高欄寬、套入框線、選取填滿色彩、設定字型大小等。

2） 在 E2~E5 新增捲軸。按一下「開發人員」標籤，選取「插入→表單控制項→捲軸」按鈕，在對應的儲存格拖曳拉出適當大小的橫式捲軸。接著對該捲軸按下滑鼠右鍵，選取「控制項格式」指令，對其屬性設定儲存格連結、目前值、最小值、最大值等。詳細設定值可參考下載的本節 Excel 範例檔。初步完成的模型如圖 7-48 所示。

圖 7-48　在「銷量平衡分析」工作表中輸入資料及格式化

「單價平衡分析」工作表

1） 按住 Ctrl 鍵不放，將滑鼠指向「銷量平衡分析」工作表標籤，按下後向右拖曳放開即可複製該工作表

2） 接著連按二下複製出來的「銷量平衡分析(2)」工作表標籤，將標籤改成「單價平衡分析」。

3） 修改工作表中 C3 和 C 8 及其他資料，完成如圖 7-49 所示。

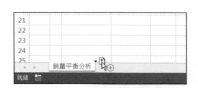

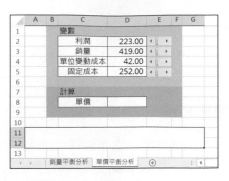

圖 7-49　完成「單價平衡分析」初步模型

「單位變動成本平衡分析」工作表

1） 依照前述方法複製及修改工作表中資料，完成如圖 7-50 所示的模型。

圖 7-50　完成「單位變動成本平衡分析」初步模型

「固定成本平衡分析」工作表

1） 依照前述方法複製及修改工作表中資料，完成如圖 7-51 所示的模型。

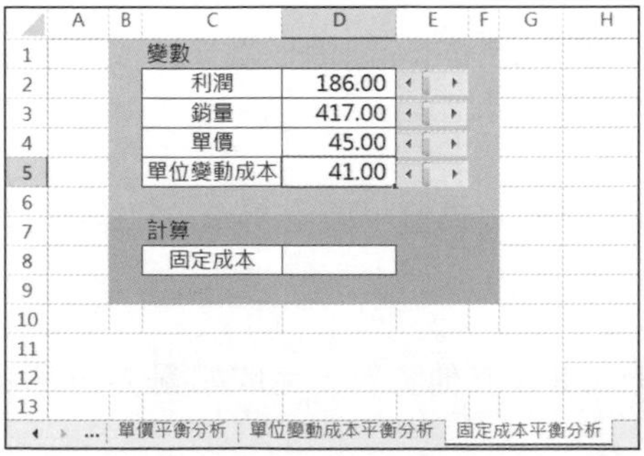

圖 7-51　完成「固定成本平衡分析」初步模型

加工

在工作表儲存格中輸入公式：

「銷量平衡分析」工作表

D8：=(D2+D5)/(D3-D4)

A11：="利潤要達到"&(ROUND(D2,2))&"，銷量應在"&(ROUND(D8,2))&"以上"

「單價平衡分析」工作表

D8：=(D2+D5)/D3+D4

A11：="利潤要達到"&(ROUND(D2,2))&"，單價應在"&(ROUND(D8,2))&"以上"

「單位變動成本平衡分析」工作表

D8：=D4-(D2+D5)/D3

A11：="利潤要達到"&(ROUND(D2,2))&"，單位變動成本應在"&(ROUND(D8,2))&"以下"

「固定成本平衡分析」工作表

D8：=D3*(D4-D5)-D2

A11：="利潤要達到"&(ROUND(D2,2))&"，固定成本應在"&(ROUND(D8,2))&"以下"

輸出

「銷量平衡分析」工作表，如圖 7-52 所示。

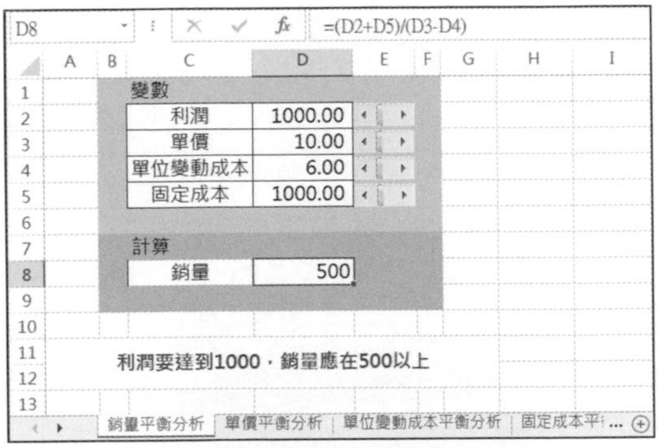

圖 7-52　銷量平衡分析

「單價平衡分析」工作表，如圖 7-53 所示。

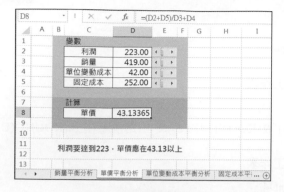

圖 7-53　單價平衡分析

「單位變動成本平衡分析」工作表，如圖 7-54 所示。

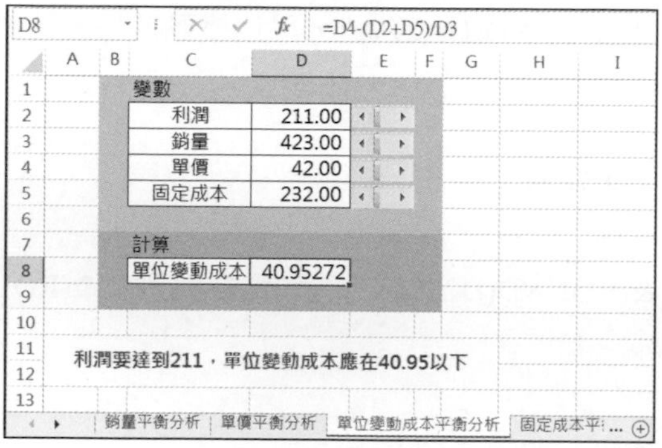

圖 7-54　單位變動成本平衡分析

「固定成本平衡分析」工作表，如圖 7-55 所示。

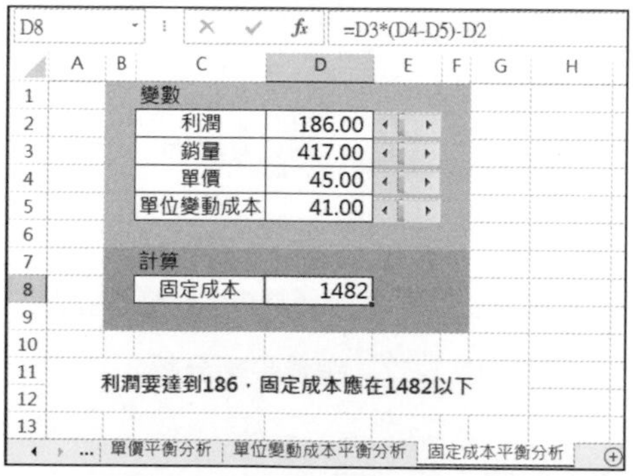

圖 7-55　固定成本平衡分析

表格製作

輸入

在「銷量平衡分析」工作表中輸入資料，如圖 7-56 所示。

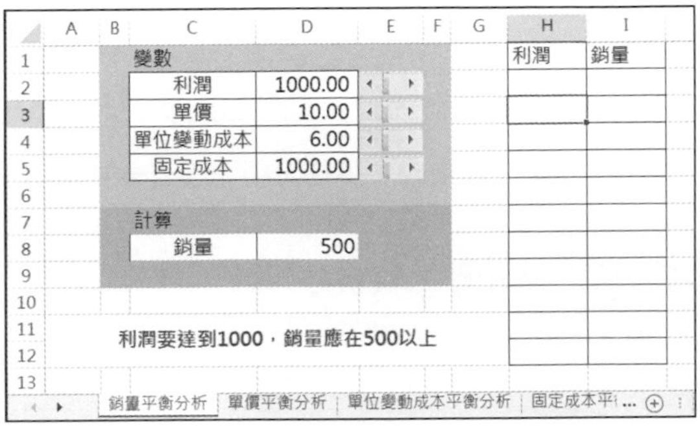

圖 7-56　在「銷量平衡分析」工作表中輸入資料

在「單價平衡分析」工作表中輸入資料，如圖 7-57 所示。

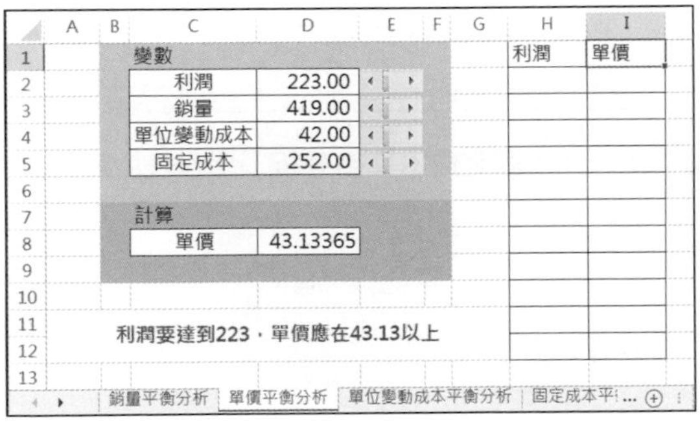

圖 7-57　在「單價平衡分析」工作表中輸入資料

在「變動成本平衡分析」工作表中輸入資料，如圖 7-58 所示。

圖 7-58　在「單位變動成本平衡分析」工作表中輸入資料

在「固定成本平衡分析」工作表中輸入資料，如圖 7-59 所示。

	A	B	C	D	E	F	G	H	I
1			變數					利潤	固定成本
2			利潤	186.00	‹	›			
3			銷量	417.00	‹	›			
4			單價	45.00	‹	›			
5			單位變動成本	41.00	‹	›			
6									
7			計算						
8			固定成本	1482					
9									
10									
11			利潤要達到186，固定成本應在1482以下						
12									
13									

圖 7-59　在「固定成本平衡分析」工作表中輸入資料

加工

在工作表儲存格中輸入公式：

「銷量平衡分析」工作表

H2：=0.5*$D$2

H3：=0.6*$D$2

……

H11：=1.4*$D$2

H12：=1.5*$D$2

I2：=(H2+$D$5)/($D$3-$D$4)

選取 I2 儲存格，按住右下角的控點向下拖曳填滿至 I12 儲存格。

「單價平衡分析」工作表

H2：=0.5*$D$2

H3：=0.6*$D$2

……

H11：=1.4*$D$2

H12：=1.5*$D$2

I2：=(H2+$D$5+$D$3*$D$4)/$D$3

選取 I2 儲存格，按住右下角的控點向下拖曳填滿至 I12 儲存格。

「變動成本平衡分析」工作表

H2：=0.5*$D$2

H3：=0.6*$D$2

……

H11：=1.4*$D$2

H12：=1.5*$D$2

I2：=($D$3*$D$4-$D$5-H2)/$D$3

選取 I2 儲存格，按住右下角的控點向下拖曳填滿至 I12 儲存格。

「固定成本平衡分析」工作表

H2：=0.5*$D$2

H3：=0.6*$D$2

……

H11：=1.4*$D$2

H12：=1.5*$D$2

I2：=$D$3*($D$4-$D$5)-H2

選取 I2 儲存格，按住右下角的控點向下拖曳填滿至 I12 儲存格。

輸出

「銷量平衡分析」工作表如圖 7-60 所示。

圖 7-60　銷量平衡分析

「單價平衡分析」工作表，如圖 7-61 所示。

圖 7-61　單價平衡分析

「變動成本平衡分析」工作表，如圖 7-62 所示。

圖 7-62　變動成本平衡分析

「固定成本平衡分析」工作表，如圖 7-63 所示。

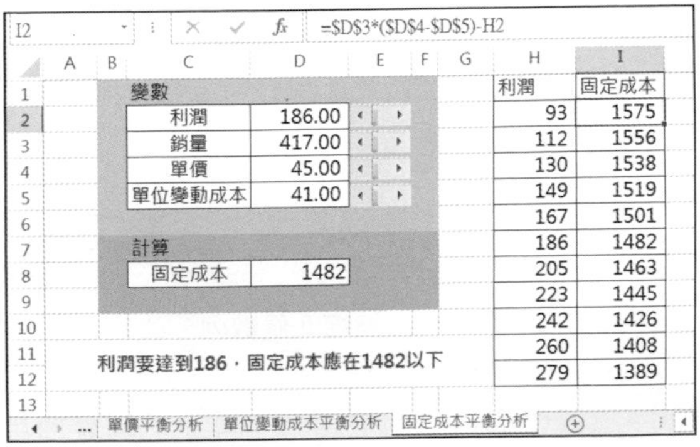

圖 7-63　固定成本平衡分析

圖表生成

「銷量平衡分析」工作表

1） 選取工作表中 H2：I12 區域，按下「插入」標籤，選取「圖表→插入 XY 散佈圖或泡泡圖→帶有平滑線的 XY 散佈圖」按鈕項，即可插入一個標準的 XY 散佈圖。可先將圖表區中預設的「圖表標題」刪掉，再拖曳調整大小及放置的位置。

2） 在圖表區按下滑鼠右鍵，在展開的功能表中選取「選取資料來源…」指令。此時已有 1 條數列。按一下「新增」按鈕，新增如下數列 2 和數列 3，如圖 7-64 所示：

數列 2：

X 值：=銷量平衡分析!$D$2

Y 值：=銷量平衡分析!$D$8

數列 3：

X 值：=(銷量平衡分析!$D$2,銷量平衡分析!$D$2)

Y 值：=(銷量平衡分析!$I$2,銷量平衡分析!$I$12)

圖 7-64　新增 2 條數列

3）　按下「圖表工具→格式」標籤展開工具列，再從「圖表項目」下拉方塊中選取「數列 2」項，如此即可選取數列 2 的「點」，再按下「格式化選取範圍」鈕，然後在展開的「資料數列格式」面板中點按「標記」，並在「標記選項」中點選「內建」，有需要可在「類型」和「大小」下拉方塊中選擇想要的形式，如圖 7-65 所示。

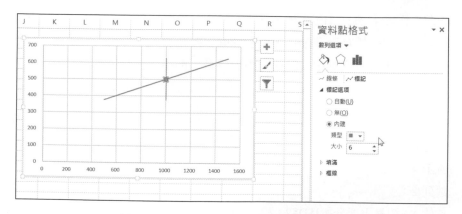

圖 7-65　在「標記選項」中點選「內建」

4）　按下圖表右上方的「＋」圖示鈕，勾選「座標軸標題」。然後將水平軸改成「利潤」；將垂直軸改成「銷量」。使用者還可按自己的意願再修改美化圖表，例如連按二下剛才改的垂直軸標題，將其文字方向改成「垂直」。銷量平衡分析模型的最終介面如圖 7-66 所示。

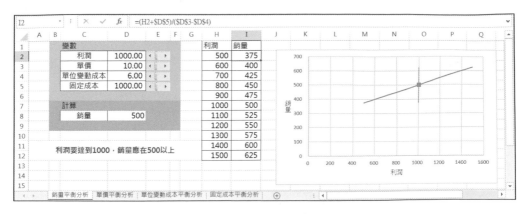

圖 7-66　銷量平衡分析模型

「單價平衡分析」工作表

本工作表的圖表生成過程與「銷量平衡分析」工作表相同。單價平衡分析模型的最終介面如圖 7-67 所示。

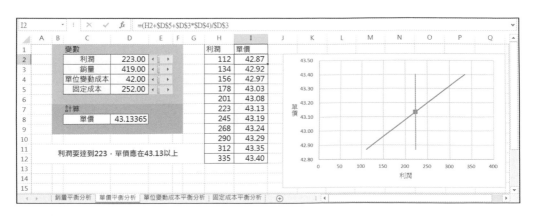

圖 7-67　單價平衡分析模型

「變動成本平衡分析」工作表

本工作表的圖表生成過程與「銷量平衡分析」工作表相同。單位變動成本平衡分析模型的最終介面如圖 7-68 所示。

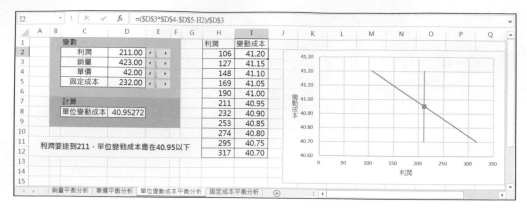

圖 7-68　單位變動成本平衡分析模型

「固定成本平衡分析」工作表

本工作表的圖表生成過程與「銷量平衡分析」工作表相同。固定成本平衡分析模型的最終介面如圖 7-69 所示。

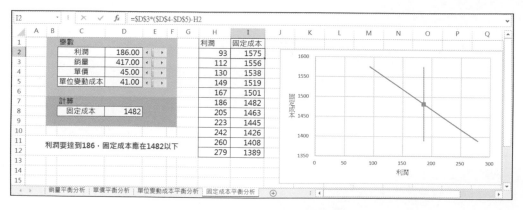

圖 7-69　固定成本平衡分析模型

操作說明

- 在「銷量平衡分析」工作表中拖動「利潤」、「單價」、「單位變動成本」、「固定成本」等變數的捲軸，模型的計算結果將隨之變化，表格將隨之變化，圖表將隨之變化，文字描述將隨之變化。

- 在「單價平衡分析」工作表中拖動「利潤」、「銷量」、「單位變動成本」、「固定成本」等變數的捲軸，模型的計算結果、表格、圖表及文字描述都將隨之變化。

- 在「變動成本平衡分析」工作表中拖動「利潤」、「銷量」、「單價」、「固定成本」等變數的捲軸，模型的計算結果將隨之變化，表格將隨之變化，圖表將隨之變化，文字描述將隨之變化。

- 在「固定成本平衡分析」工作表中拖動「利潤」、「銷量」、「單價」、「單位變動成本」等變數的捲軸，模型的計算結果、表格、圖表及文字描述都將隨之變化。

多業務平衡分析模型

應用場景

CEO：我們在做本量利多業務利潤預測時，一方面，需要根據 A 產品銷量、單價、單位變動成本，B 產品銷量、單價、單位變動成本，總的固定成本等變數計算出利潤。另一方面，我們也希望知道，為了達到既定的利潤目標，A 產品銷量、單價、單位變動成本，B 產品銷量、單價、單位變動成本，總的固定成本等變數，應該達到或控制在什麼水準。

CFO：根據既定的利潤目標，反算 A 產品銷量、單價、單位變動成本，B 產品銷量、單價、單位變動成本，總的固定成本等變數，應該達到或控制在什麼水準，這就是多業務的本量利平衡分析。

CEO：常說的「盈虧平衡分析」是什麼意思？

CFO：它是平衡分析的特例。以零為利潤目標，反算 A 產品銷量、單價、單位變動成本，B 產品銷量、單價、單位變動成本，總的固定成本等變數，就是利潤盈虧的臨界點。

利潤為零時的 A 銷量，就是盈虧平衡 A 銷量；利潤為零時的 B 銷量，就是盈虧平衡 B 銷量。

基本理論

利潤預測公式

當有兩個產品（或兩個業務量）A 和 B 時：

利潤＝產品 A 銷量×（產品 A 單價－產品 A 單位變動成本）＋產品 B 銷量×

（產品 B 單價－產品 B 單位變動成本）－固定成本

產品 B 銷量平衡分析

假定 A 產品的銷量、單價、單位變動成本為已知數，B 產品的單價、單位變動成本為已知數，固定成本為已知數。計算對產品 B 的銷量應採取的措施，以取得目標利潤。

產品 B 銷量＝〔利潤＋固定成本－產品 A 銷量×（產品 A 單價－

產品 A 單位變動成本）〕÷（產品 B 單價－產品 B 單位變動成本）

產品 A 銷量平衡分析

假定 B 產品的銷量、單價、單位變動成本為已知數，A 產品的單價、單位變動成本為已知數，固定成本為已知數。計算對產品 A 的銷量應採取的措施，以取得目標利潤。

產品 A 銷量＝〔利潤＋固定成本－產品 B 銷量×（產品 B 單價－

產品 B 單位變動成本）〕÷（產品 A 單價－產品 A 單位變動成本）

模型建立

📁……\chapter07\05\本量利之單業務盈虧平衡分析模型.xlsx

輸入

1) 在工作表中輸入文字資料，並進行格式化。如合併儲存格、調整列高欄寬、套入框線、選取填滿色彩、設定字型大小等。

2) 在 E2~E8 新增捲軸。按一下「開發人員」標籤，選取「插入→表單控制項→捲軸」按鈕，在對應的儲存格拖曳拉出適當大小的橫式捲軸。接著對該捲軸按下滑鼠右鍵，選取「控制項格式」指令，對其屬性設定儲存格連結、目前值、最小值、最大值等。詳細設定值可參考下載的本節 Excel 範例檔。初步完成的模型如圖 7-70 所示。

圖 7-70　在工作表中輸入資料

加工

在工作表儲存格中輸入公式：

D11：=(D2+D7-D8*(D3-D4))/(D5-D6)

A14：="利潤要達到"&(ROUND(D2,2))&"，產品 A 銷量等於"&(ROUND(D8,2))&"，
產品 B 銷量應在"&(ROUND(D11,2))&"以上"

輸出

此時，工作表如圖 7-71 所示。

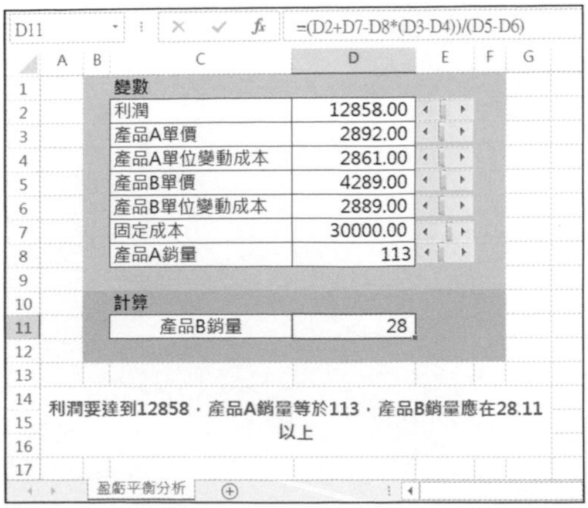

圖 7-71　多業務平衡分析

表格製作

輸入

在工作表中輸入資料及格式化，如圖 7-72 所示。

圖 7-72　在工作表中輸入資料及格式化

加工

在工作表儲存格中輸入公式：

H2：=0

H3：=D8

I2：=D11

I3：=0

輸出

此時，工作表如圖 7-73 所示。

圖 7-73　多業務平衡分析

圖表生成

1） 選取工作表中 H2：I12 區域，按下「插入」標籤，選取「圖表→插入 XY 散佈圖或泡泡圖→帶有平滑線的 XY 散佈圖」按鈕項，即可插入一個標準的 XY 散佈圖。可先將圖表區中預設的「圖表標題」刪掉，再拖曳調整大小及放置的位置。

2） 按下圖表右上方的「＋」圖示鈕，勾選「座標軸標題」。然後將水平軸改成「產品 A 銷量」；將垂直軸改成「產品 B 銷量」。

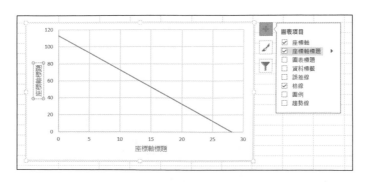

圖 7-74　多業務平衡分析模型

3） 使用者還可按自己的意願再修改美化圖表，例如，點選圖表中垂直格線，按下 Del 鍵將其刪除。多業務平衡分析模型的最終介面如圖 7-75 所示。

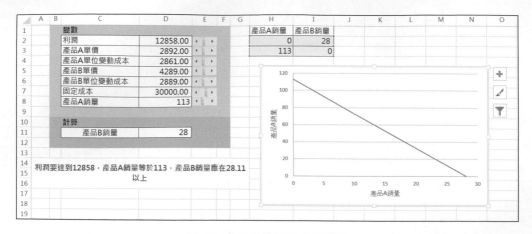

圖 7-75 多業務平衡分析模型

操作說明

■ 拖動「利潤」、「產品 A 單價」、「產品 A 單位變動成本」、「產品 B 單價」、「產品 B 單位變動成本」、「固定成本」、「產品 A 銷量」等變數的捲軸時，模型的計算結果、表格、圖表及文字描述都將隨之變化。

第 8 章
量價相關的本量利分析模型

CEO：量價相關的本量利分析模型，與我們討論過的本量利分析模型，區別僅僅是量價關係嗎？

CFO：是的。我們討論過的本量利分析模型，量與價是無關的；量價相關的本量利分析模型，量與價是相關的。之所以單獨討論，主要是為了結構上更清晰。

量價相關的本量利分析模型，內容結構與本量利分析模型是完全一致的，也包括利潤預測模型和盈虧平衡分析模型。利潤預測模型，又包括單業務量利潤預測模型和多業務量利潤預測模型；盈虧平衡分析模型，又包括單業務量平衡分析模型和多業務量平衡分析模型。

單獨討論的另外一個原因，是把相關關係區別開。本量利分析模型，一開始就要做成本費用與業務量的相關分析，即成本性態分析；而量價相關的本量利分析模型，在成本性態分析的基礎上，還要做另一種相關分析，即銷量與單價的相關分析。

8.1 量價相關利潤預測模型

量價相關單業務利潤預測模型

應用場景

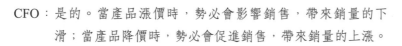

CEO：本量利利潤預測模型，無論是單業務利潤預測，還是多業務利潤預測，都是假定銷量與單價是相互獨立的變數。但在企業實踐中，銷量與單價是有關係的，有時甚至是有密切關係的。

CFO：是的。當產品漲價時，勢必會影響銷售，帶來銷量的下滑；當產品降價時，勢必會促進銷售，帶來銷量的上漲。

CEO：當銷量與價格相關時，我們如何做利潤預測？

CFO：這時，我們需要對銷量與單價的關係進行數學表達，以數學表達的方式就是進行相關係數的計算，並擬合出迴歸方程式。

CEO：如果銷量與單價已經擬合出了迴歸方程式，是反方向變化，那麼，本量利分析模型將是怎樣的？

CFO：這時的本量利分析模型就不再是線性關係，而是非線性關係了。當單位變動成本、固定成本不變時，本量利分析模型將是利潤與單價的一元二次函數，單價是引數，利潤為因變數。此時，我們可利用規劃求解，找到能夠取得最大利潤時的相應價格，幫助進行定價決策。

CEO：存在某個價格，能夠取得最大利潤，這在業務上如何解釋？

CFO：在單位變動成本和固定成本不變的情況下，價格提高時，會直接增加銷售收入和利潤，但同時也會減少銷量，從而減少收入和利潤。

一開始，價格提高帶來的收入增加、利潤增加，大於因銷量減少導致的收入減少和利潤減少；但價格繼續提高時，其帶來的收入增加和利潤增加，將小於因銷量減少導致的收入減少、利潤減少。

因此，必然存在一個最合適的價格，可取得最大收入、最大利潤。

基本理論

利潤預測

假設透過迴歸分析，銷量與價格的關係是：銷量＝a－b×單價。

注：a、b 為正的常數。

將此代入本量利分析模型：

利潤＝銷量×（單價－單位變動成本）－固定成本

　　　＝（a－b×單價）×（單價－單位變動成本）－固定成本

　　　＝ -b×單價 2＋（b×單位變動成本＋a）×單價－固定成本－a×單位變動成本

可計算單價、單位變動成本、固定成本變動時的相對應利潤。

模型建立

　　……\chapter08\01\量價相關單業務利潤預測模型.xlsx

輸入

1) 　　假設業務量與單價的關係為：業務量＝100－0.05×單價；

2) 　　在工作表中輸入文字資料，並進行格式化。如合併儲存格、調整列高欄寬、套入框線、選取填滿色彩、設定字型大小等。

3) 　　在 E2~E5 新增捲軸。按一下「開發人員」標籤，選取「插入→表單控制項→捲軸」按鈕，在對應的儲存格拖曳拉出適當大小的橫式捲軸。接著對該捲軸按下滑鼠右鍵，選取「控制項格式」指令，對其屬性設定儲存格連結、目前值、最小值、最大值等。詳細設定值可參考下載的本節 Excel 範例檔。初步完成的模型如圖 8-1 所示。

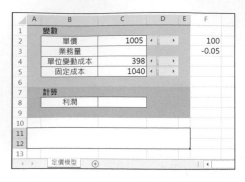

圖 8-1　在工作表中初步完成的模型

加工

在工作表儲存格中輸入公式：

C3：=F2+F3*C2

C8：=C3*C2-C3*C4-C5

A11：="單價為"&(ROUND(C2,2))&"時，利潤等於"&(ROUND(C8,2))

輸出

1） 此時，工作表如圖 8-2a 所示。

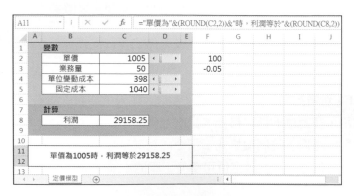

圖 8-2a　單業務利潤預測

2） 規劃求解。按下「資料→規劃求解」指令鈕，打開「規劃求解參數」對話方塊，設定目標式為$C$8 儲存格、變數儲存格為$C$2 和設定限制式為$C$2>0，介面如圖 8-2b 所示。

3） 按下「求解」鈕。此時，求解出最佳單價，可取得最大利潤。

圖 8-2b 規劃求解

表格製作

輸入

1） 在工作表中輸入資料，並進行格式化。如調整列高欄寬、套入框線、設定字型大小等。如圖 8-3 所示。

圖 8-3 在工作表中輸入資料，並格式化

加工

在工作表儲存格中輸入公式：

H2：=0.5*$C$2

H3：=0.6*$C$2

……

H11：=1.4*$C$2

H12：=1.5*$C$2

I2：I12 區域：選取 I2：I12 區域，輸入「=$F$2+$F$3*H2:H12」公式後，按 Ctrl+Shift+Enter 複合鍵。

J2：J12 區域：選取 J2：J12 區域，輸入「=I2:I12*C4」公式後，按 Ctrl+Shift+Enter 複合鍵。

K2：K12 區域：選取 K2：K12 區域，輸入「=C5」公式後，按 Ctrl+Shift+Enter 複合鍵。

L2：L12 區域：選取 L2：L12 區域，輸入「=J2:J12+K2:K12」公式後，按 Ctrl+Shift+Enter 複合鍵。

M2：M12 區域：選取 M2：M12 區域，輸入「=H2:H12*I2:I12」公式後，按 Ctrl+Shift+Enter 複合鍵。

N2：N12 區域：選取 N2：N12 區域，輸入「=M2:M3-L2:L12」公式後，按 Ctrl+Shift+Enter 複合鍵。

Q3：=MIN(N2:N12)

Q4：=MAX(N2:N12)

輸出

此時，工作表如圖 8-4 所示。

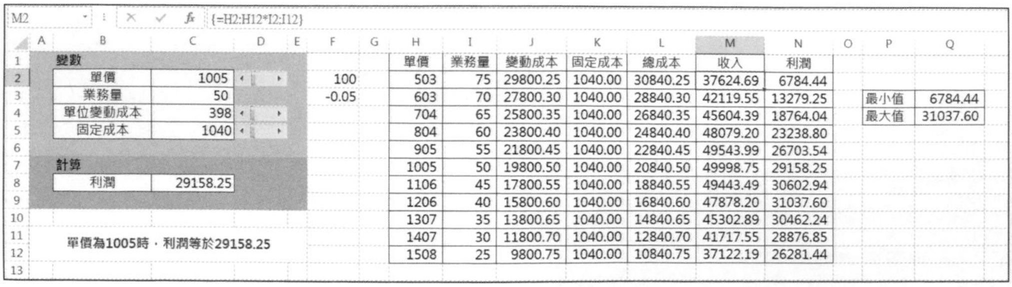

圖 8-4　單業務利潤預測

圖表生成

1） 選取工作表中 H1：I12 區域，再按住 Ctrl 鍵不放，選取 N1：N12 區域，按下「插入」標籤，選取「圖表→插入 XY 散佈圖或泡泡圖→帶有平滑線的 XY 散佈圖」按鈕項，即可插入一個標準的 XY 散佈圖。可先將圖表區中預設的「圖表標題」刪掉，再拖曳調整大小及放置的位置。

2）　在圖表區按下滑鼠右鍵，在展開的功能表中選取「選取資料來源…」指令。此時已有 1 條數列。按下「新增」按鈕，新增如下數列 2 和 3，如圖 8-5 所示：

數列 2：

X 值：=(定價模型!$H$7,定價模型!$H$7)

Y 值：=(定價模型!$Q$3,定價模型!$Q$4)

數列 3：

X 值：=定價模型!$H$7

Y 值：=定價模型!$N$7

圖 8-5　圖表生成過程

3）　按下「圖表工具→格式」標籤展開工具列，再從「圖表項目」下拉方塊中選取「數列 3」項，如此即可選取數列 3 的「點」，再按下「格式化選取範圍」鈕，然後在展開的「資料數列格式」面板中點按「標記」，並在「標記選項」中點選「內建」，有需要可在「類型」和「大小」下拉方塊中選擇想要的形式，如圖 8-6 所示。

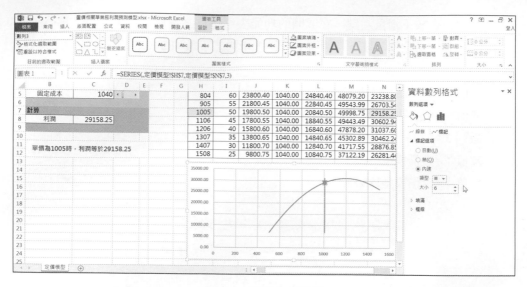

圖 8-6　圖表生成過程

4）　按下圖表右上方的「＋」圖示鈕，勾選「座標軸標題」。然後將水平軸改成
「單價」；將垂直軸改成「利潤」。使用者還可按自己的意願再修改美化圖表，
例如連按二下剛才改的垂直軸標題，將其文字方向改成「垂直」。單業務利潤
預測模型的最終介面如圖 8-7 所示。

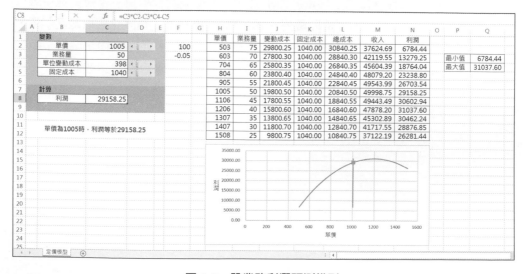

圖 8-7　單業務利潤預測模型

操作說明

■ 「銷量」與「單價」的函數關係，可透過迴歸分析法計算得出。如使用者假設銷量與單價的函數關係並手動輸入，則應注意，銷量與單價是負相關關係，即迴歸係數應為負數。

■ 拖動「單價」、「單位變動成本」、「固定成本」等變數的捲軸時，模型的計算結果、表格、圖表及文字描述都將隨之變化。

量價相關多業務利潤預測模型

應用場景

CEO：量價相關的單業務利潤預測模型，已不再是線性關係，而是非線性關係了。當單位變動成本、固定成本不變時，本量利分析模型將是利潤與單價的一元二次函數。如果有兩個業務量，將是什麼情況呢？

CFO：量價相關的兩業務量利潤預測模型，將是利潤與產品 A 單價、產品 B 單價的二元二次函數。產品 A 單價、產品 B 單價是引數，利潤為因變數。此時，我們可利用規劃求解，找到能夠取得最大利潤時的相應價格，幫助進行定價決策。

CEO：A 產品與 B 產品是相互獨立的，沒有任何關係。這時的最大利潤，就是 A 和 B 各自獨立時算出的最大利潤之和嗎？或者說，這時最大利潤對應的單價，就是 A 和 B 各自獨立時算出的單價嗎？

CFO：這個問題又有些因果倒置。如果 A 產品與 B 產品果真是丁是丁卯是卯的完全彼此獨立，那就沒必要計算複相關係數、進行多元迴歸，也就沒必要產生多業務的利潤預測模型，也就不存在所問的問題。

CEO：也就是說，A 產品與 B 產品統一於一個本量利分析模型，就說明它們必然是相互影響的？

CFO：當然。它們是相互影響的，所以統一於一個本量利分析模型；它們統一於一個本量利分析模型，所以會相互影響最佳定價。這是相輔相成的。舉例來說，A 產品價格是 10 元，在這種情況下，B 產品的最佳定價是一個數；A 產品價格是 15 元，在這種情況下，B 產品的最佳定價肯定是另一個數。

CEO：A 產品的價格不斷遊移，B 產品的最佳定價必然不斷跳動；或者反過來一樣，B 產品的價格不斷遊移，A 產品的最佳定價必然不斷跳動。

CFO：是的，這樣就必然存在一個最佳的組合定價。這是一個二項式係數為負數的二元二次函數，將形成多條開口向下的拋物線，多條拋物線中，頂點最大的那條拋物線的頂點，對應的 A 單價和 B 單價，就是最佳組合定價。

基本理論

利潤預測

現有 A 和 B 兩種產品，假設：

A 產品銷量與價格的關係是：A 銷量＝a－b×A 單價

注：a、b 為正的常數。

B 產品銷量與價格的關係是：B 銷量＝c－d×B 單價

注：c、d 為正的常數。

將此代入本量利分析模型：

利潤＝A 銷量×（A 單價－A 單位變動成本）＋B 銷量×（B 單價－B 單位變動成本）－固定成本

　　＝（a－b×A 單價）×（A 單價－A 單位變動成本）＋（c－d×B 單價）×（B 單價－B 單位變動成本）－固定成本

具體的計算過程意義不大。總之，這是一個二元二次函數。

固定成本、單位變動成本均為已知的常數，二元二次方程式可轉換為：

利潤＝－（A 單價－某常數 e）2－（某常數 g×B 單價－某常數 f）2＋某常數 h

可計算單價、單位變動成本、固定成本變動時的對應利潤。

模型建立

📁……\chapter08\01\量價相關單業務利潤預測模型.xlsx

輸入

1）　假設業務量與單價的關係為：

產品 A 銷量＝100－0.06×單價

產品 B 銷量＝120－0.05×單價

2）　在工作表中輸入文字資料，並進行格式化。如合併儲存格、調整列高欄寬、套入框線、選取填滿色彩、設定字型大小等。

3）　在 D2~D8 新增捲軸。按一下「開發人員」標籤，選取「插入→表單控制項→捲軸」按鈕，在對應的儲存格拖曳拉出適當大小的橫式捲軸。接著對該捲軸按下滑鼠右鍵，選取「控制項格式」指令，對其屬性設定儲存格連結、目前值、最小值、最大值等。詳細設定值可參考下載的本節 Excel 範例檔。初步完成的模型如圖 8-8 所示。

圖 8-8　在工作表中輸入資料

加工

在工作表儲存格中輸入公式：

C3：=F1+F2*C2

C6：=F4+F5*C5

C14：=C3*(C2-C4)+C6*(C5-C7)-C8

A17：="產品 A 單價為"&(ROUND(C2,2))&"，產品 B 單價為"&(ROUND(C5,2))&"時，利潤等於"&(ROUND(C14,2))

輸出

此時，工作表如圖 8-9 所示。

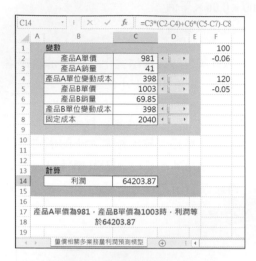

圖 8-9　多業務利潤預測

表格製作

輸入

1） 在工作表中輸入文字資料，並進行格式化。如合併儲存格、調整列高欄寬、套入框線、設定字型大小等，如圖 8-10 所示。

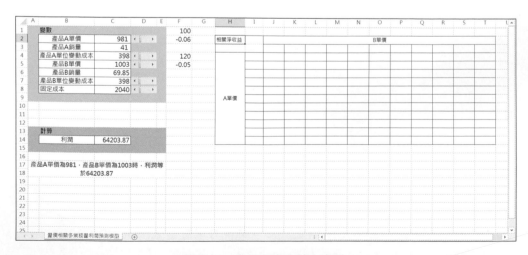

圖 8-10　在工作表中輸入資料

加工

在工作表儲存格中輸入公式：

I4：=0.5*$C$2

I5：=0.6*$C$2

……

I13：=1.4*$C$2

I14：=1.5*$C$2

G4：G14 區域：選取 G4：G14 區域，輸入「=F1+(I4:I14)*F2」公式後，按 Ctrl+Shift+ Enter 複合鍵。

J3：=0.5*$C$5

K3：=0.6*$C$5

……

S3：=1.4*$C$5

T3：=1.5*$C$5

J1：T1 區域：選取 J1：T1 區域，輸入「=F4+(J3:T3)*F5」公式後，按 Ctrl+Shift+ Enter 複合鍵。

J4：=G4*(I4-$C$4)+$J$1*($C$5-$C$7)-$C$8

K4：=G4*(I4-$C$4)+$K$1*($C$5-$C$7)-$C$8

L4：=G4*(I4-$C$4)+$L$1*($C$5-$C$7)-$C$8

M4：=G4*(I4-$C$4)+$M$1*($C$5-$C$7)-$C$8

N4：=G4*(I4-$C$4)+$N$1*($C$5-$C$7)-$C$8

O4：=G4*(I4-$C$4)+$O$1*($C$5-$C$7)-$C$8

P4：=G4*(I4-$C$4)+$P$1*($C$5-$C$7)-$C$8

Q4：=G4*(I4-$C$4)+$Q$1*($C$5-$C$7)-$C$8

R4：=G4*(I4-$C$4)+$R$1*($C$5-$C$7)-$C$8

S4：=G4*(I4-$C$4)+$S$1*($C$5-$C$7)-$C$8

T4：=G4*(I4-$C$4)+$T$1*($C$5-$C$7)-$C$8

選取 J4：T4 區域，按住右下角的控點向下拖曳填滿至 J14：T14 區域。

輸出

此時，工作表如圖 8-11 所示。

圖 8-11　多業務利潤預測

圖表生成

1） 選取工作表中 I3：T14 區域，按一下「插入」標籤，選取「圖表→插入折線圖→其他折線圖」按鈕項打開插入圖表對話方塊，點選「立體折線圖」中第 1個，如圖 8-12 所示，即可插入一個標準的折線圖，可先將預設的「圖表標題」和「圖例」刪掉，再拖曳調整大小及放置的位置。

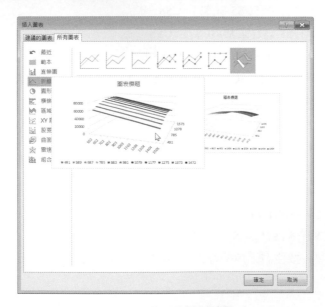

圖 8-12　點選立體折線圖

2） 按下圖表右上方的「＋」圖示鈕，勾選「座標軸標題」，如圖 8-13 所示。

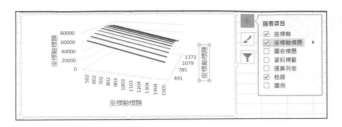

圖 8-13　顯示「座標軸標題」

3)　然後將主水平軸標題改成「A 單價」；將主垂直軸標題改成「利潤」；將深度軸標題改成「B 單價」。接著對主垂直標題連按二下，打開座標軸標題格式面板，從「文字選項→文字方塊」中的「文字方向」下拉方塊內選取「垂直」。使用者還可按自己的意願修改圖表。最後多業務利潤預測模型的介面如圖 8-14。

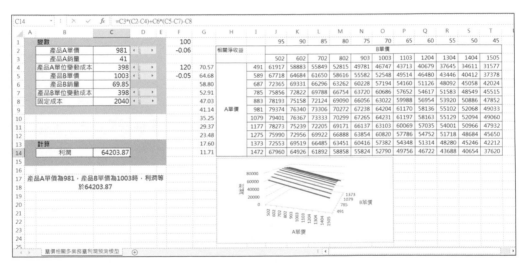

圖 8-14　多業務利潤預測模型

操作說明

- 「銷量」與「單價」的函數關係，可透過迴歸分析法計算得出。如使用者假設銷量與單價的函數關係並手工輸入，則應注意，銷量與單價是負相關關係，即迴歸係數應為負數。

- 拖動「產品 A 單價」、「產品 A 單位變動成本」、「產品 B 單價」、「產品 B 單位變動成本」、「固定成本」等變數的捲軸時，模型的計算結果將隨之變化，表格將隨之變化，圖表將隨之變化，文字描述將隨之變化。

8.2　量價相關盈虧平衡分析模型

量價相關單業務平衡分析模型

應用場景

CEO：我們在做量價相關的單業務利潤預測時，一方面
需要根據銷量、單價、單位變動成本、固定成本
等變數計算出利潤。另一方面，我們也希望知
道，為了達到既定的利潤目標，銷量、單價、單
位變動成本、固定成本等變數，應該達到或控制
在什麼水準。

CFO：根據既定的利潤目標，反算銷量、單價、單位變動成本、固定成本等變數，應
該達到或控制在什麼水準，這就是本量利的平衡分析。

CEO：常說的「盈虧平衡分析」是什麼意思？

CFO：它是平衡分析的特例。以零為利潤目標，反算銷量、單價、單位變動成本、固
定成本等變數，就是本量利利潤盈虧的臨界點。

CEO：量價相關的單業務平衡分析，與非量價相關的單業務平衡分析，有什麼區別
呢？

CFO：非量價相關的單業務平衡分析，平衡銷量、平衡單價，均是唯一的一個解；而
量價相關的單業務平衡分析，除了最大利潤，平衡銷量、平衡單價，均是兩個
解。

基本理論

假設透過迴歸分析，銷量與價格的關係是：銷量＝a－b×單價。
注：a、b 為正的常數。

將此代入本量利分析模型：

銷量×（單價－單位變動成本）－固定成本＝利潤，則：

（a−b×單價）×（單價−單位變動成本）−固定成本＝利潤

−b×單價^2+（b×單位變動成本+a）×單價−固定成本−a×單位變動成本＝利潤

為達到目標利潤，單價求解結果將會有兩個。

模型建立

📁……\chapter08\02\量價相關單業務平衡分析模型.xlsx

輸入

1）假設銷量與單價的關係為：銷量＝100−0.05×單價。

2）　在工作表中輸入文字資料，並進行格式化。如合併儲存格、調整列高欄寬、套入框線、選取填滿色彩、設定字型大小等。

3）　在 D2~D4 新增捲軸。按一下「開發人員」標籤，選取「插入→表單控制項→捲軸」按鈕，在對應的儲存格拖曳拉出適當大小的橫式捲軸。接著對該捲軸按下滑鼠右鍵，選取「控制項格式」指令，對其屬性設定儲存格連結、目前值、最小值、最大值等。詳細設定值可參考下載的本節 Excel 範例檔。初步完成的模型如圖 8-15 所示。

圖 8-15　在工作表中初步完成的模型

加工

在工作表儲存格中輸入公式：

C7：=(-100-0.05*C3+((100+0.05*C3)^2-4*0.05*(100*C3+C2+C4))^(1/2))/(2*(-0.05))

C8：=F7+C7*F8

C9：=(-100-0.05*C3-((100+0.05*C3)^2-4*0.05*(100*C3+C2+C4))^(1/2))/(2*(-0.05))

C10：=F7+F8*C9

輸出

此時，工作表如圖 8-16 所示。

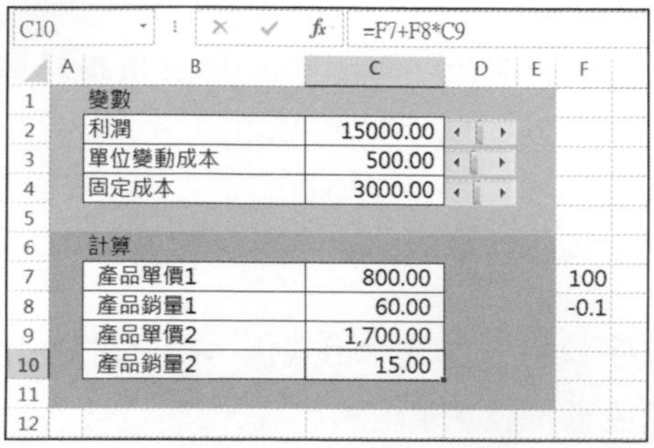

圖 8-16　單業務平衡分析

表格製作

輸入

在工作表中輸入資料及套入框線，如圖 8-17 所示。

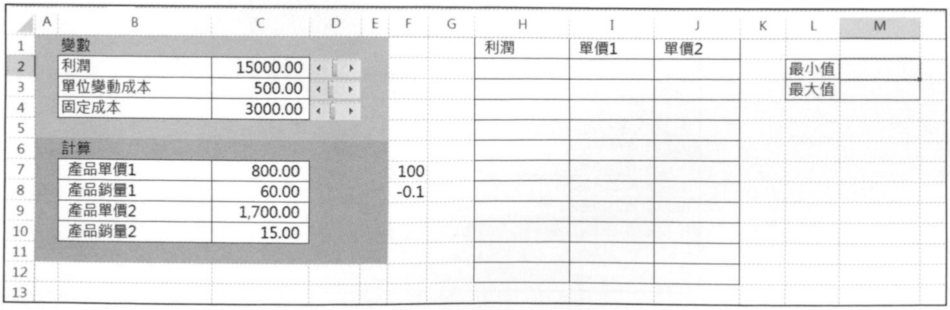

圖 8-17　在工作表中輸入資料及套入框線

加工

在工作表儲存格中輸入公式：

H2：=0.5*$C$2

H3：=0.6*$C$2

......

H11：=1.4*$C$2

H12：=1.5*$C$2

I2 ：=(-100-0.05*$C$3+((100+0.05*$C$3)^2-4*0.05*(100*$C$3+H2+$C$4))^(1/2))/(2*(-0.05))

J2 ：=(-100-0.05*$C$3-((100+0.05*$C$3)^2-4*0.05*(100*$C$3+H2+$C$4))^(1/2))/(2*(-0.05))

選取 I2：J2 區域，按住右下角的控點向下拖曳填滿至 I12：J12 區域。

M2：=MIN(I2:J12)

M3：=MAX(I2:J12)

輸出

此時，工作表如圖 8-18 所示。

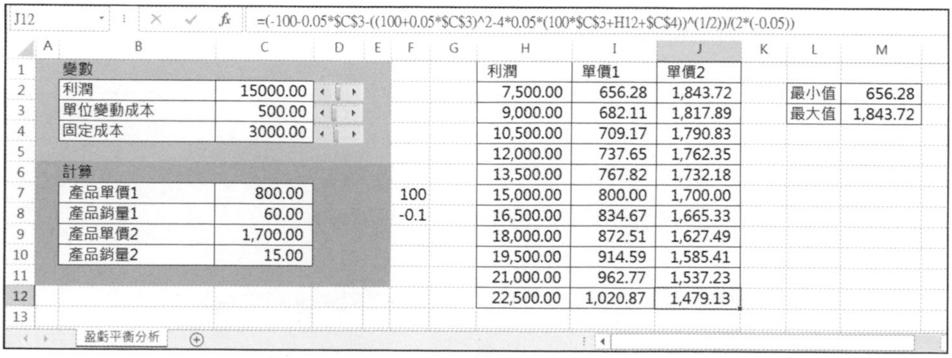

	B	C	F	H	I	J	L	M
1	變數			利潤	單價1	單價2		
2	利潤	15000.00		7,500.00	656.28	1,843.72	最小值	656.28
3	單位變動成本	500.00		9,000.00	682.11	1,817.89	最大值	1,843.72
4	固定成本	3000.00		10,500.00	709.17	1,790.83		
5				12,000.00	737.65	1,762.35		
6	計算			13,500.00	767.82	1,732.18		
7	產品單價1	800.00	100	15,000.00	800.00	1,700.00		
8	產品銷量1	60.00	-0.1	16,500.00	834.67	1,665.33		
9	產品單價2	1,700.00		18,000.00	872.51	1,627.49		
10	產品銷量2	15.00		19,500.00	914.59	1,585.41		
11				21,000.00	962.77	1,537.23		
12				22,500.00	1,020.87	1,479.13		

圖 8-18　單業務平衡分析

圖表生成

1）　選取工作表中 H1：I12 區域，按下「插入」標籤，選取「圖表→插入 XY 散佈圖或泡泡圖→帶有平滑線的 XY 散佈圖」按鈕項，如圖 8-19 所示，即可插入一個標準的 XY 散佈圖。可先將圖表區中預設的「圖表標題」和「圖例」刪掉，再拖曳調整大小及放置的位置。

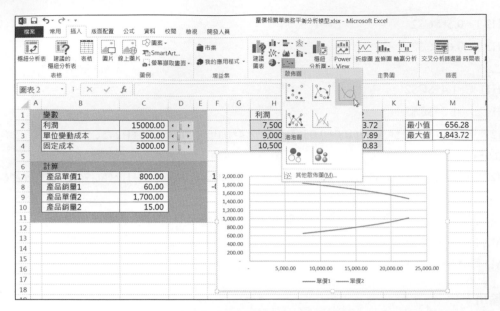

圖 8-19　插入「帶有平滑線的 XY 散佈圖」

2）　在圖表區按下滑鼠右鍵，在展開的功能表中選取「選取資料來源…」指令。此時已有 2 條數列：單價 1、單價 2。按一下「新增」按鈕，新增如下數列 3，如圖 8-20 所示：

數列 3：

X 值：=(盈虧平衡分析!$C$2,盈虧平衡分析!$C$2)

Y 值：=(盈虧平衡分析!$M$2,盈虧平衡分析!$M$3)

圖 8-20　新增數列

4）　按下圖表右上方的「＋」圖示鈕，勾選「座標軸標題」。然後將水平軸改成「利潤」；將垂直軸改成「單價」。使用者還可按自己的意願再修改美化圖表，

例如連按二下剛才改的垂直軸標題，將其文字方向改成「垂直」。量價相關時的單業務平衡分析模型的最終介面如圖 8-21 所示。

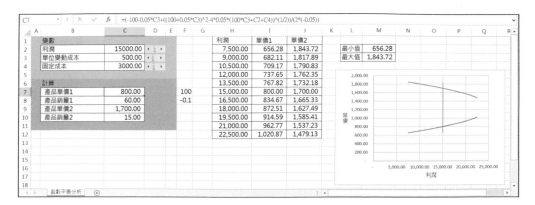

圖 8-21　單業務平衡分析模型

操作說明

■ 銷量與單價的函數關係，可透過迴歸分析法計算得出。如使用者假設銷量與單價的函數關係並手工輸入，則應注意，銷量與單價是負相關關係，即迴歸係數應為負數。

■ 拖動「利潤」、「單位變動成本」、「固定成本」等變數的捲軸時，模型的計算結果、表格及圖表都將隨之變化。

量價相關多業務平衡分析模型

應用場景

CEO：我們在做量價相關的多業務利潤預測時，一方面，需要根據銷量、單價、單位變動成本、固定成本等變數，計算出利潤。另一方面，我們也希望知道，為了達到既定的利潤目標，銷量、單價、單位變動成本、固定成本等變數，應該達到或控制在什麼水準。

CFO：根據既定的利潤目標，反算銷量、單價、單位變動成本、固定成本等變數，應該達到或控制在什麼水準，這就是本量利的平衡分析。

CEO：常說的「盈虧平衡分析」是什麼意思？

CFO：它是平衡分析的特例。以零為利潤目標，反算銷量、單價、單位變動成本、固定成本等變數，就是本量利利潤盈虧的臨界點。

CEO：量價相關的多業務平衡分析，與非量價相關的多業務平衡分析，有什麼區別呢？

CFO：非量價相關的多業務平衡分析，某一業務的平衡銷量、平衡單價，均是唯一的一個解；而量價相關的多業務平衡分析，除了最大利潤，任一業務的平衡銷量、平衡單價，均是兩個解。

基本理論

兩個產品的本量利分析

假設有兩個產品（或兩個業務量）甲和乙，且銷量與價格相關：

產品甲：銷量與價格的關係是：甲單價＝a－b×甲銷量

注：a、b 為正的常數。

產品乙：銷量與價格的關係是：乙單價＝c－d×乙銷量

注：c、d 為正的常數。

將此代入本量利分析模型：

甲銷量×（甲單價－甲單位變動成本）＋乙銷量×（乙單價－乙單位變動成本）－固定成本＝利潤，得到：

甲銷量×（a－b×甲銷量－甲單位變動成本）＋乙銷量×（c－d×乙銷量－乙單位變動成本）－固定成本＝利潤

具體的計算過程意義不大。總之，這是一個二元二次函數。

利潤、固定成本、單位變動成本均為已知的常數，二元二次方程式可轉換為：

（甲銷量－某常數 e）^{2}＋（某常數 g×乙銷量－某常數 f）^{2}＝某常數 h

我們令 X＝甲銷量，並為橫坐標；令 Y＝某常數 g×乙銷量，並為縱坐標。則：

（X－某常數 e）^{2}＋（Y－某常數 f）^{2}＝某常數 h

為達到目標利潤，X 和 Y 求解，將會是一個平面圓。

改變常數和目標利潤，平面圓圖表將會隨著圓心和半徑的變化而變化。

三個產品的本量利分析

假設有三個產品,且銷量與價格相關。那麼本量利分析模型,將是一個三元二次方程式。

(甲銷量－常數 a)² + (常數 b×乙銷量－常數 c)² + (常數 d×丙銷量－常數 e)² = 常數 f

我們令 X＝甲銷量,並為 X 軸;令 Y＝常數 b×乙銷量,並為 Y 軸;令 Z＝常數 d×丙銷量,並為 Z 軸。則:

(X－常數 a)² + (Y－常數 c)² + (Z－常數 e)² = 常數 f

為達到目標利潤,X、Y、Z 求解,將會是一個立體球。

改變常數和目標利潤,立體球圖表將會隨著球心和球徑的變化而變化。

模型建立

📁……\chapter08\02\量價相關多業務平衡分析模型.xlsx

輸入

1) 假設:

產品 A 銷量與單價的關係為:單價=120-0.2*銷量。

產品 B 銷量與單價的關係為:單價=88-0.2*銷量。

2) 在工作表中輸入文字資料,並進行格式化。如合併儲存格、調整列高欄寬、套入框線、選取填滿色彩、設定字型大小等。

3) 在 D2~D4 新增微調按鈕。按一下「開發人員」標籤,選取「插入→表單控制項→微調按鈕」按鈕,在對應的儲存格拖曳拉出適當大小的微調按鈕。接著對該微調按鈕按下滑鼠右鍵,選取「控制項格式」指令,對其屬性設定儲存格連結、目前值、最小值、最大值等。例如,例如,C2 儲存格的微調按鈕控制項設定,如圖 8-22 所示。其他詳細的設定值則請參考下載的本節 Excel 範例檔。

圖 8-22　設定微調項

4）　在 C8 儲存格輸入「=C2+C3」公式，在 C9 儲存格輸入「=C4-C5」公式，在 C10
儲存格輸入「=C6-C7」公式。初步完成的模型如圖 8-23 所示。

圖 8-23　初步完成的模型

加工

在工作表儲存格中輸入公式：

C14：=SQRT(-5*C8+(C9*5/2)^2+(C10*5/2)^2)

C15：=C9*5/2-C14

C16：=C9*5/2+C14

C17：=C11-C9*5/2

C18：=SQRT(C14^2-C17^2)

C19：=C10*5/2-C18

C20：=C10*5/2+C18

C21：=C11*(C4-0.2*C11-C5)+C19*(C6-0.2*C19-C7)-C3

C22：=C11*(C4-0.2*C11-C5)+C20*(C6-0.2*C20-C7)-C3

A25：="目標利潤要等於"&(ROUND(C2,2))&"，產品 A 銷量等於"&(ROUND(C11,2))&"，產品 B 銷量應等於"&(ROUND(C19,2))&"或"&(ROUND(C20,2))&""

輸出

此時，工作表如圖 8-24 所示。

圖 8-24　多業務盈虧平衡

表格製作

輸入

在工作表中輸入資料及套入框線，如圖 8-25 所示。

圖 8-25　在工作表中輸入資料及套入框線

加工

在工作表儲存格中輸入公式：

M24：=(C16-C15)/20

I3：=C15+0.0001

I4：=I3+$M$24/2

I5：=I4+$M$24/2

I6：=I5+$M$24/2

I7：=I6+$M$24/2

I8：=I7+$M$24/2

I9：=I8+$M$24/2

I10：=I9+$M$24

I11：=I10+$M$24*2

I12：=I11+$M$24*2

I13：=I12+$M$24*2

I14：=I13+$M$24*2

I15：=I14+$M$24*2

I16：=I15+$M$24*2

I17：=I16+$M$24

I18：=I17+$M$24

I19：=I18+$M$24/2

I20：=I19+$M$24/2

I21：=I20+$M$24/2

I22：=I21+$M$24/2-0.0002

J2：=C19

K2：=C20

J2：K22 區域：選取 I2：K22 區域，按下「資料」標籤，再按下「模擬分析→運算列表」指令項，在對話方塊中的欄變數儲存格方塊中輸入$C$11，按下「確定」按鈕。

L3：=I3*(120-0.2*I3-$C$5)+J3*(88-0.2*J3-$C$7)-$C$3

M3：=I3*(120-0.2*I3-$C$5)+K3*(88-0.2*K3-$C$7)-$C$3

選取 L3：M3 區域，按住右下角的控點向下拖曳填滿至 L22：M22 區域。

I24：=0

I25：=C9*5/2

I26：=C9*5/2

J24：=C10*5/2

J25：=C10*5/2

J26：=0

輸出

此時，工作表如圖 8-26 所示。

L3 =I3*(120-0.2*I3-$C$5)+J3*(88-0.2*J3-$C$7)-$C$3

	A	B	C	D E F G H	I	J	K	L	M
1	變數			產品A：單價＝120-0.2*銷量	產品A銷量	產品B銷量1	產品B銷量2	目標利潤	目標利潤
2	目標利潤		800	產品B：單價＝88-0.2*銷量		3.62	396.38		
3	固定成本		80		-63.21	199.75	200.25	800	800
4	產品A常數		120		-47.55	102.20	297.80	800	800
5	產品A單位變動成本		20		-31.89	63.48	336.52	800	800
6	產品B常數		88		-16.23	35.01	364.99	800	800
7	產品B單位變動成本		8		-0.57	12.07	387.93	800	800
8	目標利潤＋固定成本		880		15.09	-7.17	407.17	800	800
9	產品A（常數-單位變動成本）		100		30.75	-23.68	423.68	800	800
10	產品B（常數-單位變動成本）		80		62.07	-50.57	450.57	800	800
11	產品A銷量（動態橫坐標）		6		124.72	-87.06	487.06	800	800
12					187.36	-106.88	506.88	800	800
13	計算				250.00	-113.21	513.21	800	800
14	圓半徑		313.21		312.64	-106.88	506.88	800	800
15	左極限		-63.21		375.28	-87.06	487.06	800	800
16	右極限		563.21		437.93	-50.57	450.57	800	800
17	動點與圓心水準距離		-244.00		469.25	-23.68	423.68	800	800
18	動點與圓心垂直距離		196.38		500.57	12.07	387.93	800	800
19	產品B銷量（下動點縱坐標）		3.62		516.23	35.01	364.99	800	800
20	產品B銷量（上動點縱坐標）		396.38		531.89	63.48	336.52	800	800
21	求解結果驗證1（等於目標利潤）		800		547.55	102.20	297.80	800	800
22	求解結果驗證2（等於目標利潤）		800		563.21	199.75	200.25	800	800
23									
24					0	200		步長	31.32
25	目標利潤要等於800，產品A銷量等於6，產品B銷量應等於				250	200			
26	3.62或396.38				250	0			

銷量與單價相關時平衡分析

圖 8-26　多業務盈虧平衡

圖表生成

1）　選取工作表中 I3：K22 區域，按下「插入」標籤，選取「圖表→插入 XY 散佈圖或泡泡圖→帶有平滑線的 XY 散佈圖」按鈕項，即可插入一個標準的 XY 散佈圖。可先將圖表區中預設的「圖表標題」和「圖例」刪掉，再拖曳調整大小及放置的位置。

2）　在圖表區按下滑鼠右鍵，在展開的功能表中選取「選取資料來源…」指令。此時已有 2 條數列。按一下「新增」按鈕，新增如下數列 3 和數列 4：

數列 3：

X 值：＝銷量與單價相關時平衡分析!$I$24:$I$26

Y 值：＝銷量與單價相關時平衡分析!$J$24:$J$26

數列 4：

X 值：＝銷量與單價相關時平衡分析!$I$25

Y 值：＝銷量與單價相關時平衡分析!$J$25

3）　點選圖表中數列 3，並對它按下滑鼠右鍵展開快顯功能表，選取「變更數列圖表類型…」指令，如圖 8-27 所示。

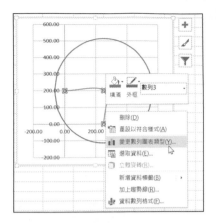

圖 8-27　選取「變更數列圖表類型…」指令

4) 在對話方塊下方的「數列 3」右側下方塊中，選取「帶有直線的 XY 散佈圖」項，然後按下「確定」鈕，如圖 8-28 所示。

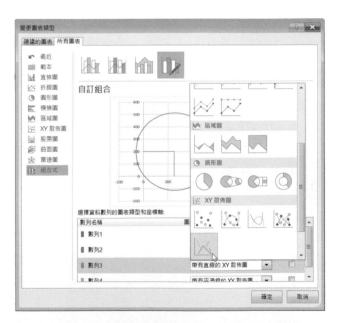

圖 8-28　選取「帶有直線的 XY 散佈圖」項

5) 按下「圖表工具→格式」標籤展開工具列，再從「圖表項目」下拉方塊中選取「數列 4」項，如此即可選取數列 4 的「點」，再按下「格式化選取範圍」鈕，然後在展開的「資料數列格式」面板中點按「標記」，並在「標記選項」中點

選「內建」，有需要可在「類型」和「大小」下拉方塊中選擇想要的形式，如
圖 8-29 所示。

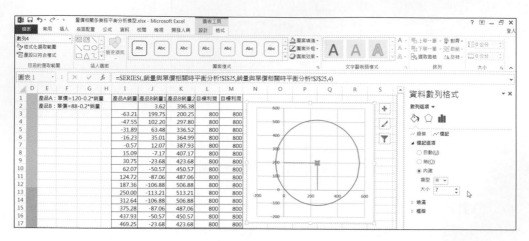

圖 8-29　「資料數列格式」面板中選取「標記選項」

6)　按下圖表右上方的「＋」圖示鈕，勾選「座標軸標題」。然後將水平軸改成
「產品 A 產量」；將垂直軸改成「產品 B 產量」。使用者還可按自己的意願再修
改美化圖表，例如連按二下剛才改的垂直軸標題，將其文字方向改成「垂
直」。量價相關時的多業務平衡分析模型的最終介面如圖 8-30 所示。

圖 8-30　多業務盈虧平衡分析模型

操作說明

■ 銷量與單價的函數關係，可透過迴歸分析法計算得出。如使用者假設銷量與單價的函數關係並手工輸入，則應注意，銷量與單價是負相關關係，即迴歸係數應為負數。

■ 調節「目標利潤」、「固定成本」、「產品 A 單位變動成本」、「產品 B 單位變動成本」、「產品 A 銷量」等變數的捲軸時，模型的計算結果、表格、圖表及文字說明都將隨之變化。

附錄 A
Excel 相關函數介紹

介紹本書模型應用的 Excel 函數，以英文字母順序排列。

關於 Address 函數

功能：按照給定的列號和欄名，建立文字類型的儲存格位址。

語法：Address(row_num,column_num,abs_num,a1,sheet_text)

參數：

row_num：在儲存格引用中使用的列號。

column_num：在儲存格引用中使用的欄名。

abs_num：指定返回的參考類型。

a1：用以指定 a1 或 r1c1 引用樣式的邏輯值。

sheet_text：為一文字，指定作為外部引用的工作表的名稱。

關於 And 函數

功能：所有參數的邏輯值為真時，返回 True；只要一個參數的邏輯值為假，即返回 False。

語法：And(logical1,logical2,...)

參數：

logical1,logical2,...：表示待檢測的條件值，各條件值可為 true 或 false。

關於 Average 函數

功能：返回參數的平均值（算術平均值）。

語法：Average(number1,number2,...)

參數：

number1,number2,...：為需要計算平均值的 1~30 個參數。

關於 Cell 函數

功能：返回某一引用區域左上角儲存格的格式、位置或內容等資訊。

語法：Cell(info_type,reference)

參數：

info_type：為一個文字值，指定所需要的儲存格資訊的類型。
下面列出 info_type 的可能值及相對應的結果。

reference：表示要獲取其有關資訊的儲存格。

關於 Column 函數

功能：返回給定引用的欄名。

語法：Column(reference)

參數：

reference：為需要得到其欄名的儲存格或儲存格區域。

關於 Correl 函數

功能：返回儲存格區域 array1 和 array2 之間的相關係數。

語法：Correl(array1,array2)

參數：

array1：第一組數值儲存格區域。

array2：第二組數值儲存格區域。

關於 Exp 函數

功能：返回 e 的 n 次冪。常數 e 等於 2.71828182845904，是自然對數的底數。Exp 函數是 Ln 函數的反函數。

語法：Exp(number)

參數：

number：為底數 e 的指數。

關於 Frequency 函數

功能：以一列垂直陣列返回某個區域中資料的頻率分佈。

語法：Frequency(data_array,bins_array)

參數：

data_array：為一陣列或對一組數值的引用，用來計算頻率。

bins_array：為間隔的陣列或對間隔的引用，該間隔用於對 data_array 中的數值進行分組。

關於 Fv 函數

功能：以固定利率及等額分期付款方式為基礎，返回某項投資的未來值。

語法：Fv(rate,nper,pmt,pv,type)

參數：

rate：為各期利率。

nper：為總投資期，即該項投資的付款期總數。

pmt：為各期所應支付的金額，其數值在整個年金期間保持不變。

pv：為現值，即從該項投資開始計算時已經入帳的款項。

type：數位 0 或 1，用以指定各期的付款時間是在期初還是期末。

關於 If 函數

功能：執行真假值判斷，根據邏輯計算的真假值，返回不同結果。

語法：If(logical_test,value_if_true,value_if_false)

參數：

logical_test：表示計算結果為 true 或 false 的任意值或運算式。

value_if_true：logical_test 為 true 時返回的值。

value_if_false：logical_test 為 false 時返回的值。

關於 Index 函數

功能 1：返回陣列中指定儲存格或儲存格陣列的數值。

語法 1：Index(array,row_num,column_num)

參數 1：

array：為儲存格區域或陣列常量。

row_num：陣列中某列的列序號，函數從該行返回數值。

column_num：陣列中某欄的欄序號，函數從該列返回數值。

功能 2：返回引用中指定儲存格區域的引用。

語法 2：Index(reference,row_num,column_num,area_num)

參數 2：

reference：對一個或多個儲存格區域的引用。

row_num：引用中某列的列序號，函數從該行返回一個引用。

column_num：引用中某欄的欄序號，函數從該列返回一個引用。

area_num：選取引用中的一個區域，並返回該區域中 row_num 和 column_num 的交叉區域。

關於 Indirect 函數

功能：返回由文字字串指定的引用。此函數立即對引用進行計算，並顯示其內容。

語法：Indirect(ref_text,a1)

參數：

ref_text：為對儲存格的引用。

a1：為一邏輯值，指明包含在儲存格 ref_text 中引用的類型。

關於 Intercept 函數

功能：利用現有的 x 值與 y 值計算直線與 y 軸的截距。

語法：Intercept(known_y's,known_x's)

參數：

known_y's：為因變的觀察值或資料集合。

known_x's：為自變的觀察值或資料集合。

關於 Ipmt 函數

功能：以固定利率及等額分期付款方式為基礎，返回給定期數內對投資的利息償還金額。

語法：Ipmt(rate,per,nper,pv,fv,type)

參數：

rate：為各期利率。

per：用於計算其利息數額的期數，必須在 1~nper 之間。

nper：為總投資期，即該項投資的付款期總數。

pv：為現值，即從該項投資開始計算時已經入帳的款項。

fv：為未來值，或在最後一次付款後希望得到的現金餘額。

type：數位 0 或 1，用以指定各期的付款時間是在期初還是期末。

關於 Irr 函數

功能：返回由數值代表的一組現金流的內部收益率。

語法：Irr(values,guess)

參數：

values：為陣列或儲存格的引用，包含用來計算返回的內部收益率的數字。

guess：為對函數 irr 計算結果的估計值。

關於 Linest 函數

功能：使用最小平方法對已知數據進行最佳直線擬合，並返回描述此直線的陣列。

語法：Linest(known_y's,known_x's,const,stats)

參數：

    known_y's：是關聯運算式 y=mx+b 中已知的 y 值集合。

    known_x's：是關聯運算式 y=mx+b 中已知的可選 x 值集合。

    const：為一邏輯值，用於指定是否將常量 b 強制設為 0。

    stats：為一邏輯值，指定是否返回附加迴歸統計值。

關於 Ln 函數

功能：返回一個數的自然對數。自然對數以常數項 e (2.71828182845904) 為底。Ln 函數是 Exp 函數的反函數。

語法：Ln(number)

參數：

    number：是用於計算其自然對數的正實數。

關於 Match 函數

功能：返回在指定方式下與指定數值匹配的陣列中元素的相對應位置。

語法：Match(lookup_value,lookup_array,match_type)

參數：

    lookup_value：為需要在資料表中查找的數值。

    lookup_array：可能包含所要查找數值的連續儲存格區域。

    match_type：為數字-1、0 或 1。

關於 Max 函數

功能：返回一組值中的最大值。

語法：Max(number1,number2,...)

參數：

number1，number2，...：是要從中找出最大值的數字參數。

關於 Min 函數

功能：返回一組值中的最小值。

語法：Min(number1,number2,...)

參數：

number1，number2，...：是要從中找出最小值的數字參數。

關於 Mmult 函數

功能：返回兩陣列的矩陣乘積。結果矩陣的列數與 array1 的列數相同，矩陣的欄數與 array2 的欄數相同。

語法：Mmult(array1,array2)

參數：

array1，array2：是要進行矩陣乘法運算的兩個陣列。

關於 Normdist 函數

功能：返回指定平均值和標準差的常態分佈函數。

語法：Normdist(x,mean,standard_dev,cumulative)

參數：

x：為需要計算其分佈的數值。

mean：分佈的算術平均值。

standard_dev：分佈的標準差。

cumulative：為一邏輯值，指明函數的形式。

關於 Normsdist 函數

功能：返回標準正態累積分佈函數，該分佈的平均值為 0，標準差為 1。可以使用該函數代替標準正態曲線面積表。

語法：Normsdist(z)

參數：

　　z：為需要計算其分佈的數值。

關於 Nper 函數

功能：基於固定利率及等額分期付款方式，返回某項投資的總期數。

語法：Nper(rate,pmt,pv,fv,type)

參數：

　　rate：為各期利率，是一固定值。

　　pmt：為各期所應支付的金額，其數值在整個年金期間保持不變。

　　pv：為現值，即從該項投資開始計算時已經入帳的款項。

　　fv：為未來值，或在最後一次付款後希望得到的現金餘額。

　　type：數字 0 或 1，用以指定各期的付款時間是在期初還是期末。

關於 Npv 函數

功能：透過使用貼現率以及一系列未來支出（負值）和收入（正值），返回一項投資的淨現值。

語法：Npv(rate,value1,value2,...)

參數：

　　rate：為某一期間的貼現率，是一固定值。

　　value1,value2,...：為參數，代表支出及收入。

關於 Or 函數

功能：在其參數組中，任何一個參數邏輯值為 True，即返回 True；任何一個參數的邏輯值為 False，即返回 False。

語法：Or(logical1,logical2,...)

參數：

logical1,logical2,...：為需要進行檢驗的條件。

關於 Pmt 函數

功能：以固定利率及等額分期付款方式為基礎，返回貸款的每期付款額。

語法：Pmt(rate,nper,pv,fv,type)

參數：

rate：貸款利率。

nper：該項貸款的付款期數。

pv：現值，或一系列未來付款的目前值的累積和，也稱為本金。

fv：為未來值，或在最後一次付款後希望得到的現金餘額。

type：數字 0 或 1，用以指定各期的付款時間是在期初還是期末。

關於 Price 函數

功能：返回定期付息的面值為$100 的有價證券的價格。

語法：Price(settlement，maturity，rate，yld，redemption，frequency，basis)

參數：

settlement：是證券的成交日。即在發行日之後，證券賣給購買者的日期。

maturity：為有價證券的到期日。到期日是有價證券有效期截止時的日期。

rate：為有價證券的年息票利率。

yld：為有價證券的年收益率。

redemption：為面值為$100 的有價證券的清償價值。

frequency：為年付息次數

 basis：日計數基準類型。

關於 Pv 函數

功能：返回投資的現值。現值為一系列未來付款的目前值的累積和。

語法：Pv(rate,nper,pmt,fv,type)

參數：

rate：為各期利率。

nper：為總投資（或貸款）期，即該項投資（或貸款）的付款期總數。

pmt：為各期所應支付的金額，其數值在整個年金期間保持不變。

fv：為未來值，或在最後一次支付後希望得到的現金餘額。

type：數位 0 或 1，用以指定各期的付款時間是在期初還是期末。

關於 Rand 函數

功能：返回大於等於 0 及小於 1 的均勻分佈亂數，每次計算工作表時都將返回一個新的數值。

語法：Rand()

參數：若要生成 a 與 b 之間的隨機實數，使用 Rand()*(b-a)+a

關於 Rate 函數

功能：返回年金的各期利率。

語法：Rate(nper,pmt,pv,fv,type,guess)

參數：

> nper：為總投資期，即該項投資的付款期總數。

> pmt：為各期付款額，其數值在整個投資期內保持不變。

> pv：為現值，即從該項投資開始計算時已經入帳的款項。

> fv：為未來值，或在最後一次付款後希望得到的現金餘額。

> type：數字 0 或 1，用以指定各期的付款時間是在期初還是期末。

> guess：為預期利率。

關於 Round 函數

功能：返回某個數字按指定位數取整後的數字。

語法：Round(number,num_digits)

參數：

> number：需要進行四捨五入的數字。

> num_digits：指定的位數，按此位數進行四捨五入。

關於 Sln 函數

功能：返回某項資產在一個期間中的線性折舊值。

語法：Sln(cost,salvage,life)

參數：

> cost：為資產原值。

> salvage：為資產在折舊期末的價值（也稱為資產殘值）。

> life：為折舊期限（有時也稱作資產的使用壽命）。

關於 Sqrt 函數

功能：返回正平方根。

語法：Sqrt(number)

參數：

　　number：要計算平方根的數。

關於 Stdev 函數

功能：估算樣本的標準差。

語法：Stdev(number1,number2,...)

參數：

　　number1,number2,...：為對應於總體樣本的參數。

關於 Sum 函數

功能：返回某一儲存格區域中所有數位之和。

語法：Sum(number1,number2,...)

參數：

　　number1,number2,...：為需要求和的參數。

關於 Sumproduct 函數

功能：在給定的幾組陣列中，將陣列間對應的元素相乘，並返回乘積之和。

語法：Sumproduct(array1,array2,array3,...)

參數：

　　array1，array2，array3，...：為陣列，其相應元素需要進行相乘並求和。

關於 Vlookup 函數

功能：在表格或數值陣列的首欄查找指定的數值，並由此返回表格或陣列目前列中指定欄處的數值。

語法：Vlookup(lookup_value,table_array,col_index_num,range_lookup)

參數：

lookup_value：為需要在陣列第一欄中查找的數值。

table_array：為需要在其中查找資料的資料表。

col_index_num：為 table_array 中待返回的匹配值的欄序號。

range_lookup：為一個邏輯值，指明函數 vlookup 返回時是用精確匹配還是近似匹配。

關於 Yield 函數

功能：返回定期付息有價證券的收益率。

語法：Yield(settlement,maturity,rate,pr,redemption,frequency,basis)

參數：

settlement：是證券的成交日。即在發行日之後，證券賣給購買者的日期。

maturity：為有價證券的到期日。到期日是有價證券有效期截止時的日期。

rate：為有價證券的年息票利率。

pr：為面值為$100 的有價證券的價格。

redemption：為面值為$100 的有價證券的清償價值。

frequency：為年付息次數。

basis：日計數基準類型。

後記

本書出版，要感謝清華大學出版社的王金柱先生。2014 年 7 月，王金柱先生在論壇裡留言，建議本人將部落格整理出版。這之前，我在暢享網的專業部落格點擊量已超過百萬，其中關於財務模型的文章點擊量已超過 50 萬，並被百度文庫、新浪愛問、豆丁網、CSDN.Net、人大經濟論壇和 ExcelHome 論壇等數十家網站轉載。這些部落格就是現有成果的奠基石。在逐步形成和陸續發表期間，得到了天南地北、素不相識的網友的幫助和鼓勵，讓我在思維的遠征中不至於放棄或偏離。

《財務管理與投資分析－Excel 建模活用範例集》和《經營管理與財務分析－Excel 建模活用範例集》這套書脫胎於網際網路，它將財務理論的千人一面的格式化宣教，變成了千人千面的個性化交流；將枯燥生澀的財務理論，變成了生動活潑的應用場景。這也符合本書的目的：讓模型從精英走向大眾，讓決策從理想的殿堂走向現實的沙場。

模型無處不在。我們的人生，就是基於目前的生存模型，在變數限制條件下反覆運算，尋求未來發展路徑的最優解。有的人，手握好牌卻打得爛；有的人，手握爛牌卻打得好。建模是否周全，演算法是否適當，演繹著人生悲歡，主導著命運浮沉。許多美麗的傳說我們代代相續，許多動人的故事我們口耳相傳。建好自己的人生模型，優化自己的人生演算法，就可以開啟自己的發展之門，締造自己的不朽傳奇。

這本書，記錄了一位探索者在前行中的喃喃自語，一位思考者在徘徊時的內心獨白；記錄了峽谷中呼喚的回音，沙漠裡追尋的腳印。它源於對資訊化歷程的反思，對財務現狀的批判，對未來發展的憧憬。所有這些，經大力裁剪、反覆聚焦，形成了絢麗的鐳射，直射在混沌的思維空間，不斷地熔煉、壓鑄、打磨，最終形成了大家看到的這套書—《財務管理與投資分析－Excel 建模活用範例集》和《經營管理與財務分析－Excel 建模活用範例集》。

資料採擷思維，貫穿於《財務管理與投資分析－Excel 建模活用範例集》和《經營管理與財務分析－Excel 建模活用範例集》套書的始終，二本書可用相關、平衡、敏感、模擬和規劃五大工具為綱，對全部內容進行再組織和重分類。反觀市面上的財務管理軟體和目前的財務管理實務，生吞財務管理的概念，活剝財務管理的思考方式，披著一副空洞的皮囊，穿行於大街小巷。《財務管理與投資分析－Excel 建模活用範例集》和《經營管理與財務分析－Excel 建模活用範例集》，召喚著被放逐於曠野的思維孤魂，讓它不再遊蕩。讓魂歸故里，讓夢再啟航。

財務決策模型，當大數據的洪流滾滾而來，它可能會潛伏，但絕不會消失；當資訊化的列車疾駛而去，它可能會遲到，但絕不會缺席。

經營管理與財務分析--Excel 建模活用範例集

作　　者：程翔
譯　　者：H&C
企劃編輯：江佳慧
文字編輯：江雅鈴
設計裝幀：張寶莉
發 行 人：廖文良

發 行 所：碁峰資訊股份有限公司
地　　址：台北市南港區三重路 66 號 7 樓之 6
電　　話：(02)2788-2408
傳　　真：(02)8192-4433
網　　站：www.gotop.com.tw
書　　號：ACI027500
版　　次：2016 年 05 月初版
建議售價：NT$450

國家圖書館出版品預行編目資料

經營管理與財務分析：Excel 建模活用範例集 / 程翔原著, H&C
　　譯.-- 初版.-- 臺北市：碁峰資訊, 2016.05
　　　　面；　　公分
　　ISBN 978-986-347-980-2(平裝)
　　1.EXCEL(電腦程式)　2.財務管理
312.49E9　　　　　　　　　　　　　　　　105004293

讀者服務

● 感謝您購買碁峰圖書，如果您
對本書的內容或表達上有不清
楚的地方或其他建議，請至碁
峰網站：「聯絡我們」\「圖書問
題」留下您所購買之書籍及問
題。(請註明購買書籍之書號及
書名，以及問題頁數，以便能
儘快為您處理)
http://www.gotop.com.tw

● 售後服務僅限書籍本身內容，
若是軟、硬體問題，請您直接
與軟體廠商聯絡。

● 若於購買書籍後發現有破損、
缺頁、裝訂錯誤之問題，請直
接將書寄回更換，並註明您的
姓名、連絡電話及地址，將有
專人與您連絡補寄商品。

● 歡迎至碁峰購物網
http://shopping.gotop.com.tw
選購所需產品。